思理

中外哲学
研究书系

从混沌到有序：
大数据与信息熵

——信息哲学演化思维新视角

金坚 著

知识产权出版社

全国百佳图书出版单位

——北 京——

图书在版编目（CIP）数据

从混沌到有序：大数据与信息熵：信息哲学演化思维新视角/金坚著. —北京：知识产权出版社，2023.4

ISBN 978 - 7 - 5130 - 8671 - 4

Ⅰ. ①从… Ⅱ. ①金… Ⅲ. ①科学哲学—研究 Ⅳ. ①N02

中国国家版本馆 CIP 数据核字（2023）第 014375 号

责任编辑：罗　慧　　　　　　责任校对：潘凤越
封面设计：乾达文化　　　　　责任印制：刘译文

从混沌到有序：大数据与信息熵
——信息哲学演化思维新视角

金　坚　著

出版发行：	知识产权出版社 有限责任公司	网　　址：	http：//www. ipph. cn
社　　址：	北京市海淀区气象路 50 号院	邮　　编：	100081
责编电话：	010 - 82000860 转 8343	责编邮箱：	lhy734@126. com
发行电话：	010 - 82000860 转 8101/8102	发行传真：	010 - 82000893/82005070/82000270
印　　刷：	北京建宏印刷有限公司	经　　销：	新华书店、各大网上书店及相关专业书店
开　　本：	720mm×1000mm　1/16	印　　张：	14.75
版　　次：	2023 年 4 月第 1 版	印　　次：	2023 年 4 月第 1 次印刷
字　　数：	240 千字	定　　价：	78.00 元
ISBN 978 - 7 - 5130 - 8671 - 4			

前　言

随着科学思想的不断进步，人类的思维模式也从决定论向演化论发生了转变，熵理论是我们现代人需要理解和掌握的思想，特别是在一波又一波的信息革命不断产生的大数据时代，作为一种新的认知思维的基础，熵理论为我们指出了一条更新观念、提升方法的途径，而作为熵理论统一表现形式的信息熵的哲学思想的研究，更应该成为我们拓展信息社会的思想基础。可以说，科学思想的发展赋予了信息熵概念更深刻的哲学含义。

中国文化有人法地、地法天、天法道、道法自然之说，也就是天、地、人等一切事物都要遵循自然规律，世界才能和谐共生。西方哲学也一直在追求人与自然和谐统一的大一统理论，试图通过一个简单美妙的公式来描述和预测宇宙中的每个事物，柏拉图、牛顿、爱因斯坦等无数的哲学家和科学家为之奋斗终生。虽然他们没能完全解决大一统理论，但是在这个探索过程中，为人类揭开了无数的自然和社会发展之谜，引发了科学革命，使人类社会文明不断发展。随着时代的发展，我们逐渐进入大数据时代，以大数据为基础的信息成为人类社会生存和发展不可缺少的资源，大数据的应用不仅为社会带来了人类认知能力和科学方法的改变，也带来了国家和社会的治理理念以及伦理道德等观念的更新。各种变化都表现出一种大数据时代世界观的转变，使人们认识到信息应用与人类文明、社会发展休戚相关。因此，在大数据时代需要从哲学的视角研究大数据的本质，研究大数据到底给人类社会带来了什么？信息熵的研究为我们提供了一把撬开大数据研究之门的金钥匙。我们今天研究探讨大数据时代信息熵的哲学思想，就是试图寻找一个更深层次的客观规律，为我们开辟一条探索自然和人类社会和谐共生规律的新途径。

熵这个概念起源于热力学第二定律，熵理论体现出事物发展的必然规律，被爱因斯坦等人称为科学定律之最。但是信息熵到底体现的是什么规律？信息熵的本质是什么？在熵理论系统中它的地位和作用是什么？尤其是大数据的信息熵带给人类的作用和价值又是什么？本书试图从哲学角度解开这个谜团。

世间一切事物都充满了不确定性，信息熵就是通过对信息进行量化分析，解决和消除事物的不确定性问题，实现对事物的有效性度量。而在大数据时代这个背景下，由于大数据的全面性特征，使信息熵对信息的确定性衡量会更加准确有效，研究大数据必然需要研究信息熵。特别是从熵理论体系的视角研究信息熵，在耗散结构理论和协同论、突变论等熵理论的框架下，为充满不确定性的人类社会带来更多的确定性，有效激活了具有耗散结构特征的社会系统潜在能量，使社会变得自组织性更强，也使社会进入新的有序状态，迈入新的文明进程。"信息熵"这个概念最能体现大数据的本质特征，通过信息熵的研究能更好地挖掘出大数据对于人类社会的作用和价值。因此，在大数据时代进行信息熵的哲学研究，能为我们展望大数据为社会带来的作用提供新思路，更能为我们研究信息社会的哲学理论带来新的突破。

本书以历史和逻辑相统一的原则，分析研究哲学思想对信息社会发展的影响，以科学技术哲学、系统科学、熵理论等为理论基础，对大数据时代信息熵的哲学思想体系进行深入系统的研究，是在大数据时代对信息哲学研究的有益探索。本书力图从下述几个方面揭示大数据时代信息熵的本质及其作用。

首先，从哲学视角研究大数据信息熵，以大数据时代为背景，深入系统地研究大数据时代信息熵的哲学本质，突破了以往主要以信息论的科学思维方法研究信息熵的模式。从哲学史的角度，探究了信息和信息熵的哲学思想源泉，阐明了大数据从产生到知识本体化，再到信息熵的形成过程，为进一步研究信息熵本质奠定了哲学基础。

其次，通过梳理熵理论中热力学熵、物理统计学熵和信息熵之间的相互转化和作用的依存关系，阐释了信息熵的哲学内涵和外延，论证了熵增熵减是一切事物发展的客观规律，熵增熵减的变化过程产生了大数据，大数据隐含了事物变化的全面特征，信息熵是大数据确定性的表征。信息熵作为负熵，为具有开放性、非平衡性、自组织性以及非线性涨落突变等耗散结构特征的社会系统带来确定性、自组织性和有序性的作用，是促进社会文明发展的动力之一。

再次，大数据时代信息熵的效用体现在对社会不同主体对象产生的作用。通过对信息熵效用的原则和影响信息熵效用的因素研究，验证了信息熵揭示的客观发展规律是符合人类社会与自然界的和谐统一的发展规律，是为建立人与自然和谐共生、协调发展的可持续发展的生态文明社会的理论基础，是对价值量化等理论研究创新的有益尝试。

最后，通过信息熵的哲学研究力图建立一种新的科学观和世界观，充实和发展信息哲学理论，使社会文明向更高层次发展，激发人们的主观能动性，促进创新思维的发展和当代人工智能理论的深化研究，加快社会的科技进步，从而力图进一步改变人们的生产、生活状态和思维模式，使人类社会向着生态保护、节约资源、绿色低碳的生态文明的健康方向不断发展。

本书力图通过大数据时代信息熵的哲学研究，使社会深刻理会哲学思维对于科学研究和社会活动的作用和意义，正确理解大数据给社会带来的确定性作用，不断挖掘和产生有效信息；正确理解信息熵使人类社会熵增熵减的演化作用，不断激发出社会系统的活力，使社会自组织系统趋于完善，让大数据时代的信息熵成为真正推动社会文明向前发展的动力之一。因此，大数据时代信息熵的哲学研究对于大数据技术的应用发展、社会发展规律的认识，以及社会文明的提高都具有深远的意义。

目 录

第一章　导　论

1.1　大数据时代演化思维的观念转变

1.1.1　信息熵是大数据时代新的世界观

信息哲学是对信息本质的研究。如何定义信息的概念，尤其在大数据时代的背景下，信息的定义如何体现信息的内涵和外延，本书从哲学视角对这个问题进行了深入细致的研究。关于信息的定义非常多，业界流行的定义就不下几百个，有学者给出了本体论层次的信息和认识论层次的信息等定义，也有学者给出了语法信息、语义信息、语用信息等定义，还有学者给出了作为实在的信息、关于实在的信息和为了实在的信息等定义，但是，最能表明信息本质的定义还是信息论创建者香农和控制论创建者维纳对于信息的定义。香农对信息的定义是"信息是负熵，是消除不确定性"①，而维纳对信息的定义是"信息就是信息，既不是物质也不是能量"②。他们对信息的定义表明信息是消除不确定性的负熵，而且信息是独立于物质和能量的客观存在。

"熵"是用于表征一个物理系统无序程度的重要物理概念。1850 年德国物理学家克劳修斯提出热力学第二定律，证明孤立系统由非平衡态趋于平衡态，其熵单调增大，当系统达到平衡态时，熵达到最大值。1906 年玻尔兹曼将其引

---

① C. E. Shannon. A Mathematical Theory of Communication [J]. The Bell System Technical Journal, 1948, 27：379－423；623－656.

② ［美］N. 维纳. 控制论：或关于在动物和机器中控制和通讯的科学 [M]. 郝季仁，译. 北京：科学出版社，1962：133.

入物理学，提出了能量在空间中分布均匀程度的计算方法，阐述了系统的微观状态数越多，能量分布越均匀，热力学概率越大，系统就越混乱，熵值就越大的理论，对熵作出了微观的解释，给出了统计学的熵定律。[①] 熵的现实意义表明，虽然能量的转换是守恒的，但经过人类消耗过的能量，多数被转化成了无效状态的能量，变成垃圾和污染物，熵增也是宇宙的发展规律。随着科学的发展，熵这个概念已经远远超出物理学范围，1948 年"信息论之父"香农根据信息量计算公式的特征，借鉴熵的概念第一次把熵引入信息论，将信息中排除冗余信息的平均信息量定义为"信息熵"，用数学语言阐明了概率与信息冗余度的关系。法国物理学家布里渊更加具体地研究了获取信息过程的能量消耗及其导致的熵增，而信息的增加导致物理熵减的效果，使信息熵和物理学的熵统一起来。信息熵这一概念不仅被广泛用于信息的度量，由于信息熵与物理学熵的计算公式正好相同，符号相反，而且意义也是增加智慧，起到减熵效果，信息熵也称为信息负熵。1969 年比利时科学家普里戈金发明了耗散结构理论，证明一切孤立系统在具备了开放性、非平衡态和自组织性的状况下，与外界进行物质和能量交换就是引入负熵，能够激活系统非平衡态元素的非线性涨落和突变，在自组织性作用下，实现系统减熵，使系统进入新的有序状态。这个理论通过正熵和负熵的作用以及熵增熵减的变化，说明一切事物的发展变化都是在熵的作用下产生的，耗散结构理论把信息与物质、能量真正地统一了起来。

因此，维纳关于信息"既不是物质也不是能量"的定义说明信息是独立于物质和能量的一种存在方式，也说明世界是由物质、能量和信息组成的；而香农关于"信息是负熵"的定义把物质、能量和信息都统一到熵的理论中；普里戈金的耗散结构理论证明了在物质、能量和信息三者中熵理论的一致性和正确性，使信息与物质、能量之间实现可相互作用和相互转化的统一。由上述分析表明，信息是事物所固有的一种属性，是伴随物质和能量必然产生的一种客观存在方式，它表现出事物的状态、运动和轨迹，信息熵是事物的确定性、有序性和自组织性的表征。这个理论不仅可以应用于物质世界，也可以广泛应用于社会领域，可以说信息熵就是信息的大统一理论，特别是在大数据时代。大数

---

① 冯端，冯少彤. 溯源探幽：熵的世界 [M]. 北京：科学出版社，2005：21.

据反映了事物发展变化的全面特征，使信息熵对信息价值的衡量能更准确和有效，更能显现出信息熵的确定性，更加强了信息熵消除事物不确定性的程度，使物质世界进化发展，从而使社会领域文明有序发展。在大数据不断深入发展的今天，用哲学视角研究大数据和信息熵，对科技发展和社会进步有着重要的理论意义和现实意义。

人类社会是一个具有耗散结构特征的自组织系统，符合熵理论提出的孤立系统在自发状态下的熵增规律，在大数据信息负熵的作用下，可以激活人类社会系统进入更加有序的状态。[①] 大数据时代的信息熵不仅是对有效信息的选择，更是对人类文明的选择，所以，熵理论是符合物质世界和人类社会统一规律的理论之一。

而我们从大数据的处理中追求的是为社会创造出新的生产方法、设计出新的流通方式、发明出新的消费方式、创立出新的社会分工模式、建立新的社会规范，并对任何旧的事物给出改进的新信息，使人类文明进步。[②] 所以，代表人类文明的"新信息"是长时期和大范围内人类活动中留下的信息沧海中的一小部分，人类多数行为还都是模仿、学习、重复，是传统信息的循环，并不是创造，因此，需要在这浩瀚的传统信息沧海中选择真正有价值的和表现人类文明进步的信息。

目前国内外在研究大数据和人工智能方面多集中在信息论、控制论和系统论的"老三论"基础上的研究，但大数据研究是一项更具综合性的系统工作，不仅涉及以往的技术，还需要不断创新，更应该从信息的本质出发，在突变论、协同论和耗散结构理论为基础的"新三论"基础上，辅之以超循环理论等新学说，从演化的角度对大数据进行新审视，在世界观和方法论的哲学高度进行信息哲学的研究。

基于信息概念的广义性，自然界、人类社会还有思维领域的任何运动和变化都会产生信息，而信息熵就是这种广义信息的确定性表征，它实现了物质和抽象概念的量化，实现了混沌系统的确定性，激发了耗散系统的自组织性，实

① 赵玲. 自然观的现代形态：自组织生态自然观 [J]. 吉林大学社会科学学报，2001 (2)：13-18.
② 黎鸣. 恢复哲学的尊严：信息哲学论 [M]. 北京：中国社会出版社，2005：12.

现了混乱系统走向有序性。国内外许多学者在探讨基于信息社会的信息哲学问题时，定义信息哲学是涉及信息的概念本质和基本原理，包括"信息的动力学、利用和科学以及对哲学问题的信息理论和计算方法论的提炼和应用"①，是利用计算拓展了一种前所未有的方法论，这些讨论引发了一场哲学思辨。从计算的角度出发，大数据时代信息熵研究的哲学概念也是一致的，信息熵对事物确定性研究深化了这个主题，也使研究有了具体内容和目标。因此，大数据时代信息熵的概念具有很深的哲学内涵，大数据时代信息熵的哲学研究为探索自然和社会的统一规律提供了线索、为人类改变认识世界的思维方式和深入分析大数据以变革人类的世界观、价值观进行了有益的尝试②，对于信息哲学的研究和促进社会文明发展有着重要的意义。

1.1.2 大数据信息熵研究的时代背景

随着大数据时代信息技术的快速发展，互联网应用已经渗透人们工作、学习和生活的各个方面，极大地丰富了人们的生活内容。人们在通过互联网进行的各种社会活动中，积累了大量的数据信息，能够记录和获取信息的设备也越来越多，不仅智能手机可随时随地记录我们的行踪，各种生活和工作相关的设备也都连接到网络中，让数以百亿计的机器设备基于社会化网络的平台和应用，使政府、社会组织以及个人随时随地都能获取和产生新的数据，也引发了大数据规模爆炸式增长。这些数据的保存积累形成的"大数据"记录了自然界的变化和人类的思想、行为等方面的内容，数据大量产生，并且具有极其强烈的传播性。大数据的概念已经深入我们工作和生活的各个方面，对人类的思维方式产生了巨大影响，为人们更深入地认识、分析和理解世界提供了基础。

大数据的特征表现在数据量的巨大、数据内容的多样化和结构的复杂，以及信息的实时采集和快速处理的及时性等三个方面，有人用 3V（Volume, Varity, Velocity）来形容这三个特征。但是大数据还有一个特征就是大数据中蕴含着巨大的价值，IBM 认为其具有真实性（Veracity）的价值，这个真实性不仅表现在

① 刘刚. 信息哲学的兴起与发展 [J]. 社会科学管理与评论, 2005（2）: 75.
② 金坚，赵玲. 大数据时代信息熵的价值意义 [J]. 科学技术哲学研究, 2018, 35（3）: 17.

对客观事物的真实反映，更应体现在对于认识客体的整体性的反映。微软认为其具有内容珍贵的价值性（Value），大数据体现了数据记录的完整性，这种完整性不仅记录了众多珍贵的小概率事件，同时由于数据的完整性产生了局部数据所不能表现的数据之间的关联，这些关联会导致新的有价值的事件出现。还有学者认为其具有灵活性（Vitality）的价值，大数据是在持续不断地全面记录和提供信息①，因此可以满足客户各种灵活多变的对信息内容的需求。这些定义表明，大数据是真实地反映客观世界的信息全集，用大数据分析处理事物的精准性对于各行各业都非常重要，能给社会带来比石油都珍贵的有价值的信息，所以大数据的"大"不仅是体量巨大和复杂，而且包含了内容量上和价值量上"大"的含义。

另外，大数据不同于独立分散的局部数据的数据库系统，它是具有一个或多个事件全体信息的数据全集，所以会得出许多分散数据得不到的数据关系和事件信息，数据也呈现出多维度、多层次和多粒度的复杂性。钱学森说："只有一个或没有层次结构的事物称为简单的系统，而子系统种类很多且有层次结构，它们之间关联关系又很复杂的系统称为复杂巨系统。"② 现在研究的大数据系统都是复杂系统，广泛存在多维度、多层次和多粒度特性，数据量越大信息关联度越大，信息的线索也越多。就如复杂信息系统理论中的超循环构架，而这种复杂构架恰恰是生命发生的有序结构建构的可能的最初模式。由此我们可以根据数据的关联性发现更多的线索，消除对于事物的不确定性，用来产生预测模型，寻找新的商业趋势、精准营销、疾病预防、行为轨迹跟踪、打击犯罪以及测定实时路况等信息，做到那些由于数据不够大而难以做到的很多信息挖掘工作。但是，大数据的规模已经巨大到无法通过传统的处理方法按照人们的需要进行数据处理，很难形成人类需要的准确信息。我们需要改变传统的思维模式和处理模式，在大数据中找出有用信息，使信息成为信息资产，而不是淹没在数据的海洋中。

原始积累的信息是混乱和无序的，大数据本身还不是人类智慧和文明，其

---

① 徐计，王国胤，于洪. 基于粒计算的大数据处理 [J]. 计算机学报，2015, 38 (8)：113.

② 梁吉业，钱宇华，李德玉，等. 大数据挖掘的粒计算理论与方法 [J]. 中国科学：信息科学，2015, 45 (11)：1358.

中的重复和无用的信息不仅不会增加社会文明，反而会造成社会的混沌和社会系统的无序。人类文明就是从持续不断积累的信息中选择和挖掘有效信息，找到促进社会文明发展的先进文化，使社会系统不断向有序发展，促进社会的进步和发展。

而信息熵就是对信息有效性的度量，是基于事物的不确定性应用概率统计方法，从信息的概率分布寻找信息的确定性。大数据也表现出模糊性特征，大数据时代的信息熵应用就是要在纷繁复杂的数据中，通过对每个事件的概率分布进行分析，找出最珍贵的小概率事件，挖掘出有价值的信息。针对大数据多维度、多层次和多粒度等复杂性特征，应用信息熵有效衡量复杂结构信息的不确定性的方法，不仅可以处理单个事件信息的度量，还可应用信息熵的联合信息熵、条件信息熵、互信息熵等工具对复杂信息进行处理，获取人类需要的真正智慧信息。信息熵是衡量信息消除不确定性的量化指标，信息熵的思想促进了大数据的复杂性信息处理、深入挖掘有效信息等技术发展。信息熵对于社会系统来说，是衡量信息带给社会确定性影响的程度。

大数据为我们探索整个未知世界的不确定性提供了基础，为深度挖掘和创造人类文明带来了新的契机，为了面对大数据时代所展现出来的数据特征，我们不仅需要人工智能、深度学习和大数据处理等科学技术，更需要哲学思辨，需要在方法论和认识论层次上改变思维方式。维克托·迈尔－舍恩伯格和肯尼思·库克耶在《大数据时代：生活、工作与思维的大变革》一书中提出了处理大数据的方法是面向全体而不是抽样样本，是采用模糊的方法而不是力求精确性，是采用相关关系而不是因果关系等三个思维上的转变。① 大数据时代的信息熵应用正是从这种整体性、模糊性和相关性出发，在概率统计及系统多维度和层次相关性的方法下，研究复杂事件的确定性，在纷繁复杂的数据中，挖掘出有价值的信息。

1.1.3 大数据信息熵研究的框架和意义

大数据和信息熵的哲学思想研究，首先是从功能上研究信息熵在熵理论中

---

① [奥] 维克托·迈尔－舍恩伯格，肯尼思·库克耶. 大数据时代：生活、工作与思维的大变革 [M]. 盛杨燕，周涛，译. 杭州：浙江人民出版社，2013：27.

的地位和作用，在梳理熵理论发展史的基础上，通过综合热力学熵和信息熵的相互转化、相互作用和相互依赖的辩证关系，实现大数据信息熵在耗散结构特征下的负熵本质。然后沿着西方哲学思想的脉络，以历史和逻辑相统一为原则，通过追溯哲学史的发展抓住大数据、信息本体和信息熵形成的相关线索，实现对大数据信息熵形式本体的本质研究。这也就是通过追溯本体论思想的发展历史，梳理其中信息本体化的形成要素，将信息本体化的形式化、逻辑化和语义化的特征在本体论发展的维度中进行分离和综合，形成知识本体的规则，奠定信息熵确定性量化的基础。本书在此基础上比较详细地论述先验哲学体系，应用先验哲学的分析方法来分析大数据的内在本质和外部特征。信息熵的作用主体是人类社会，在分析社会主体的耗散结构特征基础上，分析了社会主体的正熵和负熵，并将信息熵对社会系统的作用过程进行了模型分析，阐述了影响信息熵效用的客观因素和主观因素。最后，作者论述了本书内容对信息哲学研究的促进意义。

大数据信息熵的研究具有深刻的理论意义，对熵增熵减的矛盾运动的研究深化了事物相互依存、相互转化的对立统一规律；对信息熵表现出的事物不可逆性的研究进一步阐释了物质运动与时空不可分割的时空观；对信息熵在相关关系中寻找事物确定性的研究，深化了事物具有普遍联系性的理解；对大数据信息熵产生过程和表现出对事物的确定性、自发性和有序性的研究，丰富和发展了信息哲学关于信息实在性的研究。同时，大数据信息熵的本质研究不仅对于大数据分析有实际作用，作为开放系统的负熵流，还可以消除社会信息的不确定性，激发社会系统的自组织性活力，使社会从混乱到有序，促进社会文明向前发展。基于此理论框架而展开对信息熵的本质和效用研究，本书分为六章和结语部分，分别描述如下：

第一章，导论部分介绍了大数据时代信息熵带来的观念转变。在大数据迅猛发展的背景下，从世界观和方法论的高度理解信息熵，是在大数据时代更新观念、适应新的信息化世界以及不断进行技术创新的思想基础；并从信息熵理论的科学思想、大数据技术的社会应用和信息时代的哲学思维三个方面对国内外学者的研究成果进行了简要的归纳和评述，以使本书的讨论站在一个较高的起点上，同时期待能对读者理解本书探讨内容有所帮助。

第二章，从功能上介绍了熵理论、信息和信息熵的内涵及其理论基础，论述了物质、能量和信息在熵理论的框架下，实现相互作用、相互转换的统一。阐述了熵理论及其孤立系统的演化规律，对热力学熵增规律、耗散结构的自组织系统以及信息熵的负熵性质进行了整体描述。信息的产生及信息熵的性质，揭示了耗散结构系统、协同学和突变论的本质内涵及其与信息熵的关系。特别是本书对熵理论的整体进行了较为详尽的介绍，使读者不仅从原理上理解熵理论，而且可以从具体的数学表达上对熵理论体系有初步了解。

第三章，信息本体的哲学思想溯源，揭示了本体论思想是信息本体化的思想源泉，本体论的形式化、逻辑化和语义化的内容是形成信息本体的基础；阐述了大数据的结构化特征，通过建立特定领域概念集合，根据信息本体化特征，形成知识本体；论证了信息知识本体的建立可以通过先验哲学判断表的先天之网建立分析对象，并利用知性范畴表的先天之网实现对认识对象的先天综合判断。熵是在知识本体的基础上，根据对象的相关性和事物演化的不可逆性，实现信息熵的确定性求解，以此实现信息熵的外部特征。本章建立了以本体论和康德先验哲学为基础的分析框架，为分析大数据的内涵和外延奠定了基础。

第四章，分析了大数据时代信息熵的内涵和外延，从先验哲学范畴表的全体性、限定性、协同性和必然性四个方面阐释了信息熵的内涵，其表现出的本质特征为大数据的全面性、确定性、相关性和不可逆性。从先验哲学的判断表的单称性、无限性、选言性和必然性四个方面分析了大数据的客观性外延，其表现出的外部特征为大数据的抽象概念的可量化性、系统整体的有序性、协同有序的自组织性和必然规律的可预测性。从先验哲学判断表的特称性、否定性、假言性和实然性分析了大数据在融入主观性因素后表现出的外延，其表现出的外部特征为大数据的双向价值的效用、直觉模糊的程度、实在判断的决策和发展周期的判断。大数据内涵和外延表现出的特征对于科学的发展和社会的进步有非常重要的理论意义和现实意义。

第五章，对社会系统的熵理论应用作了分析，首先把社会系统的正熵和负熵的指标进行概念分类，根据微观变量的数目越多，熵表达的确定性越强的特征，在进行管理熵的计算时应该尽可能多地列出指标变量，并通过熵公式对正负熵进行量化，对量化指标用布鲁塞尔模型和突变模型进行演化过程的分析。

以政府、社会组织和个人三个类别为例，从社会系统的角度分析了系统内部的正熵，并讨论了三个类别对应的不同负熵，针对政府的是政治、经济、社会和技术信息负熵，针对社会组织的是商业、信用和管理的信息负熵，而针对个人的是生活、职业和健康信息负熵。对影响熵效用的主观因素和客观因素进行了分析，影响信息负熵实现效用的因素是主体的主观性、积极性、防御性和经验性四个方面，同时论述了影响信息负熵实现效用的客观因素体现在完整性、准确性、时效性和针对性四个方面。

第六章，大数据信息熵研究具有深刻的哲学意义，创新了信息哲学理论的研究方法，丰富了形式化哲学研究的内容，对我们深刻理解元宇宙等新概念，实现技术创新有极大的促进作用，也为更新观念和建立新的世界观提供了基础。信息熵的哲学研究促进了创新思维发展与变革，弘扬了生态文明促进人类社会精神文明发展的主旨，促进了科技发展变革人们的生活方式。

结语部分综述了本书的研究成果，论述了哲学与科学的关系，讨论了形式逻辑与先验逻辑的差异，展望了大数据信息熵的价值对人类社会未来的影响，提出了下一步需要深入研究的内容。我们需要正确理解大数据给社会带来的确定性作用，不断挖掘和产生有效信息。正确理解信息熵为人类社会带来的熵增熵减的作用，激发出社会系统的活力，使社会自组织系统趋于完善，让大数据时代的信息熵成为正能量，真正实现推动社会文明向前发展。

1.2　大数据时代演化思维研究的发展脉络

从哲学视角研究大数据时代的思维方式，不仅涉及古典哲学和近现代哲学思想，更涉及与之相关的信息学、熵理论和大数据等有关理论。多年来国内外学者一直进行着不懈的努力，从决定论到机械论再到演化论，对事物的认识规律不断进行着探索和研究。感谢专家和学者留下大量宝贵的资料，使我能够在学习和借鉴前人研究成果的基础上展开本书的讨论，从而使本书的观点有一个较高起点。下面从信息熵思维研究、大数据应用的社会变革研究和信息时代的哲学思想研究三个方面对国内外学者的研究成果进行简要的归纳和评述，在共享前人丰富的研究成果的同时，期待能对读者理解本书探讨内容有所帮助。

1.2.1 关于复杂系统理论的信息熵思维研究

把熵作为一种哲学观念的研究很早就开始了，1987 年美国的杰里米·里夫金和特德·霍华德的《熵：一种新的世界观》就是把熵这个概念提升到哲学高度进行研究，揭示了熵规律是世界发展的本质规律，人类的社会生活也无法逃脱熵定律的"无形之手"，熵概念和每个人的生活密切相关。因此，为了减缓物质走向热寂的速度，我们应该提倡节约，改变目前高熵的生产和生活方式，需要重塑我们的人生观、价值观和世界观。[①]

作为熵理论核心思想的耗散结构理论是比利时科学家普里戈金 1969 年提出来的，与协同论、突变论一起共同组成了复杂系统科学的新三论，新三论不仅具有先进的科学思想，也是决定论向演化论转变的哲学思想基础。普里戈金从 20 世纪 70 年代开始相继出版的《从存在到演化》[②]、《从混沌到有序：人与自然的新对话》[③] 和《确定性的终结：时间、混沌与新自然法则》[④] 等著作对耗散结构理论和事物的不确定性、不可逆性和相关性作了分析，研究了不可逆性对时间在物质世界演化过程中的作用，不可逆性是有序性、相关性和自组织性之源。他论述了物理学中的存在、演化和存在到演化的桥梁，在自组织性和非平衡涨落的条件下，用微观理论阐述了不可逆性与时空结构的变化规律。普里戈金通过考察西方的时间观，建立了与传统自然观彻底决裂的新思想；并从古希腊哲学理论出发，对牛顿定律的确定性理论和量子力学的不确定理论进行了分析，在表述宇宙统一规律的高度上，产生了全新的科学与文化之自然法则，打通了信息熵与物理熵的关系。德国物理学家哈肯在 20 世纪 70 年代初期提出了协同论，其著作《协同学：大自然构成的奥秘》对耗散结构理论中的自组织性进行

---

① [美] 杰里米·里夫金，特德·霍华德. 熵：一种新的世界观 [M]. 吕明，等译. 上海：上海译文出版社，1987：2.
② [比] 普里戈金. 从存在到演化 [M]. 曾庆宏，严士健，马本堃，沈小峰，译. 北京：北京大学出版社，2007：2.
③ [比] 伊·普里戈金，[法] 伊·斯唐热. 从混沌到有序：人与自然的新对话 [M]. 曾庆宏，沈小峰，译. 上海：上海译文出版社，1987：3.
④ [比] 伊利亚·普里戈金. 确定性的终结：时间、混沌与新自然法则 [M]. 湛敏，译. 上海：上海科技教育出版社，2018：7.

了细致的研究，研究由大量子系统组成的复杂系统在一定条件下，通过协同作用实现系统宏观有序，形成自组织机理的学科。虽然各个子系统性质不同，其机理上确有类似性或者相同性规律，在外部参量的驱动和子系统之间相互作用下，以自组织性方式，实现各种子系统从无序变为有序时的条件、特点和演化。[①] 同时，协同论建立了一整套数学模型和处理方案，实现系统在协同作用下从无序到有序的转变，被广泛应用于各个领域。协同论丰富和促进了耗散结构理论自组织性的有序变化。法国数学家勒内·托姆在 20 世纪 60 年代末期系统地提出了突变论思想，其著作《突变论：思想和应用》从哲学和科学发展的高度，对突变论的历史背景、数学基础和实际应用做了详细的介绍。突变论是通过用统一的数学模型来描述自然界和人类社会中连续渐变如何引起突变或飞跃，达到可以预测并控制这些变化的目的。它是把量变到质变的规律总结成数学模型，表明质变既可通过飞跃的方式，也可通过渐变的方式来实现。通过改变控制条件，使一个飞跃过程可以转化为渐变，而一个渐变过程又可转化为飞跃。突变论认为事物结构的稳定性是突变论的基础，是事物状态不变、渐变或是突变的内在原因，可以控制事物的中间过渡状态的稳定与否，实现事物的渐变或是突变的变化过程。[②] 突变论广泛应用于物理学、生物学、生态学、医学、经济学和社会学等各个方面，产生了很大影响，也是耗散结构理论中非线性突变的重要理论基础。

信息论起源于香农 1948 年 10 月发表于贝尔系统技术学报上的论文《通信的数学理论》，此文成为现代信息论研究的开端。此文是运用概率论与数理统计的方法研究信息的量化问题，给出了估算通信信道容量的方法，并把信息量化的计算方法称为信息熵。信息论还从通信系统的角度，研究了数据传输、密码学和数据压缩等问题，信息论广泛应用于很多领域，从信息论诞生起人们就对它有着更广义的理解。[③] 维纳于 1948 年提出的《控制论：或关于在动物和机器

---

① ［德］赫尔曼·哈肯. 协同学：大自然构成的奥秘［M］. 凌复华，译. 上海：上海译文出版社，2001：5.

② ［法］勒内·托姆. 突变论：思想和应用［M］. 周仲良，译. 上海：上海译文出版社，1989：3.

③ ［美］J. 麦克伊利斯. 信息论与编码理论（第二版）［M］. 李斗，殷悦，罗燕，等译. 北京：电子工业出版社，2004：2.

中控制和通讯的科学》是把机械元件和电器元件组成稳定的、具有特定性能的自动控制系统，运用功能模拟的方法，让控制机器装置实现信息的自动加工，形成自动控制；并应用控制论研究人的神经和大脑的活动，研究生物的适应和生殖机制。① 香农和维纳分别从信息论和控制论的角度提出了"信息即负熵"的重要结论②，使信息与物质和能量联系起来。传统信息科学是以信息论和控制论为基础，加上系统论、计算机和人工智能等学科形成的一门综合性学科。从 20 世纪 70 年代开始兴起的新三论以及近期大数据技术的应用，为信息熵理论深入发展奠定了基础，共同组成促进现代科学技术发展的重要学科。

美国加尼斯（E. T. Jaynes）的《信息论与统计力学》③（1957）是信息熵发展中具有里程碑意义的文章，首次明确提出了最大熵原理（POME：Principle of Maximum Entropy），其主要思想是要保留事件的全部的不确定性，且选取符合全部不确定性状态的熵值最大的概率分布作为随机变量的分布，这是最有效的处理方法和准则。通常用最大化熵来解决一些特定条件下的问题④，此原理广泛应用于模式识别、人工智能、图像处理、网络、数据挖掘等领域。

库尔巴克（Kullback）和莱贝尔（Leiber）在《论信息与充分性》（1951）中提出了交叉熵概念，又称为互熵或相对熵。他们用交叉熵来测定两个概率分布之间的信息差异。⑤ 在此基础上库尔巴克又提出最小交叉熵的概率分布准则（1959）⑥，若使待求的概率分布在服从已知信息（约束）的条件下，尽可能地靠近一个先验（已知）的概率分布，则必须令交叉熵函数极小化。⑦ 扎德（Zadeh）在此准则基础上又提出了模糊事件的熵（1968）等。⑧ 目前，图像处

① ［美］N. 维纳. 控制论：或关于在动物和机器中控制和通讯的科学 ［M］. 郝季仁，译. 北京：科学出版社，1962：125.
② 黎鸣. 恢复哲学的尊严：信息哲学论 ［M］. 北京：中国社会出版社，2005：10.
③ E. T. Jaynes. Information theory and statistical mechanics ［J］. Physics Review I, 1957, 106：620 – 630; Physics Review II, 1957, 108 (2)：171 –190.
④ 姜茸，廖鸿志，杨明. 信息熵在软件领域中的应用研究现状 ［J］. 自动化技术与应用，2015 (4)：2.
⑤ S. Kullback, R. A. Leiber. On information and sufficiency ［J］. The Annals of Mathematical Statistics, 1951, 22：79 –86.
⑥ Kullback. Information Theory and Statistics ［M］. New York：John Wiley Press, 1959.
⑦ 姜茸，廖鸿志，杨明. 信息熵在软件领域中的应用研究现状 ［J］. 自动化技术与应用，2015 (4)：3.
⑧ Zadeh L. A Probability measures of fuzzy events ［J］. Journal of Mathmatics Analysis and Application, 1968, 23：421 –427.

理、模式识别、人工智能、数据挖掘等领域都广泛应用了最小交叉熵和模糊熵的算法。

信息技术中广泛应用了信息熵理论，而基于信息熵的各种算法和演化机理也不断发展和进步。在信息熵的基础上，苏联数学家柯尔莫哥洛夫（A. N. Kolmogorov）率先提出用系统的复杂度来定义熵，并提出了动力系统熵的概念，将熵的度量对象由系统状态的不确定性程度改变为系统或信号的某个确定状态的复杂程度。① 这一定义的引申和拓展使信息熵理论应用于复杂系统的信号分析和状态识别成为可能。随着信息化社会的发展，信息熵的研究在人工智能行业也有着广泛的基础。

进入 21 世纪的大数据时代以来，谷歌、IBM 以及 Facebook 等进行大量信息熵的应用研究，以信息熵理论为基础，结合各种信号分析方法，出现了许多用于信号分析的信息熵特征指标，如基于最大熵原理的测量信号分析方法②、基于时频分析方法的信息熵测度研究③、信息熵在多传感器数据融合中的应用等成果广泛应用于大数据处理。其中，平克斯（S. M. Pincus）从衡量时间序列复杂性的角度提出的近似熵（Approximate Entropy）算法④得到了重点研究，平克斯将近似熵应用于生理性时间序列的复杂性分析用于心率信号、血压信号等医疗领域。罗宾逊的逆文本频率指数（IDF：Inverse Document Frequency）算法是用来计算大数据关键字权重的方法，这个算法就是在求特定条件下关键词概率分布的交叉熵（KL 散度：Kullback – Leibler Divergence），被广泛应用于大数据的搜索和人工智能处理。⑤

我国最早从哲学观念出发认识信息熵理论的是黎鸣的《力的哲学和信息的哲学》（1984）和《论信息》（1985）两篇文章，是从信息熵的角度研究信息对社会作用的文章，提出了"信息的哲学"的概念。两篇文章从信息概念产生的历史出发讨论了信息概念的定义、分类以及信息在人类和人类社会进化中的作

① A. N. Kolmogorov. Three approaches to the quantitative definition of information ［J］. Problems of Information Trammission，1965，1（1）.
② 程亮，童玲. 最大熵原理在测量数据处理中的应用 ［J］. 电子测量与仪器学报，2009，23（1）：47.
③ 赵健，杨峰，俞卞章. 时频分析中的新测度 ［J］. 电路与系统学报，2002，7（2）：59.
④ S. M. Pincus. Approximate entropy（Ap En）as a complexity measure ［J］. Chaos，1995，5（1）.
⑤ 吴军. 数学之美 ［M］. 北京：人民邮电出版社，2012：104.

用等问题，认为信息和力的本质一样，都是物质世界普遍存在的相互作用，信息选择方式是人类和社会特有的进化方式（相对于生物界其他系统而言），信息革命是社会进化的突变形式之一，从趋向有序和自组织化的控制论角度看，人类社会的进化速率正在以 10^4 的幂级数增长，体现着人类社会有序度的信息也以这种速率增长着，大大缩短了人类自身的进化过程。[①] 文中还指出，人脑的创造性功能是社会趋向进步的重要的、甚或是唯一的动力源，黎鸣在国内最早提出人的智能是负熵之源，脑是负熵之源。

姜丹的《效用信息熵》（1993）[②] 一文认为效用信息熵是在信息熵基础上提出的一种全新观点，它将进一步完善对信息重要程度的度量。该文指出效用信息熵克服了原来的信息熵和加权后的信息熵在信息度量方面的不足，使信息熵既能反映信源的客观信息价值，又能体现信源信号对于信宿的主观效用，这在信息科学、管理科学的发展中无疑具有重要意义，也使信息熵表现广义的社会价值有了科学的基础。冯端等的《溯源探幽：熵的世界》（2005）[③] 分别从热力学、统计物理、分子动力理论、信息论、非线性动力学、天体物理和宇宙论等不同侧面、不同层次系统论述熵的概念，剖析了熵蕴含的深刻意义，同时讨论了熵在现代自然科学与技术中的应用，阐明了它所处的地位。

钟义信的《高等人工智能原理：观念·方法·模型·理论》（2014）一书提出了高等人工智能的基本理论，讲述了原来信息科学只是对数据的收集处理，高级人工智能需要上升到语义、语法和语用的三者结合，具有了信息哲学的高度。该书从高等人工智能研究的科学观与方法论介绍自然智能理论研究的启迪和人工智能研究方法的变革，介绍了高等人工智能的基础理论和知识理论；并从分类信息转换原理角度介绍了感知、注意与记忆的人工智能原理；从意识、情感、理智与行为的信息转换原理，分析了高等人工智能与现行人工智能的关系，介绍了有关应用的共性课题。[④]

基于熵理论的广泛应用，国内也有一些博士课题选择了相关研究方向，如

① 黎鸣. 论信息 [J]. 中国社会科学, 1984 (4)：13.
② 姜丹. 效用信息熵 [J]. 中外科技信息, 1993 (5)：87.
③ 冯端, 冯少彤. 溯源探幽：熵的世界 [M]. 北京：科学出版社, 2005.
④ 钟义信. 高等人工智能原理：观念·方法·模型·理论 [M]. 北京：科学出版社, 2014.

《基于熵理论的和谐社会评价与优化研究》（2009）以及《基于熵定律的人口分
布与再分布机制研究》（2006）。前者用熵理论分析社会现象，阐述了社会组织
的耗散结构特性，分析了社会的自适应性，对于社会的熵增熵减的辩证过程进
行了论述，认为社会发展过程是一个自发熵增过程，实现社会和谐有序发展，
需要建立和完善内部自组织机制，不断吸引外部负熵流入，抑制熵增，保持社
会的低熵甚至是负熵运行，才能保持和实现社会的稳定发展。① 后者在人口的
分布和迁移理论研究中，根据耗散结构理论从时空尺度的系统角度进行人口分
布的研究，弥补了当前人口分布和迁移理论研究存在的不足，获得了对人口分
布与再分布现象的本质的认识，建立了一种对人口分布与迁移现象作出较好解
释的人口分布生成机制理论。②

　　在熵理论的具体应用技术上，梁吉业（Liang Jiye）等提出的粗糙熵
（2001）③ 广泛应用于图像处理与模式识别等领域，粗糙熵是对不完备信息系统
中知识粗糙度和粗糙集的信息度量，通过建立知识粗糙熵与不确定性的哈特利
测度（Hartley Measure）之间的关系，证明了粗糙集的粗糙熵随着信息粒度的
减小而单调减小，为粗糙集的粗糙度提供了更准确的度量，也为基于相容关系
的不完备信息系统中知识获取提供了理论依据。另外，杨福生等将近似熵用于
短数据非线性系统的复杂性度量④，胥永刚等用近似熵描述机械振动信号的不
规则性和复杂性等⑤。此外，在基于时频分析的信息熵测度研究方面，张西宁
等提出可定量监测系统运行瞬时稳定性的平稳熵⑥；在基于奇异谱分解的信息
熵测度研究方面，杨文献等研究了奇异谱熵在机械信号信息论评估、信噪比估
计以及信号降噪等方面的应用。⑦ 这些探索对于信息熵的应用发展都起到了很
大的推进作用。

① 李彩良. 基于熵理论的和谐社会评价与优化研究 [D]. 天津：天津大学，2009.
② 史学斌. 基于熵定律的人口分布与再分布机制研究 [D]. 成都：西南财经大学，2006.
③ Liang Jiye, Qu Kai - She. Information Measures of Roughness of Knowledge and Rough Sets for Incomplete In-formation Systems [J]. Journal of Systems Science and Systems Engineering, 2001, 10 (4)：418 - 424.
④ 杨福生，廖旺才. 近似熵：一种适用于短数据的复杂性度量 [J]. 中国医疗器械杂志，1997, 21 (5).
⑤ 胥永刚，李凌均，何正嘉. 近似熵及其在机械设备故障诊断中的应用 [J]. 信息与控制，2002, 31 (6).
⑥ 张西宁，屈梁生. 平稳熵：一种新的机组运行时瞬时稳定性定量化监测指标 [J]. 机械科学与技术，1998.17 (3).
⑦ 杨文献，姜节胜. 机械信号奇异熵研究 [J]. 机械工程学报，2000, 36 (12).

国内外关于熵理论的研究打通了信息熵和物理熵的界限，实现了物质、能量和信息的沟通。各种信息熵算法的发明和应用，也为理解信息熵的本质特征以及寻找信息熵的内涵和外延提供了依据。

1.2.2 关于大数据应用的社会变革研究

关于大数据的研究，在 1980 年美国未来学家阿尔文·托夫勒在《第三次浪潮》一书中就首次提出"大数据"的概念，书中预测第三次浪潮的社会记忆信息不仅在数量上有所增加，而且为人类记忆注入了生命，将"大数据"称为"第三次浪潮的华彩乐章"。① 美国学者费亚德（Fayyad）等在 1989 年的国际人工智能联合会首次提出数据库中的知识发现（KDD：Knowledge Disco and Data Mining）的概念，并于 1996 年提出数据库中知识发现的过程，是从大量数据集中辨识出新颖有效、潜在有用并可被理解的模式，指出知识发现是寻找这种模式的高级处理过程。② 许多人将知识发现和数据挖掘视为等价的概念。③ 知识发现是人工智能领域通常的说法，而数据库领域称之为数据挖掘，也有人把数据挖掘看作 KDD 发现知识过程中的一部分。2005 年美国国家科学委员会发表了《数字数据收集万岁：促进 21 世纪的研究与教育》，数据科学家一词开始出现。被称为"大数据之父"的哈佛大学哲学博士托马斯·达文波特和数据科学家 D. J. 帕蒂尔在《数据科学家：21 世纪"最性感的职业"》（2006）一文中提出了数据科学家应该具有数据黑客、分析师、业务专家和可信赖的顾问等综合能力，需要具有坚实的数学、概率统计学及计算机科学基础，具有良好的逻辑思维和表达能力，能敏锐地发现商业模式和客户心理。称他们为"科学家"是因为这些人需要具有科学创造力，能够通过联想思维透过现象看本质，用综合统计学和编程方法，从获取的海量数据中找出对公司的营收有巨大影响的信息，

---

① ［美］阿尔文·托夫勒. 第三次浪潮［M］. 黄明坚，译. 北京：中信出版社，2006：33 - 45.

② Fayyad U Metal. The KDD process for extracting useful knowledge from volumes of data ［J］. Communications of the SCM, 1996, 39（1）.

③ Fayyad U M, Piatesky G, Smyth Petal, eds. Advances in Knowledge Discovery and Data Mining ［M］. Cambridge, MA：AAAI/MIT Press, 1996.

为决策者提供预测和优化的依据，而不仅仅是提出建议。①

　　2008 年《科学》（Science）杂志发表了一篇文章"Big Data: Science in the Petabyte Era"②，文章指出随着越来越多的研究学科的发现，大量的数据正呈现出迫切需要解决的新挑战。当研究人员研究细胞的内部工作时，他们在收集有关基因组序列、蛋白质序列、蛋白质结构和功能、双分子相互作用、信号和代谢途径、调节基序等的数据时，即使是最聪明的科学家也会求助于先进的数据挖掘工具，由此，"大数据"这个词开始被广泛传播。西格兰（Toby Segaran）与哈默巴赫（Jeff Hammerbacher）于 2010 年发表了《数据之美》，形容数据被证实好比下一代计算机应用的"英特尔内核"，描述了包括从火星着陆探测器以及 Radiohead 视频的制作等 39 个最佳数据实践的解决方案，描述如何使用地图和数据"混搭"方式对都市犯罪趋势进行可视化处理等。③

　　托尼·赫伊等的《第四范式：数据密集型科学发现》（2012）揭示了在海量数据和无处不在的网络上发展起来的与实验科学、理论推演、计算机仿真这三种科研范式相辅相成的科学研究第四范式，也就是数据密集型科学发现，并进一步探讨了这种新范式的内涵和外延，包括利用多样化工具不间断采集科研数据、建立系统化工具和设施来管理整个数据生命周期、开发基于科学研究问题的数据分析及可视化工具与方法等，并深入探讨了这种新范式对科学研究、科学教育、学术信息交流及科学家群体的长远影响。④

　　美国复杂网络科学家拉斯洛·巴拉巴西《爆发：大数据时代预见未来的新思维》（2012）认为人类进入大数据时代，可以对未来进行预测，人类行为的背后隐藏着模式的"爆发"，人类日常行为模式是具有"爆发性"的，而不是随机的；人类行为中深层次的秩序通过爆发形成，大数据使人类对未来的预测比预想的更容易，认为揭示爆发模式的影响力堪比 20 世纪初期的物理学或者基

① ［美］托马斯·达文波特，D. J. 帕蒂尔. 数据科学家：21 世纪"最性感的职业"［J］. 哈佛商业评论，2006.
② 王新才，丁家友. 大数据知识图谱：概念、特征、应用与影响［J］. 情报科学，2013（9）：10 - 14.
③ Toby Segaran, Jeff Hammerbacher. 数据之美［M］. 祝洪凯，李妹芳，段炼，译. 北京：机械工业出版社，2010：8.
④ Tony Hey, Stewart Tansley, Kristin Tolle. 第四范式：数据密集型科学发现［M］. 潘教峰，张晓林，等译. 北京：科学出版社，2012：6.

因革命。① 笔者认为，所谓的爆发，其实就是突变论中的非线性突变的普及性说法，信息负熵为突变的产生提供了条件。

英国科学家舍恩伯格等在《大数据时代：生活、工作与思维的大变革》(2013) 一书很超前地预见了大数据的出现会给人们的生活、工作和思维带来巨大的变革，大数据为时代带来了重大转变，提出了"大数据思维"的概念，描述了在大数据时代的思维变革给社会带来的商业变革和管理变革，并认为大数据的核心就是预测。大数据思维的三个转变引起了社会巨大的反响，首先，大数据不是随机样本而是全体数据；其次，大数据不是精确性而是混杂和模糊性；最后，大数据不是因果关系而是相关关系。书中认为大数据可以将过去人类生活中的模糊性概念变为可量化的指标，使人的生活发生前所未有的变化。②

美国企业家大卫·芬雷布的《大数据云图：如何在大数据时代寻找下一个大机遇》(2013) 一书用大数据云图的说法描绘出大数据行业的企业分布，通过对成功企业的分析，让人们能够容易地发现大数据的产业机遇会在哪里出现，以及如何寻找这些机遇。③

我国也较早地就开始了大数据的研究和规划。2012 年李国杰和程学旗的《大数据研究：未来科技及经济社会发展的重大战略领域——大数据的研究现状与科学思考》围绕大数据的研究现状、科学问题、主要挑战以及发展战略进行了全面的分析与展望，为大数据的进一步深入研究提供了重要的研究思路。④ 2014 年的《中国大数据技术与产业发展白皮书》由李国杰等国内 110 位专家共同撰写的 20 多万字的长篇报告，梳理了大数据应用现状及发展趋势，为政府制定推动大数据产业发展政策提供建议，探讨了大数据研究面临的科学问题和技术挑战，为研究人员和机构提供了指南。2015 年的《促进大数据发展行动纲

---

① [美] 艾伯特－拉斯洛·巴拉巴西. 爆发：大数据时代预见未来的新思维 [M]. 马慧，译. 北京：中国人民大学出版社，2012：8.
② [英] 维克托·迈尔－舍恩伯格，肯尼思·库克耶. 大数据时代：生活、工作与思维的大变革 [M]. 盛杨燕，周涛，译. 杭州：浙江人民出版社，2013.
③ [美] 大卫·芬雷布. 大数据云图：如何在大数据时代寻找下一个大机遇 [M]. 盛杨燕，译. 杭州：浙江人民出版社，2013：1.
④ 李国杰，程学旗. 大数据研究：未来科技及经济社会发展的重大战略领域——大数据的研究现状与科学思考 [J]. 中国科学院院刊，2012，27 (6)：11.

要》是我国把大数据应用放到国家战略层面考虑的第一份纲领性文件，对我国大数据发展进行了顶层设计，对指导我国未来的大数据发展、促进大数据技术应用有着重要的意义。[1] 该纲要从国家信息化发展的战略全局把握大数据的概念与范畴，是我国大数据信息化发展步入深水区后的核心主题和战略抉择，明确提出了我国大数据发展的目标体系，推动数据资源共享开放，强调了大数据发展与相关政策的衔接配合，健全政策保障机制。

涂子沛的《大数据：正在到来的数据革命》（2012）一书主要提出了大数据的出现不仅是一场技术革命，更是一场全球性的社会变革，它使政府行为更透明、企业创新加速，也是社会变革的利器。[2] "现代管理学之父"德鲁克曾经说过，预测未来最好的方法，就是去创造未来。抢占"大数据战略"先机是创造未来、领航全球的最好机会。赵国栋和易欢欢等的《大数据时代的历史机遇：产业变革与数据科学》（2013）一书全面阐述了大数据在社会、经济、科学研究方面的影响，讲述了大数据时代产业发展的趋势以及驱动产业融合、升级、转型的根本因素，给出践行大数据的范式；并完整阐述数据科学的基础性价值，论述数据科学对科学研究、社会研究、产业发展的影响，提出数据科学的教育体系；还介绍了国内大数据领域取得的进展，助力产业界升级转型。[3]

吴军的《数学之美》（2012）是将信息熵的算法应用于大数据的专业书籍，讲述了许多应用信息熵的数学工具解决大数据处理中的工程问题的案例，点出需要在思维不断创新的前提下，突破现有的模式，指出信息熵对于语音识别、自然语言处理，特别是统计语言模型的研究都有重要意义。[4]

最近几年，大数据的发展一直处在技术领域发展阶段，主要是根据数据来源从数据的处理工具和处理难度两个方面对大数据进行研究，也就是大数据研究正在由前几年的新技术变得越来越普及化和商业化。特别是云计算模式的出现，使网络资源可以按需进行配置和访问，企业只需要投入少量的费用，就可

---

[1] 国务院以国发〔2015〕50号印发《促进大数据发展行动纲要》.
[2] 涂子沛. 大数据：正在到来的数据革命 [M]. 桂林：广西师范大学出版社, 2012.
[3] 赵国栋, 易欢欢, 糜万军, 等. 大数据时代的历史机遇：产业变革与数据科学 [M]. 北京：清华大学出版社, 2013：6.
[4] 吴军. 数学之美 [M]. 北京：人民邮电出版社, 2012.

以享受超高速度的计算、超容量的存储和高速的网络传输。同时，由于大数据研究的不断向前推进，以数据为基础的人工智能、机器学习和物联网等其他领域也在取得越来越大的成果。

1.2.3 关于信息时代的哲学思想研究

信息社会的快速发展给人类带来了很大的冲击，改变着人类的思维模式和生活方式，因此，将信息的观念作为一种哲学思想的研究从信息论、熵理论出现的那一天开始就没有停止，薛定谔的《生命是什么》也把熵与生命和社会联系在一起。但是，信息哲学真正作为一门独立的研究学科还是从 1978 年英国伯明翰大学教授斯洛曼（A. Sloman）的《计算机在哲学中引起的革命》一书开始的，书中提出了以人工智能为基础的新的哲学范式。斯洛曼认为广泛应用于各个领域的计算机技术的思想和方法已经影响到哲学领域，计算机在哲学领域引起了新的思想革命，改变了人们的思维，用新的模式和方法向人们提供了探索人类思维和心灵秘密的手段。斯洛曼认为，人工智能这样的"新学科"产生思维革命的最直接原因就是计算数学的出现，使从前认为只有人才能解决的判断形象、解答习题、编制和审核计划、论证定理等问题，都可以通过计算机来解决，对于传统的心理学和认识论方面的问题也可以借助计算机进行考察和解决。但是，当时哲学界普遍认为，虽然人们引入了哲学的框架解释人工智能问题，但哲学界还是普遍认为"人工智能哲学是信息哲学不成熟的前范式"。① 苏联的拉基托夫和安德里阿诺娃的《计算机革命的哲学》（1987）提出第二次计算革命已经进入人工智能阶段，克服了计算机智力障碍，建立了含有模拟智力活动的操作结构，使咨询系统能够实现智能决策；第三代机器人将能够行动自主，能够接受自然语言的指令，发出自然语言的信息，以立体的和有色的视力阅读平面文字等。所有这一切不仅必然使工农业生产的结构发生根本变化，而且会使日常生活、生活方式以及全球范围内人们获得信息的能力发生根本变化。②

---

① ［苏］Г. 鲁札文，А. 克鲁尚诺夫. 评《计算机在哲学中引起的革命》［J］. 夏伯铭，译. 上海：国外社会科学文摘，1980（3）：64 – 66.
② ［苏］拉基托夫，安德里阿诺娃. 计算机革命的哲学［J］. 夏伯铭，译. 国外社会科学文摘，1987（11）：15 – 18.

美国哲学协会成立了计算机与哲学委员会（CAP：Computer and Philosophy）（1985），促成关于计算机伦理学的研讨，并在《数字凤凰》出版了论文集《计算机如何在改变哲学》（1998），认为从方法论上看，计算机为哲学提供了一个强有力的工具，随着计算机和互联网的快速发展，计算机正在改变着哲学家理解哲学基础概念的方式，向传统哲学提出了挑战，哲学研究和探索也需要吸收计算的主题、方法或模式。①

牛津大学哲学家弗洛里迪（L. Floridi）在其主办的杂志上推出《什么是信息哲学》（2002）的论文，认为信息哲学是一门成熟的学科，因为"（a）它代表了一个独立的领域（独特的话题）；（b）它为传统的和新的哲学话题提供了一个创新的手段（原创性的方法论）；（c）它能够与其他哲学分支比肩并立，为信息世界和信息社会的概念基础提供系统论证（新的理论）"。②《什么是信息哲学》第一次全面提出了信息哲学要研究的问题，阐述了信息哲学的性质和纲领性，被视为信息哲学的始创性文章。彼得·阿德里安斯和约翰·范·本瑟姆《爱思唯尔科学哲学手册·信息哲学》（2015）③聚集了 26 位信息哲学家的文章，涉及的范围非常广，内容也非常丰富和全面，讨论研究了认识论与信息、自然语言中的信息、信息哲学若干问题、学习与协作计算宇宙、信息的定量理论、逻辑与信息、奥卡姆剃刀与真理信息、认知逻辑与信息更新、信念修正中的信息结构、博弈中信息与理念、人际交互中的信息、信息和计算的认知科学、信息物理和信息生物等，是信息哲学的珍贵参考材料。

我国真正把熵作为信息本质进行哲学研究的是黎鸣，是国内最早涉及信息哲学领域的专家，提出信息为物质相互作用的观点，在其文章中写道："力和信息均属于物质的相互作用范畴"，"信息是物质的普遍属性，它表述它所属的物质系统，在同任何其他物质系统全面相互作用（或联系）的过程中，以质、能波动的形式所呈现的结构、状态和历史。"④黎鸣是自动化专业出身，所以他在

① 刘刚. 信息哲学的兴起与发展 [J]. 社会科学管理与评论，2005（2）.
② [英] L. 弗洛里迪. 什么是信息哲学 [J]. 刘钢，译. 北京：世界哲学，2002（4）：72.
③ [荷] 彼得·阿德里安斯，约翰·范·本瑟姆. 爱思唯尔科学哲学手册·信息哲学 [M]. 殷杰，等译. 北京：北京师范大学出版社，2015.
④ 黎鸣. 论信息 [J]. 中国社会科学，1984（4）：17.

研究信息哲学的时候是从科学技术哲学的角度审视了信息的物质属性，对于信息熵在信息哲学中的作用的描述也具有物质和存在属性的深度。黎鸣的《恢复哲学的尊严：信息哲学论》（2005）是我国较早的一部研究信息哲学的论著，也是阐述了信息熵对社会的作用。此书围绕着信息与自组织性的关系问题阐述了信息的哲学本质，从信息与力的关系引出信息的规律性，建立了信息的物质观；从信息的测度导出信息熵的确定性，认为认识是以信息过程为主要形式的物质运动，认识过程就是信息流动的过程，建立了信息和物质的辩证唯物史观。① 黎鸣的著作确实揭示了信息的本质特征，笔者的观点与黎鸣的观点也是基本一致的，这样的观点对于信息技术的发展有直接的指导作用。

刘钢从 2002 年起开始发表文章介绍和综述旅英意大利信息哲学家弗洛里迪在信息哲学方面的研究工作，翻译发表了弗洛里迪在《元哲学》（*Meta Philosophy*）上的《什么是信息哲学》（"What Is the Philosophy of Information"）等文章，并在信息哲学的研究上有自己比较独特的视角。② 刘钢主持翻译的弗洛里迪主编的《计算与信息哲学导论（上、下册）》（2010）一书为中国学者了解西方信息哲学的研究现状和方法提供了非常好的参考材料。弗洛里迪提出了许多有意义的问题，这些问题对于建立信息哲学系统是非常有建设意义的，但是有些问题结论尚未清晰。③ 刘钢在《信息哲学探源》（2007）中提出信息哲学是具有交叉学科性质的工具驱动的哲学学科，是能与其他哲学分支比肩并立的独立研究领域，认为信息哲学是莱布尼茨－罗素的形式传统哲学，同时提出模态信息论（Modal Information Theory）的概念，以解决信息的本体论地位问题。④

邬焜提出的"信息哲学"是把信息定义成是物质（直接存在）自身显示的间接存在的观点，提出"信息是物质存在方式和状态的自身显示"。1984 年，他提出"直接存在（物质）"和"间接存在（信息）"的概念，并相应给出了信息的完整定义："信息是标志间接存在的哲学范畴，它是物质（直接存在）

① 黎鸣. 恢复哲学的尊严：信息哲学论 [M]. 北京：中国社会出版社，2005：131.
② 刘钢. 国内外信息哲学最新研究动态 [J]. 哲学动态，2009（1）.
③ [意] 卢西亚诺·弗洛里迪. 计算与信息哲学导论 [M]. 刘钢，译. 北京：商务印书馆，2010：6.
④ 刘钢. 信息哲学探源 [M]. 北京：金城出版社，2007：10.

存在方式和状态的自身显示。"① 他是从纯哲学理论对于信息哲学进行研究，并发表了很多论著，学界对邬焜的观点讨论得也很热烈。邬焜、肖峰等的《信息哲学的性质、意义论辩》（2013）是探索信息哲学的基本性质及其对哲学变革的意义和价值的论辩性著作，其内容包括多位作者从不同的角度和立场出发所进行的相关探索、阐释、评析和论争。② 其议题广泛涉及信息哲学的学科性质、基本论域、基本理论、哲学基本问题与哲学的根本转向等，也涉及了信息本体论、信息认识论、信息价值论、信息方法论，以及信息哲学在社会信息科学中的拓展和应用等领域。邬焜的另一本书《哲学与哲学的转向——兼论科学与哲学内在融合的统一性》通过对人类历史上哲学与科学的发展历程的回顾，提出了存在领域的分割方式乃是哲学的范式的理论，并以此为判据，认为在信息哲学出现之前，由于未能在存在领域的分割方式上发生根本性的改变，也就是人类哲学的发展从未发生过真正意义上的根本性的理论转换；当代信息科学和信息哲学的发展在物质和精神两大世界之间揭示了自在信息世界的存在，并在信息活动高级形态的意义上重新阐释了精神世界的本质，这就可以把物质到精神、精神到物质的活动描述为一个有中介的过程，从而合理地消解了物质和精神的二元对立的割裂，并由此实现了人类哲学的第一次根本转向。③

钟义信是我国信息理论的知名专家，一直从事信息理论研究。1979 年他就提出广义信息的定义："信息就是事物的存在方式或运动的状态以及这种方式/状态的直接或间接的表述。""广义的信息是事物运动的状态，不论是自然界、人类社会还是思维领域，信息是普遍存在的。"④ 钟义信提出的以事物运动的状态和方式来定义信息的观点在中国学术界有广泛的影响，后来的许多学者都重复或采用了钟义信的这一理论。⑤ 钟义信的《从信息科学视角看〈信息哲学〉》（2015）认为信息科学是研究信息及其运动规律的科学，与信息哲学的研究交相辉映，信息科学对于信息及其运动规律的理解应当与信息哲学的相关诠释互

---

① 邬焜. 当代信息哲学的兴起和发展历程 [J]. 陕西广播电视大学学报，2012，14（1）：31.
② 邬焜，肖峰，等. 信息哲学的性质、意义论辩 [M]. 北京：中国社会科学出版社，2013.
③ 邬焜. 哲学与哲学的转向——兼论科学与哲学内在融合的统一性 [M]. 北京：人民出版社，2014：12.
④ 钟义信. 信息科学 [J]. 自然杂志，1979（3）.
⑤ 邬焜. 当代信息哲学的兴起和发展历程 [J]. 陕西广播电视大学学报，2012，14（1）：31.

相印证。此观点使几乎独立行进的我国信息哲学和信息科学研究建立了和谐默契。

罗先汉先后发表了多篇论文，有《关于广义信息论的探讨》(2001)[1]、《物质信息与大脑意识》(2004)[2]、《物信论——多层次物质信息系统及其哲学探索》(2005)[3]、《信息概念的发展及其哲学意义》(2006)[4] 等文章，不仅从物理学、生物学的层面探讨了广义信息的概念和分类，而且还提出了一种物质和信息双重存在的理论，并把人类的精神现象看作发展到高级阶段的大脑物质所携带的一种复杂信息。

人类社会在演化发展过程中，不断产生信息，在信息熵的作用下这些信息就是新知识和新文明，信息负熵消除了我们的无知，使混沌的不确定现象变成确定性的知识，我们需要保持思维的耗散结构特征，才能使大数据信息熵带来的智慧激活人类社会的创新意识。大数据时代，政府管理、科学研究、公司运转和商业运作等都需要创新思维走在竞争的前沿，规模巨大的大数据虽然隐含了事物变化的全面特征和智慧，但是如何从混乱和充满不确定性的大数据中获取有价值的信息，成为我们创新智慧之源，也给我们带来了巨大的挑战。我们同样要以创新的思维模式，激励创新的思维，掌握先进的科学技术，深入挖掘人类文明信息，使大数据真正成为创新资源，真正激发出人类的创新智慧。大数据时代信息熵的价值评价研究促进了大数据对于思维创新的作用，促进了创新思维方法的发展与变革。

---

① 罗先汉. 关于广义信息论的探讨 [J]. 北京大学学报（自然科学版），2001 (3).

② 罗先汉. 物质信息与大脑意识 [J]. 系统辩证学学报，2004 (1).

③ 罗先汉. 物信论——多层次物质信息系统及其哲学探索 [J]. 北京大学学报（自然科学版），2005 (3).

④ 罗先汉. 信息概念的发展及其哲学意义 [J]. 华中科技大学学报（社会科学版），2006 (2).

第二章　信息熵的本质及理论基础

我们理解世界都是从简单到复杂、从具体到抽象的发展过程，但是人类文明发展到今天，我们已经不得不面对纷繁复杂的物质世界和社会系统，不断发展进步的科学技术不仅为我们打开了理解复杂世界的大门，也为我们提供了良好的工具，大数据信息熵理论就是建立在一整套复杂科学体系基础上，为我们提供的理解复杂世界的一把金钥匙。本章旨在从功能上对信息熵进行探讨，从熵理论及其演化规律出发，讨论热力学熵、统计物理学熵与信息熵之间的关系，并在复杂系统思维下给出信息的定义，探讨信息熵在这套复杂科学系统中的性质和作用，为信息熵内涵和外延的本质讨论提供重要的理论基础。为了便于理解和文字上的简化，文中把涉及熵增熵减的耗散结构理论、协同学和相关联的自组织理论，以及描述非线性变化的突变论等相关理论统称为熵理论，同时为了与信息熵进行区别，对于热力学熵和统计物理学熵统称为物理熵。

2.1　熵理论及其系统演化规律

19世纪中期，生物学领域和物理学领域出现两个看似相悖的理论，达尔文的生物进化论揭示出生物体在自然环境下的发展过程是一种优胜劣汰，由低级到高级、由简单到复杂的生机勃勃的进化过程。而热力学第二定律揭示出一切孤立系统在没有能量交换的自发状态下，必然导致系统从有序到无序的熵增进程，直至进入熵值最大的"热寂"状态。两种理论都具有实证和推理，并得到了世人的认可，人们在追问：是什么原因使两种理论得出相反的结果呢？

2.1.1 热力学的熵增规律

熵理论首先起源于物理学的研究，1868 年德国物理学家鲁道夫·克劳修斯提出了热力学第二定律的熵概念，熵函数定义的是物体在进行热交换时热量转化为功的程度，是不能再被转化做功的能量总和，公式表达为 $dS = dQ/T$。[1] 公式中的 dS 是熵变函数，dQ 是热传导过程中的热量交换量，T 是温度变化量。它表达了三种意思，也就是孤立系统在自发状况下，首先是热能传递具有单向不可逆的方向性，只能从较热的物体传递到较冷的物体；其次是具有传递性，热能传递不能从单一热源吸取能量；最后表明熵值是随时间向增大的方向变化，孤立系统在自发状态下熵总向增大的方向变化，不会减少。

热力学能量守恒与转化定律表明，能量的转换总是不生不灭的平衡状态，但经人类消耗过的能量，一部分变成热量被散发，另一部分被转化成了无效状态的能量，变成了垃圾和污染物。虽然热力学第一定律表达了能量既不能被产生也不能被消灭的守恒规律，而热力学第二定律表达的是所有物质只能沿着一个耗散方向变化，最终转化成无效能。世界的总能量虽然没有变，但经过耗散以后的无效能就是污染，自然界发生任何变化，一定会有能量被转化成不能再做功的无效能量。污染就是熵增的同义词，熵增就是有效能的减少。

熵理论不仅符合热力学宏观理论，在微观层次也具有同样的意义。德国物理学家玻尔兹曼1877 年在原子、分子等微观机制上导出了熵与状态概率之间的数学关系 $S = k\log W$[2]，把物理体系的熵和概率联系起来，式中 W 是分子热运动状态的概率。熵表示的是分子在微观状态下随机热运动状态的概率，也是分子热运动的混乱或无序的程度。玻尔兹曼公式解释了系统从非平衡态向平衡态单向自发过渡的原因，阐明了热力学第二定律的统计性质，从统计学的角度指出物质在自发状态下，会保持从概率小的状态向概率大的状态变化，从有序向无序变化。因此，玻尔兹曼的"物理熵"是用来衡量系统中分子的无序程度，阐释了热力学熵函数描述的无效能的微观意义。玻尔兹曼并指出"当代的原子物理能够对于包括热力学在内的所有的力学现象给出合理的图像"，使熵理论在宏

[1][2] 冯端，冯少彤. 溯源探幽：熵的世界 [M]. 北京：科学出版社，2005：21，35.

观世界和微观世界实现了统一。

物理熵的出现，使熵的应用和研究对象不局限在分子热运动和统计力学，还逐渐扩展到其他物质运动方式和系统的混乱度或无序度研究。如果把玻尔兹曼关系式进行扩展，式中 W 表示为任何物质运动方式可能有的运动状态的数目，熵理论可以扩展到物理学以外的其他各种自然科学的分支。熵理论在控制论、信息论、概率论、数论、天体物理、生命科学等领域都有重要应用，在不同的学科中也引申出更为具体的定义，成为各个领域重要的参量。[①]

爱因斯坦认为熵定律是科学定律之最，"熵理论对于整个科学来说是第一法则"[②]。赫尔姆霍茨以"热寂"为依据的宇宙观及宇宙大爆炸的推断也为熵定律的存在提供了依据，认为整个宇宙是以一个致密炽热的奇点大爆炸开始，向外膨胀速度逐渐减慢，形成我们今天的宇宙星辰，热平衡状态的发展运动过程形成我们今天的宇宙。但这个过程中也是能源渐渐失去原来秩序的过程，当一切能量差别均趋向于零，所有有用能量消耗一空，宇宙中再也不会有任何变化发生，到处是永恒的宁静和死寂。热力学第二定律描述的熵值不断走向最大值，宇宙走向最终的热寂，也论证了熵理论的一致性。

熵的变化规律表现出系统固有的变化规律，熵增原理揭示了一切自发过程都是不可逆的这一共同本质。也就是说，没有外界作用的系统，熵越增意味着不可用的能就越大，可利用价值就越小。熵增原理表明，一个孤立系统在自发状态下的熵永不减少，以熵变为判据，不仅可以判断事物过程发展的方向，还能给出孤立系统达到平衡的条件。熵定律揭示了世界从秩序到混乱、从生机勃勃到最终消亡的发展规律，自然界乃至宇宙都符合这个规律，此定律不仅在科学技术领域，在社会的各行各业也被广泛应用。社会学的熵表示社会在进化过程中的混乱程度，表示人类社会随着科学技术的发展及文明程度的提高，社会生存状态及社会价值观的混乱程度将不断增加，现代社会的一切乱象，都是社会"熵"增加的表征。应用熵的理论还可以研究人口分布与再分布机制，可以

---

① P. W. Atkins, J. de Paula. Atkins' Physical Chemistry (eighth edition) [M]. New York：W. H. Freeman, 2006.

② ［美］杰里米·里夫金，特德·霍华德. 熵：一种新的世界观 [M]. 吕明，等译. 上海：上海译文出版社, 1987：27.

从人类整体发展的角度，对人口分布问题进行时空大尺度的系统研究。① 在企业管理中也可以用熵定律测算企业管理的组织和制度等有效性，成为管理熵。企业在封闭状态下，一定是呈现出有效能量逐渐减少的熵增状态，熵增是不可逆的过程，这就是组织结构中的管理效率递减规律。在社会系统中，无论国家还是企业等社会组织在无组织、无管理或者在封闭保守，缺乏明确战略信息、管理信息、市场信息等自发状况下，最终都会走向失败。所以，熵不仅可以在科学研究中用来描述认识的不确定程度，在社会管理中熵也可用来表征系统由于不确定带来的无组织状态程度，而在个人生活中熵表示没有一个清晰明确有可达性的目标而失去生活工作动力的程度。因此，熵定律表明，不管物质世界还是人类社会，在自发状态下都会呈现出熵增的特征，也就是事物的不确定性、无序性和无组织性会达到最大限度。

2.1.2 耗散结构自组织理论

熵定律告诉我们，任何物质和社会系统在孤立的自发状态下，最终走向热寂是事物的共同本质，是宇宙规律，因此，熵定律形成的"热寂说"给人们带来了悲观的宇宙观。但是从人类发展史的角度来看，与熵理论提出的事物从有序趋向无序的规律相反，人类历史却是科技不断进步、文明不断提升，整个社会系统始终是从无序趋向有序的过程发展。达尔文在 1859 年出版的《物种起源》一书中所阐述的进化论正反映了这样一种有序化的过程。因此，热寂理论也受到了许多哲学家和科学家的指责，马克思和恩格斯也用物质不灭和能量守恒的观点对热寂理论提出过质疑和批判，但是恩格斯也看到宇宙"热寂"理论的复杂性，从而提出了"只有指出了辐射到宇宙空间的热怎样变得可以重新利用，才能最终解决这个问题"，并由此提出了一种假说，认为"放射到太空中去的热一定有可能通过某种途径转变为另一种运动形式，在这种运动形式中，它能够重新集结和活动起来。因此，阻碍已死的太阳重新转化为炽热的星云的主要困难便消失了"。② 显然，恩格斯运用物质不灭的原理已经在某种程度上为

---

① 史学斌. 基于熵定律的人口分布与再分布机制研究 [D]. 成都：西南财经大学，2006.
② 恩格斯. 自然辩证法 [M]. 于光远，等译. 北京：人民出版社，1984：51.

科学如何解决热寂问题提出了一种方法，对哲学思考和科学研究都具有指导作用。

科学家们为了解释人类历史不断发展进步的原因也在不懈探索，麦克斯韦在 1871 年所著《热的理论》一书中提出了"麦克斯韦妖"假设，提出在有智能干预的自发过程中，熵不断增长的原理是否还能够成立的问题。[1] 麦克斯韦设想把充满同样气体的容器用隔板隔成两部分空间，有个智能的"妖精"从隔板上可控制的小孔把混合气体中高和低温度的分子分别移放到不同空间，使容器两边的温度不同，使热力学第二定律不能成立。

如何证明这个"妖精"的存在困惑了学术界 100 多年，比利时的普里戈金经过 20 多年进行非平衡热力学和非平衡统计物理学的研究，于 1969 年提出的耗散结构理论，解决了"麦克斯韦妖"的难题。这项研究是采用驱动的方式使孤立系统的物质进入非平衡状态，当系统离开平衡态的参数达到一定阈值时，根据物质自组织结构性质，系统会发生突变，而进入一个全新的稳定有序状态。普里戈金将这类稳定的有序结构称作"耗散结构"。系统从无序状态过渡到这种耗散结构有几个必要条件，一是系统必须开放，通过与外界交换物质和能量获取负熵，达到减熵效果；二是系统必须远离平衡态，系统内的物质运动不均匀、非线性，才能产生外部能量交换时的突变；三是系统具有自组织性，内部元素之间存在非线性自组织结构关系，才能产生外部能量交换时的内部协同作用。[2] 远离平衡态的开放系统与外界的能量和物质交换产生负熵流，使系统熵减少形成有序结构，这其中的负熵就是"麦克斯韦妖"。耗散结构在某些物理化学过程、自动控制系统以及生物学过程中都有很重要的意义，它有助于阐明生命现象中组织结构和有序度增长的现象。由于这方面的卓越贡献，普里戈金荣获 1977 年的诺贝尔化学奖。在诺贝尔颁奖词里称他所创立的理论"打破了化学、生物学领域和社会学领域之间隔绝，使之建立起了新的联系"。

耗散结构理论的意义让我们知道在一个具有开放性、远离平衡态的活跃性及非线性自我完善的自组织性系统中，不断引入负熵流，可以激发系统的活力，

---

[1] 黎鸣. 论信息 [J]. 中国社会科学, 1984 (4): 15.
[2] [比] 伊·普里戈金, [法] 伊·斯唐热. 从混沌到有序: 人与自然的新对话 [M]. 曾庆宏, 沈小峰, 译. 上海: 上海译文出版社, 1987.3: 183.

使系统发生突变，达到新的有序。因而，我们可以理解成使事物从混沌到有序进行演化的其实是负熵。科学家们不仅把耗散结构理论应用到自然科学领域，如流体力学、化学及光学等非线性现象中，形成我们今天的激光系统、核反应过程等技术，而且把它推广到人类社会系统，用来分析社会系统的变化规律。实践证明，人类社会也确实是符合耗散结构理论的自组织系统。

我们希望人类社会是一个生机勃勃、和平稳定、文明不断向前发展的社会，但我们也会看到在国际上有些经济和文化落后地区，在缺乏有效社会治理的情况下，会产生疾病流行、灾害频发、社会动荡、战争不断的相反状况。究其原因就是社会系统和物质系统一样，都符合熵理论所提出的自然规律，也就是一个孤立系统在自发状态下熵总是逐渐增加不会减少，当熵增到最大值时，系统停止做功，达到热寂。熵表示的是物质和社会的混乱和无序的程度，即不管是社会系统还是物质系统，在自发的孤立状况下，能量的交换逐渐减少，自组织性逐渐衰竭，最终达到混乱无序的最大限度。特别是社会系统，如果在自发的无政府和无组织状态下，一定会趋于混乱。但人类社会在漫长的历史发展过程中不断进步的事实证明，社会系统也具有开放性、远离平衡态、非线性的自组织性的特征，使之能与自然和不同的社会系统、不同的文化形态进行能量交换，会使社会的管理不断加强，社会系统的生产力不断提高和科技不断进步，社会文明不断向前发展。而这个促进社会进步的负熵流，是我们现在寻找和研究的对象。

2.1.3 熵理论的负熵性质

耗散结构理论告诉我们保持系统的开放性和自组织性，并在远离平衡态的状况下，引入负熵流就可以使系统产生活力，使社会有序发展，创造出人类新的文明。因此，寻找负熵就是人类孜孜以求的目标。1929 年德国物理学家西拉德在《精灵的干预使热力学系统的熵减少》论文中提出熵的减少同获得的信息联系起来，即在对系统进行测量时会使系统发生熵减，但测量本身会伴随熵的产生，这个熵的数量和系统损失掉的熵一样多，测量引起的熵减会由系统信息的增加所补偿，首次提出了信息是熵减的概念。[①] 西拉德还提出了一个计算信

---

① 王德禄. 关于熵和信息联系的一篇早期文献 [J]. 自然辩证法通讯, 1985 (2)：52.

息量的公式：$I = -k(w_1\ln w_1 + w_2\ln w_2)$，式中 I 是信息、w 是测量时产生熵的热力学概率，也就是测量产生的熵是系统减少的熵，这个熵就是信息。西拉德首次提出了"负熵"这个经典热力学中从未出现过的概念和术语。虽然西拉德这篇论文当时没有被人们充分理解，但是其把机械测量功能等价于生物的记忆功能，开创性地提出了熵、负熵与信息之间的关系。

1944 年量子力学奠基人薛定谔在《生命是什么》一书中明确地论述了负熵的概念，认为自然界所有发生的事情，都意味着它所在的那个局部世界的熵在增加，并且趋于接近最大值熵的危险状态，唯一的解决办法就是从环境里汲取负熵，以抵消熵的增加。也就是说任何生命物质要维持生存，都必须从环境中不断地摄取食物、水分、空气和阳光，用来维持新陈代谢的需要，而这些从环境中摄取的物质都称为"负熵"。"新陈代谢的本质乃是使有机体成功地消除了当它自身活着的时候不得不产生的全部的熵"①，所以，薛定谔提出了"生物赖负熵为生"的论断。

美国科学家香农 1948 年创立了信息论，基于信息传输的角度，香农认为信息就是信源在单位时间内向接收方信宿发出的信息量。由于信息传输的不稳定性，对于信宿来说何时能收到何种信息是不确定的，信源和信宿之间的信息也会有误差，所以信息的传输过程就是在消除不确定性。在信息论中，不确定性的计算与信息出现的概率有关，经过复杂推导，香农得到了信息量的计算公式 $H(x_i) = -P(x_i)\log P(x_i)$，他和玻尔兹曼的物理熵公式及西拉德的信息量计算公式都极为相似，只是与玻尔兹曼的公式符号相反，冯·诺依曼根据西拉德的"物理熵减少同获得的信息联系"，向香农推荐将这个公式命名为信息熵。信息熵也被称为离散型随机事件的平均自信息量，是消除关于事物运动状态的不确定性程度，这个不确定性的计算与信息出现的概率有关。从公式可看出离散随机事件的不确定性程度的三个因素，第一是与事件发生的概率有关，第二是与概率空间的可能状态数目有关，第三是与其概率分布有关。它表明，越是小概率事件，其可能性越小，事件的不确定性就越大，则信息的负熵流就越大，也

---

① ［奥］埃尔温·薛定谔. 生命是什么？［M］. 罗来欧，罗辽复，译. 长沙：湖南科学技术出版社，2007：70.

就是确定一个事件所需的信息量就越大。而且，信息熵也符合热力学熵定律的三个性质。第一是单向不可逆，信息也是单向流动；第二是不能是单一热源，信息也必须有信源和信宿；第三是随时间进行，一个孤立体系中的熵总是不会减少。因此，信息熵与热力学熵本质上是一致的，但其所表示的是体系的确定性、有序性和组织性的程度，它刚好是热力学熵的不确定性、无序性和混乱性的矛盾对立面，即信息熵就是我们期待的负熵流。

从熵的物理意义上说，克劳修斯的热力学熵是热力学过程有用能转化为无用能的不可逆程度的一种量度。而玻尔兹曼的统计学熵是分子随机热运动状态的概率分布大小的量度，也就是物质系统内部分子热运动和状态的混乱程度和无序度。西拉德把机械测量功能等价于生物的记忆功能，提出熵减导致信息的增加，使熵的对象不限于分子热运动，引申出用熵的概念来描述非分子热运动的其他任何物质运动方式、任何事物、任何系统的混乱度或无序度，也可以说是任何事物运动状态的不确定程度。而信息熵表达了物质和社会系统状态和运动的确定性。可以看出，熵都是从统计平均的观点去反映客观世界的变化过程，不同的只是反映的角度。布里渊把它们全都归于信息范畴，他把热力学熵称作约束信息，把信息熵称作自由信息，这也说明信息熵和热力学熵既是统一的，又是有差异的，统一在于都能表达物理熵的混乱度，而差异在于信息熵又能表达确定性。通过香农、维纳和布里渊等人的计算推导和分析，给出了信息负熵能消除不确定性的一致性解释，并认为人的智能信息是负熵之源，宇宙中的信息就是一种熵，信息越多，表示熵越小，很显然，它是负熵。而信息熵本身的确定性，使世界达到有序，这也符合耗散结构的负熵性质。

2.1.4 熵增熵减的演化运动

熵理论说明了事物在自发状态下趋向于熵增的发展趋势，而事物在保持耗散结构特征的情况下，引入负熵流可以使事物向减熵的方向发展，事物熵增熵减的矛盾运动促进了人类社会周而复始不断从低级向高级发展。因此，自发状态下熵增是事物发展的本质，且逐渐向熵值最大趋近，最终达到热寂状态。在这个变化过程中，事物的发展状况和方向都是不确定的，而且演化是不可逆的，时间之矢从过去指向未来是一个不可逆的过程。但是熵增的过程也是数据积累的过程，任何事物的运动变化都会留下痕迹和产生数据，数据的积累就是大数据。大数据通过概率统计分析的确定性处理形成信息熵，信息熵是我们发现问题和解决问题的方法，是抵消熵增的负熵流，使我们实现熵减的目标。熵增熵减是矛盾着的统一体中的两个方面，是对立统一的关系。

在我们的现实生活中充满了熵增和熵减的变化，例如一杯开水总会逐渐变凉、一滴墨水滴在清水里会使清水变浑浊、机械手表的发条总是越走越松直到停摆以及封闭的水井会逐渐发霉和干枯，都是熵增现象。如果我们要把这些现象颠倒过来，就需要额外地消耗能量，也就是施加负熵实现熵减。生命的过程也是这样，人类无法抗拒衰老的自然规律，也就是熵增的规律，但是我们可以通过摄取食物、水分、空气和阳光，用来维持新陈代谢的需要，使生命通过不断抵消其生活中产生的正熵，维持在一个稳定而低的熵水平上，减缓生命的衰老。企业发展的自然法则也是熵增的过程，企业在发展过程中会逐步走向混乱并失去发展动力，而避免熵死的方法就是使企业具有耗散结构特征，用企业的战略、制度、技术、市场和文化等激发出员工的奋斗精神，也就是增加负熵，用来抵抗企业自发形成的熵增。同人的生命一样，企业也是靠负熵形成的熵减提高生命活力，加强企业的生存能力。社会的发展也是一个熵增熵减的变化过程，一种社会形态在建立初期是最有活力的，随着社会的不断发展，经济基础和上层建筑会产生矛盾，在一定程度上破坏了社会原有的秩序，造成一些社会混乱，增加了社会的不稳定因素，这就是熵增。当社会不稳定因素超出可控制范围时，就会出现各种社会变革运动，甚至会发生战争，形成新的稳态。

熵增是自发产生的，是事物发展的一种自然趋向，是一种惰性行为，会最终使事物不得不走向消亡，需要以主动积极的态度加以抑制，而熵减正是这种积极主动的精神，是一种克服惰性使事物走向蓬勃向上发展的动力。熵增是客观存在的，对于一个社会来说，总会存在各种各样的问题，产生各种各样的矛盾，熵增现象随处可见。人类的责任就是正视问题、抑制矛盾的发展，通过制定各种合理的制度和法律，使矛盾在有限的范围内得到控制与约束，寻求社会在较低的熵水平上运转，使其在有序的情形下存在。同理，社会也需要政府通过调节社会资源的合理分配，减少社会熵增，在稳定中寻求发展。

2.2　信息与信息熵

如何定义信息是信息社会必须解决的问题，这个定义不仅仅是通信功能上的信息，更是涉及思维与存在的物质属性的信息定义。只有从信息的本质属性上理解和定义了信息，才能正确地在科学研究和社会应用中充分发挥信息的作用。本节将从信息的科学性、社会性和哲学性几个方面讨论信息的作用和意义，力求从中推导出信息的普遍性概念。

2.2.1　信息概念的界定

从 20 世纪 30 年代图灵发明图灵机提出人工智能的思想到 20 世纪 40 年代香农提出信息论概念以及之后的几十年中，信息科学得到了快速发展，与之相关的信息论、控制论、系统论、人工智能、计算科学、复杂性理论、信息与通信技术以及现在流行的深度学习和大数据处理等理论和技术取得了巨大的进步。信息作为一种特殊的存在形式，给社会带来了深刻的变革，对人类的思想和思维模式产生了深刻的影响。

香农 1948 年在其《通信的数学理论》文章中第一次系统地讨论了信息通信的基本问题，利用概率论和统计学等数学工具实现了信息的定量表达、传输率计算、信道容量计算及信息传输的编码定理等内容，形成以信息熵为基础的信息论理论。[①] 维纳不仅从经典统计理论和通信的信息编码理论完善了信息论的研究，并从控制论的角度把动物和人的目的性行为赋予某种控制机器装置，将两者控制机制加以类比，归纳出所有通信和控制系统所共有的信息推理变换过程和反馈原理两个基本特点[②]，运用功能模拟的方法，让控制机器装置实现信息的自动加工，形成自动控制。这正好与图灵机的人工智能思想相吻合，需要的是用电子计算机实现多种人工智能，它为解放人类的体力和智力开拓了新的

---

① 　C. E. Shannon. A Mathematical Theory of Communication [J]. The Bell System Technical Journal, 1948, 27: 379–423, 623–656.
② 　[美] N. 维纳. 控制论：或关于在动物和机器中控制和通讯的科学 [M]. 郝季仁，译. 北京：科学出版社, 1962: 133.

思路和方法。控制论和人工智能概念的出现使信息的应用突破了狭义信息论的编码、传输和信息量度量的范围，解决了人类各种活动中信息自动分析、推理更新和反馈问题。

因此，信息概念从开始产生就不仅仅是对某个具体事物或者存在反映的研究，信息作为一种体系成为描述认识对象、逻辑推理和信息反馈的一种复杂信息结构体系。以信息论为基础的控制论、人工智能理论及计算机理论等信息科学理论大量出现，信息科学技术的快速发展使信息应用也越来越广泛，信息的概念和方法广泛渗透到各个科学领域，信息的研究也从单纯的科学技术领域扩展到影响人们思维方式的哲学领域。但是这些理论的形成是有其历史思想根源的，几千年的形式化和本体论思想的发展为信息科学理论的实现提供了条件。从历史发展来看，信息的产生紧紧依赖于本体论的思想发展过程，基于古希腊的形式化和本体论的思想是信息思想的起源，可能世界语义学的模态逻辑为信息科学的人工智能推理演算提供了数学基础，分析哲学的人工语言逻辑系统为信息的描述和语义化定义以及信息的编码提供了理论依据，而康德形式本体论的知性范畴体现的先验逻辑为罗素形式逻辑的产生打下了基础，也为信息结构的本体论描述提供了摹本。在漫长的西方哲学思想的支撑下，信息科学迅速发展成为一门成熟的应用科学，信息也成为与物质和能量一样的资源。[①]

对于信息的理解可以分为狭义信息和广义信息两种。从狭义的角度看，信息论最初是对信息的可靠传输进行研究，在通信系统中有信源、信宿和信道，信息从信源出发，通过信道到达信宿。由于是在信宿方完全未知的情况下接收信息，其接收信息的量就是对于未知信息确定的量，因此，香农认为信息就是要解决传输时的量化问题。从广义的角度看，信息是要模拟人对于存在世界进行认识和反馈，并形成推理逻辑实现人工智能，信息反映的是物质和精神所固有的普遍属性，也就是物质世界和精神世界的一种表征方式，因此，维纳的控制论给出了信息的广义性理解。而从普里戈金的耗散结构理论来看，信息熵的负熵性质是使事物从混沌到有序的驱动力。

由于信息概念的复杂性，不同的视角对信息的理解也不同，对信息的定义

[①]　逆维纳信息定义：即现代、当代的新定义。

也不同。目前信息的定义有很多种，最具代表性的是信息论创始人香农从信息传输时对信息量化的角度出发，给出的信息定义是"信息是负熵，是消除不确定性"。控制论创始人维纳根据信息的广义性，提出"信息就是信息，既不是物质，也不是能量"的观点，认为信息是不同于物质和能量的一种存在方式。也有人给出了信息的现代逆香农定义和逆维纳定义，逆香农定义认为："信息是确定性的增加，即肯定性的确认。"逆维纳定义认为："信息就是信息，信息是物质、能量、信息及其属性的标示。"[①] 基于香农和维纳的信息定义，国外许多专家对信息的定义和本质进行了探索。[②] 以色列逻辑学家巴尔－希列尔将信息定义成"信息就是信号的序列"[③]，并以此建立了语义测量的形式化理论，认为一个句子的内容量可以根据句子在已经形式化的基础知识信息中出现的概率进行计算，美国哲学家德雷斯克将这种信息量与语义联系起来的信息定义应用在认识论的研究中[④]；被称为"物理信息理论家"的加拿大哲学家约翰·科利尔从信息动力学的角度定义信息，认为信息包含在物理结构之中，信息负熵是在系统内做功的能力，系统在负熵的作用下实现因果并受其约束的动力学过程形成系统的形式或结构，因此信息是做功和改变事物形式的能力[⑤]；美国物理学家惠勒提出"万物源于比特"[⑥] 的泛计算主义定义，认为宇宙的本质特征是数码的，宇宙从根本上是由信息组成，信息是宇宙的基本性质；美国哲学家、实用主义的创始人皮尔斯认为信息是一种符号，是在通信中"说者"和"听者"之间的符号学互动，符号具有表征项、理解项和对象三个方面，符号的目的是表征对象，并在理解者的心灵里创造理解项。符号存在语义和语法两种模式，

---

① 邓宇等. 信息定义的标准化 [J]. 医学信息，2006，19（7）：1145

② 本段下述关于信息定义的内容部分引自周理乾. 西方信息研究进路述评 [J]. 自然辩证法通讯，2017，39（1）：137－154.

③ Bar－Hillel Y. An Examination of Information Theory [J]. Philosophy of Science, 1955, 22 (2): 86－105.

④ Dretske F. Knowledge and the Flow of Information [M]. Oxford: Blackwell, 1981; Reprinted, Stanford, CA: CSLI Publications, 1999.

⑤ Collier J. Autonomy in Anticipatory Systems: Significance for Functionality, Intentionality and Meaning [A] //Dubois D. M. (Eds) Computing Anticipatory Systems, CASYS'98－Second International Conference. American Institute of Physics, Woodbury, New York, AIP Conference Proceeding, 1999b.

⑥ Wheeler J. A. Information, Physics, Quantum: The Search for Links [A] //Zurek W. (Eds) Complexity, Entropy, and the Physics of Information. Redwood City, CA: Addison－Wesley, 1989.

语法模式是指符号中词位规则，语义模式则指符号中对应的所表达事实的意义。由此，根据"说者"和"听者"的背景知识，可以建立多种不同的通信模型，形成符号的多种编码方式，使说者和听者在通信的过程中融合在了一起①。自从 DNA 发现以来，有人认为生命就是由信息组成，DNA 中保存了每个人的生命信息，根据英国生物学家贝特森（William Bateson）提出的信息是联结形式和质料的能力、是"制造差异的差异"的定义，生物学家霍夫梅尔和伊迈克认为生命系统通过编码二元性（code‐duality）揭示了信息是联结形式和质料的能力。编码二元性是指数字编码和模拟编码，生命系统用数字编码来描述内部相关性的差异，将数字编码转换成模拟编码显现出生命在自然界中的差异，模拟编码和数字编码共同形成一个自指环，两种不同编码表征了信息的连接能力，构成了信息的完整的形态。② 英国哲学家埃文斯从认识论的角度认为在意识和认知过程中起关键作用的是信息，产生的意义、信念和思想都与信息有关。但信息又是独立于这些概念的客观存在，因此，信息比意识和认知更原始。③ 英国哲学家明格斯认为信息概念包含了过程、数据和意义，数据在过程中产生，差异构成了数据，意义是由符号携带的信息产生的，"信息是客观的，但对排除在意义世界之外的人来说，是终极不可认识的"。信息转换成意义涉及模拟到数字化，因此，信息涵盖了语法、语义和语用三个维度④。弗洛里迪用结构实在论的思想构建了一套信息哲学体系，认为数据通过结构化成为信息，提出信息需要从作为实在的信息（物理信息）、关于实在的信息（语义信息）和为了实在的信息（指令信息）等不同视角进行定义研究。物理信息的核心问题是追问是否传输了信息以及传输了多少信息，而不是传输了什么信息。语义信息先验地包含了内在地为真的真理，"语义信息要成为知识，不但需要为真，还需要相

① Noth W. Human Communication from the Semiotic Perspective［A］//Ibekwe‐SanJuan F. & Dousa T. M. (Eds) Theories of Information, Communication and Knowledge: A Multidisciplinary Approach. New York: Springer, 2014: 97‐120.

② Hoffmeyer, J., Emmeche, C. Code‐Duality and the Semiotics of Nature［A］//Anderson M. and Merrell (Eds) On Semiotic Modeling. Berlin and New York: Mouton De Gruyter, 2002.

③ Evans, G. The Varieties of Reference［C］. McDowell, J. (Eds) Oxford: Oxford University Press, 1982.

④ Mingers J. Information and Meaning: Foundations for an Intersubjective Account［J］. Information Systems Journal, 1995, 5: 285‐306.

关性的解释"。指令信息是指像遗传信息那种带有指令的信息。他并认为信息动力学是涉及信息过程自身，即输入端和输出端之间所发生的任何事件，同时也在探讨大统一的信息理论可能性，"我个人的意见倒是赞成香农和非还原论的观点"①，也就是香农的信息理论和复杂科学有可能成为信息的大统一理论。美国传播学学者根据香农和维纳的定义给出"凡是能减少情况不确定性的东西都是信息"的定义，我国学者也对信息本质进行了不懈的探索，从不同的角度对信息进行多种不同的定义。信息学专家钟义信分别从本体论层次、认识论层次、语义层次和先验层次等对信息进行了定义，总的概括起来就是认为信息是事物运动的状态和（状态改变的）方式，也就是说信息是事物内部结构和外部联系的状态和方法。信息哲学专家黎鸣从信息的物质观出发定义："信息是物质的普遍属性，它表述它所属的物质系统，在同任何其它物质系统全面相互作用（或联系）的过程中，以质、能波动的形式所呈现的结构、状态和历史。"我国也有专家提出信息是人与物质之间的中介观点认为："信息是标志间接存在的哲学范畴，它是物质（直接存在）存在方式和状态的自身显示。"②

通过前面的分析可以看出，维纳对信息的定义说明信息是一种独立于物质和能量的特殊存在，也就是说世界的存在由物质、能量和信息组成。香农把信息定义为负熵，是消除不确定性的表征，由于信息熵与物理熵的统一性，使信息在爱因斯坦的质能方程 $E = mc^2$ 的基础上，通过信息熵的表达式 $S = -p\log p$ 使信息与物质和能量在数学上成为一个统一的整体。而普里戈金耗散结构理论表达的信息是通过熵增熵减的物质运动使系统实现有序的负熵，把信息定义成物质之间相互关联和相互作用的纽带和桥梁，也就是说信息是物质之间的相互作用力，是比物质力更高一级的相互作用力，它包括了物质、社会和思维之间的相互作用。

基于以上的讨论，我们可以把信息定义如下：信息是事物所固有的一种属性，是伴随物质和能量必然产生的一种客观存在方式，它表现出事物的状态、运动和轨迹，熵是它的确定性、有序性和自组织性的表征。

---

① ［英］L. 弗洛里迪. 信息哲学的若干问题 ［J］. 刘钢，编译. 世界哲学，2004（5）.
② 邬焜. 当代信息哲学的兴起和发展历程 ［J］. 陕西广播电视大学学报，2012，14（1）：31.

定义所说的固有属性表明，信息是一种伴随物质和能量必然产生的客观存在，与物质和能量一起共同组成物质存在世界；事物的状态说明任何事物都可以通过信息表达出来，状态是指事物在空间和时间内所展示的性状和态势，是事物内部和外部所有元素之间的关联性和相互作用；运动是指一切意义上的变化，包括物质运动、社会运动和思维运动；轨迹是指事物运动在时间上表现的过程和规律性，而任何运动变化都会产生新的信息。由此可知，信息不仅具有客观存在的表征性，还具有存在本身的客观性，从而形成信息本体。而我们通常记录下来的信息是对存在实体的状态、结构、性质、属性和特征的描述，是现实和历史的再现，通过信息的有序性消除人们对事物的不确定性，有序性越强信息量越大，可以说记录下来的信息是这种对象状态的对应关系和同构关系的反映。

里夫金和霍华德在《熵：一种新的世界观》中说："（我们）要考虑到一切都是由能量所生成的。世间万物的形态、结构和运动都不过是能量的不同聚集与转化形式的具体表现而已。一个人、一幢摩天大楼、一辆汽车或一棵青草，都体现了从一种形式转化成为另一种形式的能量。高楼拔地而起，青草的生成，都耗费了在其他地方聚集起来的能量。高楼夷为平地，青草也不复生长，但它们原来所包含的能量并没有消失，而只是被转移到同一环境的其他所在去了。"[①] 但是这个能量转换的过程都被以信息的方式表现出来。

根据信息的狭义性和广义性及信息定义可以知道，信息和事物之间的关系不是简单的映射关系，事物发展过程中的不可逆性、不确定性和相关性都会体现到信息中来，可以通过对信息的本体化操作进而对事物进行定性和定量化，研究事物更深的本质。本体化操作包含了对于信息的形式化、逻辑化和语义化，使信息成为能够表达特定领域概念集合的知识本体。因此，理解信息的本质需要从信息的产生、信息的本体化和信息熵的确定性操作三个方面去理解，使信息成为能够展现事物本质的确定性知识。

---

① ［美］杰里米·里夫金，特德·霍华德. 熵：一种新的世界观［M］. 吕明，等译. 上海：上海译文出版社，1987：28.

2.2.2　信息熵的概念与特征

信息熵的定义是基于概率论与数理统计的规则求解任意随机事件的信息量，信息熵有很多种形式，可以对各种复杂系统结构的信息进行度量。信息熵可以对单个事件进行度量实现对模糊现象的量化，同时还可以对多个事件的系统概率分布进行状态统计，实现对整体系统的有序化度量。在此基础上，基于各种复杂关系的考虑，还有联合信息熵、条件信息熵、互信息熵、条件互信息熵及效用信息熵等多种形式，可以应用于数据所表现的多层次、多维度和多粒度的整体系统的信息量化。信息熵对信息的度量体现在信息的传递过程中，信源在单位时间内向接收方信宿发出信息，信宿对信源哪个时刻发送哪个消息是不能确定的，而且实际有用的信源信号也是不稳定的，信源的不确定程度与其概率空间的消息数及其概率分布有关，信源的消息为等概率分布时，不确定度最大，且信源的消息数目越多，其不确定度也越大，只发送一个确定的消息的信源，其不确定度为零。在实际计算中通常取公式中对数的底为 2，单位为比特（bit）。为了便于对信息熵的性质进行研究，需要了解信息熵的各种表现形式，下面对上述信息熵的五种表现形式进行具体描述。

首先是香农对信息熵的定义，对于任意离散信源而言，定义在 n 个可能结果的随机变量 X 上，信源概率空间为 $P(x_1),P(x_2),P(x_3),\cdots,P(x_n)$，随机事件的自信息量定义为该事件发生概率的对数的负值，也就是自信息量 $I(x_i) = -\log P(x_i)$[①]，表示信源这时输出的是一个消息 x_i 所含有的非平均自信息量，也表示通信发生前信源发送消息 x_i 的非平均不确定度。例如，信源发送 4 个消息 $(x_1$、x_2、x_3、$x_4)$ 的概率分别为 $(1/2$、$1/4$、$1/8$、$1/8)$，选择以 2 为底对数代入公式，则不确定度分别为 $(1$、2、3、$3)$。结果表明，当 x_i 消息出现的概率 $P(x_i)$ 越小，消息发送前的不确定度就越大，消息发送后消除的不确定性也越大，也就是所获得的信息量就越大。当信源发送的消息为等概率时，通常 $I(x_i)$ 记为 $H(x_i)$，称 $H(x_i) = -\log P(x_i)$ 为消息 x_i 的平均自信息量，它具有随机变量的性质，但自信息量不能表示信源总体的不确定度，它还只是一个消息 x_i 的

---

① 王育民，李晖. 信息论与编码理论 [M]. 高等教育出版社，2013：11.

信息量，为该事件出现后对不确定性消除的量，不能作为整个信源的信息测度。整个信源的信息测度是在定义的集合 X 上，随机变量自信息 $H(x_i)$ 的数学期望平均值之和 $H(X) = -\Sigma P(x_i)\log P(x_i)$，这就是最基本的信息熵的表达式。

通过上式可以看出，信息熵被定义为概率空间所有随机事件 x_i 所含有自信息量的数学期望值，它表示信源发送前消息的平均不确定度，也表示消息发送后事件 X 的信息量。即为该事件出现后对不确定性消除的量，事件的不确定度越大，则信息熵的值就越大，也就是确定一个事件所需的信息量就越大。例如设有 4 支球队（x_1、x_2、x_3、x_4），如果几支球队获胜为等概率 1/4 的话，则 $H(X) = 2$ 比特；如果获胜概率分别为（1/2、1/4、1/8、1/8）的话，则 $H(X) = 1.75$ 比特。通过前面的讨论说明概率越小的消息消除的不确定性越大，因此，在对事件完全未知的条件下，消息条目越多，越能体现出小概率事件，概率分布越均匀，越能表达出更多的信息量。所以，信息熵表明越是小概率事件，越能表达出大的不确定度，其信息熵的值也越大。大数据处理就是寻找概率值小且概率分布广的信息进行提取，这才是大数据有价值的闪光点。信息熵中的 $H(x_i)$ 是从整个信源的统计特性来考虑的，是从平均意义上表征信源的总体特性。$(x_1,x_2,\cdots x_n;P_1,P_2,\cdots P_n)$ 是一个完备事件集合，表明系统 X 每次发生的事件都必须属于该集合。由公式可知，系统的信息熵实际上是表示系统的完备事件集合中全部事件的信息量的平均值。对某特定的信源，其信息熵只有一个。

大数据的结构是复杂的，不论从层次结构还是粒度结构分析都可以称得上是巨系统，所以在信息熵的应用上也需要相应的扩充方法。从信息熵的定律来看，在信息熵的基础之上，还有联合熵、条件熵、互信息熵和条件互信息熵等，可以应用于多层次和多粒度的信息量化。

当随机向量 (X,Y) 的联合概率分布为 p_{ij}，则 (X,Y) 的二维联合熵为 $H(X,Y) = -\Sigma\,\Sigma P(x_iy_j)\log P(x_iy_j)$，联合熵是描述一对随机变量所需要的平均信息量，联合熵概念可以推广到任意多个离散型随机变量上，公式也可以写为 N 维联合熵 $H(X_1,X_2,\cdots,X_N)$，形成一组随机变量所传递的信息量，表示某信源的 N 维随机变量 $(X_1,X_2,\cdots,X_N)$ 产生的一条长度为 N 的消息，而且 N 维信息熵函数的任何数学性质都适用于联合熵。这一点对于大数据也是有实际意义的，可以解决大数据的多维问题。

条件熵也是信息熵函数的一个重要扩充，假定 X 和 Y 的边际分布分别为 p_{ij}，可定义在已知随机变量 Y 的条件下随机变量 X 的条件熵 $H(X \mid Y) = -\Sigma\Sigma P(x_i y_j) \log P(x_i \mid y_j)$，条件熵的定义表明已知随机变量 Y 的条件下随机变量 X 的不确定性，可证明如果增加了与 Y 相关的信息，X 的不确定性会下降。

进一步处理复杂数据的还有互信息熵，它包含了上述几种关系，大数据多体现在复杂多变的互信息形式，因此互信息熵也是大数据有用的信息度量工具。互信息描述两种变量间的交互关系，它是指两个事件集合之间的相关性。离散随机事件 (X, Y) 之间的互信息熵等于 "X 的信息熵" 减去 "Y 条件下 X 的信息熵"。也就是 $H(X)$ 表示 X 的不确定性，$H(X \mid Y)$ 表示在 Y 发生条件下 X 的不确定性，$H(X;Y)$ 表示当 Y 发生后 X 不确定性的变化。两个不确定度之差，是不确定度消除的部分，代表已经确定的东西，实际就是由 Y 发生所得到的关于 X 的信息量。也可说表示在获得一个变量的知识时，对另一个变量的不确定性减小的量。互信息可正可负，任何两事件之间的互信息不可能大于其中任一事件的自信息熵。由 $H(X;Y) = H(X) - H(X \mid Y)$，有 $H(X \mid Y) = -\Sigma\Sigma P(x_i, y_j) \log P(x_i \mid y_j)$。如果 X 事件提供了关于另一事件 Y 的相反的信息量，说明 X 的出现不利于 Y 的出现。如果 X 和 Y 事件的统计各自独立，即有 $H(X \mid Y) = H(Y \mid X) = 0$，则会出现 $H(X;Y) = H(X)$，这种情况说明一个事件的自信息是任何其他事件所能提供的关于该事件的最大信息量。

还有一个重要的信息熵类型被称作效用信息熵，前面的几个信息熵公式计算的都是平均自信息量，信息熵取决于信源的先验概率，只能度量信源的客观信息，消息对于收信者的重要程度无关，不能体现消息的主观效用，只能称其为客观效用信息。然而，从对信息的价值角度来看，不仅应取决于反映消息客观可能性的先验概率，同时也应反映对消息收信者的重要程度，也就是信息的主观效用。因此，罗马尼亚著名数学家高艾斯（Giuasu）提出了加权熵的概念 $H_\omega(X) = -\Sigma \omega_i P(x_i) \log P(x_i)$，其中，$\omega_i$ 是非负实数，反映了消息 x_i 对接收者的重要程度。中科大姜丹在此基础上进行了改进，提出了效用信息熵的算法 $H_Q(X) = -\Sigma q_i \log P(x_i)$，此时 $P(x_i)$ 表示消息 x_i 在发送时的先验概率，P 称为先验概率空间。同时，消息的接收者根据自己的主观意愿可以为每个 x_i 选择适当的准则和加权量化值，形成权重概率空间 Q，式中 q_i 为消息 x_i 在权重概率空间 Q 中的统计平均值，$q_i = \dfrac{\omega_i P(x_i)}{\sum \omega_i P(x_i)}$，$\omega_i$ 是表达了主观准则和加权量化值后，对发送方消息 x_i 在总目标下的权重因子，反映了消息对于接受者的重要程度。[①] 效用信息熵克服了原来的信息熵和加权后的信息熵在信息度量方面的不足，使信息熵既能反映信源的客观信息价值，又能体现信源信号对于信宿的主观效用。

　　根据上面的论述，信息熵可以对大数据的各种结构和各种目的实现确定性，大数据是信息的载体，从采集的数据中通过过滤、筛选、分析和计算等方法获取的有用数据称为信息。信息熵是衡量信息的大小和信息流方向的手段，不对称信息会朝熵值大的一方流动，随着信息逐渐对称，熵值逐渐减小，完全对称时，熵值为零。可以说熵值都是在信息不对称时产生的，它符合热力学第二定律的性质，信息熵是在发送方和接收方的信息传递过程中产生，符合单向、不可逆和随时间变化的特征。由此，信息熵与热力学熵和物理学熵具有一致性。

　　另外，量子信息熵对于信息的表达与经典信息熵是等价的，经典信息论中的信源和信源编码、信道和信道编码等概念均在量子信息论中得到推广和验证，使得这些概念包容不同信道的最佳使用和不同信息形式的通信（经典信息和量子态），并引申出不同观察者间共享纠缠，使量子计算与神经计算相结合的量子神经计算得以可能。随着量子技术的深入发展，它还会涉及怎样从物理学的角度、在物质科学层面上深入理解什么是信息，与物质和能量相结合从根本上理解信息存在的本质。随着量子科技的不断进步，基于量子力学原理的量子信息论将成为代表下一代通信模式的量子通信的理论基础和未来信息处理的重要手段，基于量子力学原理的量子信息理论将是现有信息论的延伸和完备。

2.2.3　信息熵的负熵本质

　　关于信息熵的本质，科学家们进行了各种验证，香农和维纳分别从经典统计理论、通信中的信息编码理论和滤波器中的噪声与消息理论三个不同的角度

---

① 姜丹. 效用信息熵 [J]. 中外科技信息，1993（5）：87.

提出"信息即负熵"的结论。[①] 为了验证信息熵与物理熵的关系，著名物理学家布里渊于 1951 年用对光信号散射进行测试的方法，具体研究了获取信息过程中能量消耗及其导致的熵增。假设"麦克斯韦妖"的"妖精"是通过光信号照射单个分子，在对分子进行测量时获取信息，这种熵增抵消了"妖精"带来的负熵流，所以熵仍然是在增加。"麦克斯韦妖"为获取信息付出的代价就是能量的消耗以及环境的熵增，但保证了热力学第二定律没有被违反。"麦克斯韦妖"所在的是孤立系统，这种不可逆过程的熵会增大，然而"麦克斯韦妖"知道任何粒子的速度信息，这说明它给这个盒子带入了负熵，保持总熵平衡，很显然，在一个能量平衡的孤立系统中可以实现温差增大的情况。

通过前面对信息熵的各种形式分析可以看出，概率分布是信息熵的核心定义，而热力学熵是对系统的宏观测定，没有涉及概率分布，但用热力学熵进一步确定系统的微观状态时，其所需要的信息量与信息熵成比例。物质系统温度上升提高了系统的热力学熵，增加了系统可能存在的微观状态的数量，也意味着需要更多的信息来描述系统的完整状态。因此加尼斯（Jaynes，1957）认为热力学熵可以视为香农信息熵的一个应用。麦克斯韦认为如果"妖精"知道每个分子的冷或热的状态信息就能够降低系统的热力学熵，兰道尔则反驳说"妖精"了解每个分子信息熵时必然会给系统带来热力学熵的增加，因此，虽然获取信息熵得到了熵减，但系统熵的总量没有减少。实践证明，我们现代计算机系统在处理大量信息时，必然需要解决散热问题也说明了这个实验的正确性。

因此，信息熵的本质是负熵，信息负熵的增加可以减少系统的物理熵，信息熵作用于社会系统可以使社会有序，提高社会运行效率。而且虽然信息熵的负熵本质是使物理熵减少，但是也没有违背热力学第二定律的有效性，这一性质得到了严格的证明，也得到了业界广泛的认同。

由于信息熵对客观世界一切系统的普适性，从而对其进行深入探讨是很有价值的。可以证明，任何孤立的自组织系统，在自发状态下，都会逐渐趋于混乱，达到熵值最大，混乱是最稳定的平衡状态。要使系统充满活力、蓬勃发展，就需要在保持系统的开放性情况下，保持系统的非平衡态和非线性自组织状态，

---

① 黎鸣. 论信息 [J]. 北京：中国社会科学，1984（4）：17.

引入信息负熵，使系统产生活力。社会系统的负熵可以从三个方面来理解，一是确定性信息，比如产品、市场、技术等信息，实现信息的对称性。二是组成合理的社会结构，形成具有自组织调整功能的组织形式，使社会团体能够产生自我优化。三是能够从精神上激发人类奋发向上的文化精神，也就是内部机制的不平衡态，使团体能量实现非线性突变。

耗散结构理论的发展更证明了信息熵与热力学熵和物理学熵的统一，也证实了信息与物质和能量的关系，使人们对物质世界和精神世界的认识也产生了突破性发现。普里戈金也认识到了这一点，虽然在耗散结构理论中"使用了物理和化学语言"来描述事物的变化，但"另一些人可能喜欢说成负反馈，或自动调节等等，因此把我们的探讨与信息论密切联系将是可行的"。布雷默曼（H. J. Bremermann）说得更为透彻："不能只从能量的耗散来推演生物的结构，更重要的是信息。"① 生物系统和社会系统都不是热力学的耗散结构而是信息系统，只有广义的、信息论的负熵概念才是它们共同统一的语言。耗散结构与负熵的研究如果能够与信息论和控制论的研究结合起来，就有可能出现新的突破。所以，耗散结构理论通过信息熵把自然科学和社会科学的发展规律统一起来，可以成为自然和社会向着和谐共生、生态平衡发展的广义理论。

2.3 熵理论视域下的存在与演化模型

不论在自然界、生命系统，还是社会系统中，具有高阶次、多回路和非线性信息反馈结构的复杂系统比比皆是，正是耗散结构理论，可以基于时间和空间的结构，在多维度的状态空间中找到一种引导熵的新方法，从而实现在熵增熵减的演化过程中，达到一种复杂结构下的更有序状态。耗散结构理论以及涉及的相关非平衡自组织理论为这种方法提供了理论基础。德国物理学家哈肯的《协同学：大自然构成的奥秘》描述了系统元素相互之间具有的非线性自组织结构，法国数学家勒内·托姆的《突变论：思想和应用》描述了在序参量的作用下实现函数非线性涨落和突变达到新的有序状态的数学方法，德国化学家

---

① 王身立. 广义进化论 [M]. 长沙：湖南科学技术出版社，2000：5.

M. 艾根的超循环论从人体循环和生态协同的角度研究了超循环下的自组织理论。这些经典著作对物质、生命以及社会中的现象用数学的方法进行了建模研究，在概率论和随机理论的基础上，运用动力学的方法找出其运动轨迹和非线性变化引起的突变或涨落，达到可以预测并控制这些变化的目的，形成一整套熵理论体系，引发了新的科学革命，也产生了新的信息熵概念下的复杂系统思维方式，更为大数据处理的研究带来了新的希望。本章节的描述涉及一些微分、概率论、随机论和动力学的相关知识，作为哲学的书籍加入数学公式，有被认为是自然科学书籍之嫌，但纯粹的语言描述很难与具体的方法融合，力图通过公式的描述提供一点具体的思路，只是数学描述也都是象征性的简单描述，没有这方面基础的读者可以忽略相关公式。本章节是理解信息熵与耗散结构乃至自组织理论关系的重要内容，这些都是广义的信息熵内容，也是必备的相关知识基础。

2.3.1 耗散结构系统的特征

从古希腊的理性主义到牛顿《自然哲学的数学原理》的近代科学界都认为在事物的内部存在一个决定事物本质的永恒不变规律，这一规律是客观存在和可重复观察的，这种决定论的思想一直引领着科学的发展。爱因斯坦的相对论也还是决定论的思维模式，认为世界是一个大机器，所有系统在平衡中按决定论而运行，"上帝不曾掷过骰子"。但是，由于热力学的熵理论出现，使我们看到任何事物都是在随机演化之中，时间之矢是不可逆的，时间没有始点和终点，时间的不可逆也就导致了事物的变化不可逆，始终处于运动演化之中，而耗散结构理论正是为我们诠释了这种从存在到演化的理论思维。西方哲学思想最重要的一条就是如何把各种思想通过形式化的方式表现出来，耗散结构理论正是用数学的方法把演化和不可逆的客观过程表现出来，使之可以应用于我们的生活实践。

首先是耗散结构系统的不可逆性特征，在牛顿经典力学中时间是没有方向的，例如在 $F = m\dfrac{\mathrm{d}^2 r}{\mathrm{d}t^2}$ 公式中，代入 $+t$ 或 $-t$ 结果相同，也就是说牛顿方程对于时间来说是反演对称的，对于过去和未来是等价的，既说明过去也决定未来，表达了一种可逆性特征。爱因斯坦的质能方程 $E = mc^2$ 中的时间也是反演对称和可逆的，描述的运动没有时间之矢，因此，爱因斯坦认为"时间是一种错觉"。热力学的产生给物理学带来了革命性的变革，热力学第二定律描述的熵定律 $\left(S = \dfrac{Q}{T} \right)$ 是随时间单调递增的 $\left(\dfrac{\mathrm{d}S}{\mathrm{d}t} \geq 0 \right)$，直到热力学平衡达到最大值，因此对于时间来说是不可逆的。玻尔兹曼认为熵增是粒子群中大量的粒子相互碰撞造成的全局漂移，他的公式 $S = k\log W$ 说明碰撞会改变粒子的速度，导致粒子群体的速度分布接近于平衡态。① 这种现象从宏观上看是不可逆的，但是跟踪到每一个粒子都遵从牛顿物理学定律，还是可逆的。这种宏观上的不可逆与微观上的可逆之间的矛盾，组成了复杂系统的物理学基本矛盾之一。因此，可逆和不可逆、对称性和非对称性特征本质上是对时间的认识问题。

非平衡态也是熵理论的重要概念之一，例如温度不均匀的铁棒或者气体容器在孤立和自发状态下，开始各个点的温度、压强都会不同，这时的状态称为非平衡态，但是随着时间变化，温度和压强会逐渐趋于平衡状态，不再发生变化，这种定态称为平衡态。但是不一定定态就是平衡态，恒定的水流、电流也都是定态，但不是平衡态。当平衡态系统处于开放状态时，在与外部进行物质或者能量交换的情况下，就有可能打破平衡态。也就是说平衡态是系统参量不随时间变化，并且定态系统不存在物理量的宏观流动，不满足这个条件就是非平衡态。

有序和无序表明了耗散结构系统内部元素之间的关系，各要素之间的关系具有一定的次序称为"序"，系统元素之间或质能状态宏观上存在清晰可辨的不同形式则为"有序"，如果处于无法分辨的浑浊状态则称为"无序"。序又与对称性密切相关，对称性是指事物的某种属性经过一定的变换仍保持不变的性质，系统的有序度越低对称性越高，例如充满气体的立方体匣子在孤立状态下，里面的气体分子处于无规则和杂乱无章的状态，则处于平衡态，称为无序的微观运动状态。这时匣子内各部分温度、压强、分子密度均匀分布，这时系统表

---

① ［比］普里戈金. 确定性的终结：时间、混沌与新自然法则［M］. 湛敏，译. 上海：上海科技教育出版社，2018：44.

现出很强的对称性，可以看出微观的无序运动和宏观的对称性之间有着密切的联系。反之，如果匣子内部一边气体温度高或者密度大，另一边温度低或者密度小，两边对称性不再存在，这时就会产生分子从高的一端向低的一端规则运动，这种状况称为有序运动或对称性破缺。当然孤立自发状态下的系统，随着时间的变化，有序状态逐渐消失，对称性逐渐增强，最终达到无序的平衡状态。

假设有 10 个气体分子放入匣子，匣子有两个格子，计算可得 10 个气体分子全部在左边和全部在右边格子的概率仅有 0.002，也就是说完全有序状态仅有千分之二的概率。计算中熵公式取自然对数，代入 $S = k\ln W$ 熵公式可得出有序度和混乱度的计算值，其中 k 称为玻尔兹曼常数，取值为 1.381×10^{-13}。在实际的热力学系统中，粒子数为 6.023×10^{23} 的摩尔量级，所以粒子均匀排列的量级很大，把每一个宏观分布排列称为热力学概率 W，计算可得均匀排列时的热力学概率是最大的，此时其熵 $S = k\ln W$ 也最大。

耗散结构系统必须是开放系统，熵和能量一样是可以传递的物理量，熵是在自身不可逆的过程中产生出来的，所以熵是不守恒的。对于开放系统就会与外界系统进行熵的交换，外界引入的熵可以与内部的熵进行叠加，一个自发状态下开放系统的总熵 S 可以描述为：$S = S_0 + \mathrm{d}S_i + \mathrm{d}S_e$。其中，$S_0$ 为系统固有的熵，$\mathrm{d}S_i$ 为系统内部的熵增，$\mathrm{d}S_e$ 为引入的外部熵。我们知道系统 S_0 和 $\mathrm{d}S_i$ 都是 >0 的，只有当开放系统引入的外部熵流 $\mathrm{d}S_e < 0$，才能降低熵值，在系统中形成结构，并将耗散结构状态保持下去。负熵流的引入可以使系统的熵减少，但不能使总熵为负值，系统内部的熵 $\mathrm{d}S_i$ 和总熵 S 必须为正，才有引入负熵的意义，这是任何开放系统输入负熵流的适度性的定量范围。

可以看出非平衡态越强，不可逆性就越强，也就是当温度、密度、浓度等物理量的差异越大，温度等均匀后返回原来温度差异的不可逆性也就越大，当温度等均匀后，不可逆性也就消失了。美国化学家昂萨格 1931 年给出了判断不可逆性强度的一种简单算法，这个方法是把物质热流或可扩散流等用不可逆流的强度表示为 $Y_i (i = 1, 2, \cdots)$，把温度、密度、浓度等物理量表示成一种不可逆的力表示为 $X_j (j = 1, 2, \cdots)$，认为 Y_i 与 X_j 呈正比的关系。假如对于第 i 种力产生的第 i 种流用关系式 $Y_i \rightarrow L_{ii}X_i$ 描述，称为流与力的线性关系，这种线性关系的区间是 $Y_i \neq 0$，$X_j \neq 0$。当 Y_i 受多重 X_j 影响时则有 $Y_i = \sum\limits_j L_{ij}X_j$，式中（$i = 1$,

2，…），L_{ii} 称自唯象系数，L_{ij} 称交叉唯象系数，可以看出公式中如果存在 n 种力，则需要 n^2 个维象系数，计算起来是非常复杂的。根据热力学第二定律的时间与空间的对称性，也就是某一过程的流受到另一过程的力影响时，则该过程的力也必然会影响另一过程的流，使得 L_{ij} 组成的矩阵中有 $L_{ij} = L_{ji}$ 的关系存在，它表示第 i 种力对第 j 种流的影响与第 j 种力对第 i 种流的作用相同，这种唯象系数对称下的关系式称昂萨格倒易关系。昂萨格证明了流和力 $(X_i, Y_j; X_j Y_i)$ 与交叉对称 L_{ij} 的具体类型无关，唯象系数对称使得在求解 n 种不可逆过程的热力学问题时，从存在 n^2 个线性关系减少到 $n(n+1)/2$ 个，只有一半的计算量，简化了熵的计算方法。昂萨格倒易关系考虑了稳定的近定态热力学非平衡态，其中力和流密度计算又源于微观世界物理过程的时间反演对称性，具有线性动力学性质，它揭示的规律具有极大的普遍性，为此昂萨格获得了 1968 年的诺贝尔化学奖，这一关系被称为不可逆热力学的基础。[①]

普里戈金根据昂萨格倒易关系进一步推导出了最小熵原理，设单位时间的熵产生率为 $p = \dfrac{\mathrm{d}S_i}{\mathrm{d}t}$，$\mathrm{d}S_i$ 是前述的系统内部熵增，类似于把力 $\vec{F}$ 作用到粒子上，其功率有 $W = \vec{F} \cdot \vec{v_0}$ 的方法，熵的产生率看作流与力的乘积，则有 $p = \sum_i y_i x_i = \sum_i L_{ij} X_i X_j$，若使 $p \geq 0$，L_{ij} 矩阵必须使 $\sum_i L_{ij} X_i X_j \geq 0$，普里戈金把 L_{ij} 矩阵代入对公式求二阶导数，有 $\ddot{p} > 0$，则此式有极值最小值，称此式为最小熵产生原理。此原理表明熵从最小值只增不减，直到达到最大值，系统处于平衡态。除非外界约束使系统不可能达到平衡态，系统总会有正熵产生率 p。最小熵原理说明了热力学系统总是朝着平衡态或尽可能靠近平衡态的目标演化，朝着均匀、混乱、无序和对称的方向发展，也称近平衡态发展，近平衡态的发展是线性区域的变化，这里发生的演化发展的时间箭头称为第一时间箭头。生活中这种例子非常多，例如一滴墨水掉入水中会使水变浑浊，变浑浊的过程是近平衡态的过程，我们通常只注意到了演化的结果，没去关注演化过程，第一时间箭头就是近平衡态的演化过程。平衡态和非平衡态、有序和无序以及稳定和非稳定问题表达了耗散系统的结构问题。

---

① 沈小峰，等. 耗散结构论 [M]. 上海：上海人民出版社，1987：23.

2.3.2 从混沌到有序的演化过程

近平衡态系统描述的是从非平衡态向平衡态演化的过程，是从有序向无序的退化。然而，在自然界和社会系统中演化的结果却是相反，特别是进化论向我们展示了从无序到有序和从低级向高级的进化，实现系统的进化条件是需要使系统远离平衡态的熵减过程。但从上一节对于近平衡态过程中的倒易关系以及最小熵产生原理等的分析可以看出，在线性变化区间内远离平衡态是不能成立的，远离平衡态应该是呈现出熵可增可减、可随时间振荡变化的非线性关系，是呈现出多样性变化的关系，这个相反的远离平衡态的变化称为第二时间箭头。

普里戈金通过化学实验分析了远离平衡态的演化过程和非平衡态下的稳定状态，由贝纳德对流实验、贝洛索夫－萨波金斯基反应（Belousov－Zhabotinsky实验，B－Z实验）以及激光现象等实验可以看出，对于平衡态的系统，通过施加外部能量可以使系统由平衡态转向非平衡态。贝纳德对流实验是在扁平容器内放入一薄层液体，液面的长宽度远大于其厚度，从液体底部均匀加热，液面温度均匀，底部与顶部存在温度差。当温度差较小时，热量以传导方式通过液面，这时在同一高度的水平截面上各点的宏观特征均相同，液面不会产生任何结构。但当温差达到某一特定值时，会产生不同运动速度的分子集合流，液面自动出现许多六角形小格子，液体从每个格子的中心涌起、从边缘下沉，形成规则的对流。从上往下可以看到贝纳德对流形成的蜂窝状的贝纳德花纹图案，普里戈金将这种稳定的有序结构称为耗散结构。苏联科学家贝洛索夫和萨波金斯基在贝洛索夫－萨波金斯基反应实验（B－Z实验）中，用适当的催化剂和指示剂作丙二酸的溴酸氧化反应并施加温度，反应介质的颜色会在红色和蓝色之间作周期性变换，温度阈值不同，周期性的振荡和颜色也不同，这类现象一般称为化学振荡或化学钟，是一种时间结构。而激光的实验也是用光泵给自然光施加能量，光泵功率达到一定阈值后，自然光会变成某种统一频率和相位的光波，使光源成为单色性、方向性和相干性很好的激光。

贝纳德对流、B－Z循环振荡和激光实验等现象形成自然界从混浊到有序的熵增到熵减的演化过程，形成一种自发的系统组织行为，称其为自组织状态，在形成自组织状态后都在系统内部形成对称性破缺。贝纳德对流实验在每个局部都形成对流，对流使局部产生不同的流速，而每个局部又规则地组织起宏观的有序流动。B－Z 实验也是通过加温和搅拌，系统内部出现随着时间液体浓度时大时小和空间不同部位的周期变化，出现了自发性的对称破缺。激光实验也是通过外部能量激发，使其内部触发自发统一的周期变化，产生对称性破缺。上述的对称性破缺都是系统内部自发产生的，是一种自组织状态，都是由原来的相对对称、混乱、无序和平衡态转向有序状态，这正是第二时间箭头的产生。耗散结构就是这种为了维持自组织状态必须不断对系统施加外部能量，而系统又在自组织作用下不断地耗散能量的系统。

　　从上述例子可以看出，系统在演化过程中有三个分支，一是在没有外力作用时系统处在平衡态或是在微小外力作用下系统有微小偏离但仍处在线性区域内的稳定状态，称为稳定的热力学分支，这种状态符合最小熵原理，也不会产生自组织状态，上述三个实验在外部控制没有达到阈值之前系统都处于这种状态。二是如果外界稍有微小扰动系统就会偏离原来的平衡态，过渡到另一种平衡态，而且永远不会回来，称为不稳定热力学分支。三是控制外界条件使其达到临界值，可以迫使平衡态系统过渡到稳定的非平衡态，取而代之的是宏观的对流或者周期振荡等非平衡有序状态，这个状态称为耗散结构分支。这种由稳定热力学状态失稳而使系统跃迁到耗散结构状态的现象称为非平衡相变。

　　上述实例中，不管是贝纳德宏观对流，还是 B－Z 实验和激光的周期振荡，都可以称为系统的自组织状态。广义地说，自组织就是系统不受外部因素影响，自发地形成某种运行机制的组织结构。但是根据熵的概念，任何孤立系统在自发状态下都会趋向于平衡态，导致熵最大，所以自组织系统也需要在一个外部能量的干预下，不断激活自组织形态，才能保持这种状态。如果把施加给系统的外部能量也当作系统的一部分，原来的外力就变成了内部相互作用的遵守内部运动规律的内力了，这样就可以实现整体自组织的数学描述。

　　协同学中对于自组织过程描述的基本方程之一是郎之万方程，也就是 $m\frac{d^2x}{dt^2} = -\lambda\frac{dx}{dt} + \eta(t)$，它以布朗运动为原型，描述了布朗运动中因受到流体分子的碰撞，粒子在流体中做无规则运动，它是既具有阻尼又有随机力的随机微分方程。以物理学中的简谐振荡为例，一个质量为 m 的粒子运动过程中，其运动方程为 $F = m\dfrac{\mathrm{d}v}{\mathrm{d}t} - \gamma v$，其动量方程 $p = mv$。可以看出公式中的速度和加速度是决定方程取值的动态参数，因此可以令加速度为 x_1，速度为 x_2，则运动方程和动量方程可以简化为式（2-1）：

$$\frac{\mathrm{d}x_1}{\mathrm{d}t} = f_1(A, x_1, x_2)$$

$$\frac{\mathrm{d}x_2}{\mathrm{d}t} = f_2(A, x_1, x_2) \qquad\qquad 式（2-1）$$

从上述分析我们可以知道，在这个公式中加速度 x_1 是需要外力 F 才能产生，与 F 具有相关性，x_1 是可以改变物体运动形态的外部参量，$x_1 \neq 0$ 或 $x_1 = 0$ 是系统内部有无运动的量度，所以也称为活动参量，同时它还决定着系统的有序度，所以也称 x_1 为动力学方程组的控制参量。x_2 是决定运动形态的内部因素，亦称为状态参量。把上述情况推广到有 $n(1, 2, \cdots, n)$ 个参变量描述的方程，则可以写为式（2-2）：

$$\frac{\mathrm{d}x_1}{\mathrm{d}t} = f_1(A, x_1, x_2, \cdots, x_n)$$

$$\frac{\mathrm{d}x_2}{\mathrm{d}t} = f_2(A, x_1, x_2, \cdots, x_n)$$

$$\vdots$$

$$\frac{\mathrm{d}x_n}{\mathrm{d}t} = f_n(A, x_1, x_2, \cdots, x_n) \qquad\qquad 式（2-2）$$

其中，如果 m 个参变量 $x_1 = x_2 = \cdots = x_m = 0$（$m \leqslant n$）时导致系统停止运动的话，则这 m 个参变量是系统的序参量，它们决定着系统是处于稳定的热力学分支还是处于稳定的耗散结构分支或者是不稳定的热力学分支。而余下的 $(x_{m+1}, x_{m+2}, \cdots, x_n)$ 变量中有 $n - m$ 个变量是与突变无关的状态变量，用绝热消去法可以使方程简化，推导 $x_1, x_2, \cdots, x_m$ 是 $x_{m+1}, x_{m+2}, \cdots, x_n$ 的函数，方程组可以写为 $\dfrac{\mathrm{d}x_i}{\mathrm{d}t} = f_i[A, x_1, x_2, \cdots, x_m, x_{m+1}(x_i), \cdots, x_n(x_i)]$，其中 $i = 1, 2, \cdots,$

m，在突变论中称 m 是 f_n 的余秩数，余秩数的多少对方程的变化趋势有很重要的影响，它表示了系统的有序程度，亦称为序参量。我们希望方程在序参量的控制下能够远离平衡态，使系统从热力学分支向稳定的耗散结构分支转化，并形成自组织状态，期待的这个转折点就是非线性突变。

依照上述通用方程，根据不可逆流的强度和力的关系，以贝纳德对流实验为例，我们模拟的用其单变量序参量方程分析其动力学轨迹可以写为：$\frac{\mathrm{d}x}{\mathrm{d}t} = (A - Ac)x$，控制参量 A 是施加的温度，固定值 Ac 是液面温度，x 是状态轨迹，但是可以明显地看出这是一个线性方程，其定态解为：$-(A - Ac)x = 0$，则有 $x_0 = 0$ 是方程的定态解。即使如果让 $x = a$（a 很小的扰动），则 $x = ae^{(A-Ac)t}$，$x = 0$ 的稳定性决定于控制参量 A 的取值，当 $A < Ac$ 时，$t \to \infty$，$x \to 0$。当 $A > Ac$ 时，$t \to \infty$，$x \to \infty$，处于上述的第二种不稳定热力学状态分支。所以，$A = Ac$ 是分岔点，分岔后系统从稳定热力学分支向不稳定热力学分支转化，没能转化到我们期望的 x 具有非 0 解，没能由有限的控制参量值转向耗散结构分支上来。原因就是模拟的动力学轨迹用的是线性方程，可以证明这个区域的变化也符合昂萨格倒易关系的对称性。

我们可以试着将其用单变量非线性方程进行模拟描述，为了简便只增加一个 $-x^3$ 非线性项，增加的这个非线性项是非常有意义的，追加后的公式可以写为式（2-3）：

$$\frac{\mathrm{d}x}{\mathrm{d}t} = (A - Ac)x - x^3 \qquad 式（2-3）$$

其中的 $(A - Ac)x - x^3 = 0$ 有 x_0，x_1，x_2 三个解，$x_0 = 0$ 和 $x_{1,2} = \pm\sqrt{(A - Ac)}$，可以看出 x 为 0 显然不是我们期待的稳定态，而只有 $A > Ac$ 时，$x_{1,2}$ 的解才有实际意义。这个解说明当 A 从小向大变化时，在 $A = Ac$ 处，原来稳定平衡的 $x_0 = 0$ 位置，同时出现了 x_1、x_2 两个新的稳定平衡位置，而且这两个解都满足对称性，也就是代入 $x \to -x$ 结果不变。但是实际实验中并不能同时选择 x_1 和 x_2 状态，因此系统的实际解已经损失了 $x \to -x$ 的对称性，演化过程伴随了对称性破缺。而在 $A = Ac$ 的分岔点形成从稳定热力学分支到不稳定热力学分支和稳定耗散结构分支的选择，也称为二分岔现象。① 如果把 A 和 x 的变化轨迹描述出来的话，可以看出 $A < Ac$ 则应该是一个有极小值的开口朝上的抛物线形状图，用直观的分析设想有一个粒子沿曲线在凹槽内滑落，刚好在最低点 O 点是最稳定的，如果以 O 点为轴旋转形成立体空间的话，粒子的位置也不会有变化，说明此状态是稳定热力学分支（见图 2 - 1）。

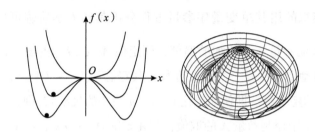

图 2 - 1　非线性突变演化过程示意图

当 $A > Ac$ 时则 x_0，x_1，x_2 同时取值会形成一个开口朝上的 w 形状图，左右凹槽是 $x_{1,2} = \pm \sqrt{(A - Ac)}$ 的位置，中间的凸起的 O 点是初始的 $x_0 = 0$ 稳定热力学状态，随着 A 从小于 Ac 转变到大于 Ac 后，粒子从初始状态会滑落到其中的一个凹槽中，形成一个 $x \neq 0$ 的新稳态，由此系统经过突变进入了一个新的稳定耗散结构分支。如果还是以 O 点为轴旋转形成立体空间的话，粒子在做圆周运动的同时会从 O 点滑向凹点，粒子滑向凹点的轨迹会是螺旋状，此螺旋状轨迹为不稳定极限环，而到达凹点后轨迹会是稳定的圆周运动的圆环，称为稳定极限环，在协同学中凹点、螺旋状环和圆环都称为吸引子，它的势函数被形象地表示为一个"草帽图"，具体图形可以参考图 2 - 1。此方程描述贝纳德循环的临界点和轨迹，如果 x 是钟摆，方程轨迹描述的就是钟表的发条，方程同样可以描述电子管振荡电路或者激光等动力轨迹。

激光的例子也充分说明了从无序到有序的演化过程，光原子自发地从高能级的激发态 E_1 跃迁到低能级的基态 E_2，并能释放出频率为 $v = \dfrac{E_1 - E_2}{h}$ 的光子，反过来光子在外界光场的作用下从低能级向高能级跃迁需要吸收一个频率为 $v =$

---

① 郭治安. 协同学入门［M］. 成都：四川人民出版社，1988.

$\dfrac{E_1 - E_2}{h}$ 的光子。在频率为 $v = \dfrac{E_1 - E_2}{h}$ 的光子激发下原子从高能级跳到低能级，并释放出 2 个光子，称为受激辐射。这个过程也类似于化学的自催化反应。激光是用物理方法强迫原子系统远离平衡态，类似于用水泵先把水抽上水塔，所以激光器也叫光泵。光泵使处于基态的光粒子偏离了平衡态跃迁到激发态，在基态粒子大于激发态粒子时，原子光源还是杂乱无章的，当光泵的强度超过一定阈值，受激辐射占了支配地位，处于被激发状态的原子产生了相位一致、方向一致、相干性极好强度很大的辐射场，这就是激光。设 I 是原始光强，D 是受激辐射，Ac 是受激跃迁要吸收的光子，它会导致原始光强的减少，并与原始光强成正比，但是 $D > Ac$ 会导致光子无限度受激跃迁，这在实际操作中是不可能的，因此，需要考虑一个饱和效应 β，饱和效应与原始光强是非线性关系，可以设为 $-\beta I^2$，则其动力学方程可以写为式（2-4）：

$$\frac{\mathrm{d}I}{\mathrm{d}t} = DI - AcI - \beta I^2 \qquad\qquad 式（2-4）$$

三个参数分别为增益系数 D、损耗系数 Ac 和饱和系数 β，方程有两个定态解 $I_1 = 0$，$I_2 = \dfrac{D - Ac}{\beta}$，显然，$I_1 = 0$ 是稳定的热力学分支，可知光强不能为负，所以只有 $D > Ac$ 时的 I_2 是热力学失稳，演化到有序的耗散结构分支，$D = Ac$ 是系统的分岔点。

通过上面的分析可以看到系统从无序到有序演化过程的数学表达方法，平衡态系统在控制参量的作用下，进入二分岔，如果是线性变化则进入不稳定平衡态分支，如果是非线性变化则进入稳定的非平衡态分支，同时伴随着对称性破缺和激活自组织状态。

2.3.3 巨涨落突变形成新的自组织状态

贝纳德对流、循环振荡和激光的周期振荡等自组织现象形成自然界从混沌到有序的熵增减演化过程，这正是耗散结构理论所描述的生命和物质在自然界中存在和进化的基本特征，也称为第二时间箭头。普里戈金在《确定性的终结：时间、混沌与新自然法则》中给出的混沌的数学定义就是"个体描述（用轨道）与统计描述（用系综）"之间的不等价性，所有耗散系统在孤立状态下都在动态地耗散，熵永远随时间自发增大并走向混沌。非平衡过程物理学描述了单向时间效应，为不可逆性这一术语给出了新的含义。如果在一个孤立耗散体系中能够找到自发增加的熵值与输入能量使体系减少的熵值相互作用形成振荡，那么可以通过定期的输入能量而使体系熵值随时间呈现周期波动，走向有序。德国物理学家哈肯在《协同学：大自然构成的奥秘》中分析了包括物理、化学、生物、工程和社会等各种不同学科的不同系统、各种子系统、各种组元之间的合作效应，在分析系统宏观结构和功能发生质变作用的基础上，对它们的共同特征进行综合类比，具体分析了各种可以形成非平衡态有序结构的系统，从力学和统计学角度出发研究各种随机因素的运动方程，建立起有共同特征的数学模型理论，改进了耗散结构理论从局部出发的弱点，其中的序参量的概念，更是对耗散结构理论关于负熵概念的重要补充。

耗散结构理论和协同论的演化过程基础是突变论的数学模型。突变现象就是系统由一种状态变化到另一种状态的理论，是以奇点理论、稳定性理论等复杂性科学理论为基础，通过对系统势函数的分析而建立起相应的数学模型，对突变现象进行形象而精确的描述。其中涨落的作用是形成有序的关键，物质在线性平衡区域随机涨落起着恢复稳态的作用，在远离平衡态的非线性区域随机涨落可能会引发失稳，引起共振或宏观巨涨落。关于奇点理论，早在 1887 年法国数学家庞加莱就提出了三体问题，指出有三个质点的质量、初始位置和初始速度都是任意的天体，在万有引力作用下的运动规律无法精确求解，为此，庞加莱发明了不变积分、回归定理以及庞加莱映象等许多全新的数学工具，成为现代微分方程和动力学理论的基本概念，庞加莱也成为第一个发现混沌系统的人，为现代的混沌理论打下了基础。"混沌理论之父"美国数学家和气象学家爱德华·洛伦兹 1963 年在用计算机模拟大气系统时发现，混沌系统初始条件的微小变化，可能造成后续长期而巨大的连锁反应。这个动点经过长期运动所形成的轨迹就像一只张开了翅膀的蝴蝶，这就是我们所熟知的"蝴蝶效应"。在我们的生活中这样的现象经常发生，例如打靶时枪筒微小的偏差都可能会让子弹脱靶，天气系统的系数远远多于打靶，这就意味着预测天气的万分之一误差，两天后模型与真实天气系统会产生天壤之别，所以才说一只蝴蝶在巴西轻拍翅膀，会使更多蝴蝶跟着一起振翅，最后将有数千只的蝴蝶都跟着那只蝴蝶一同挥动翅膀，结果可以导致一个月后在美国得州发生一场龙卷风。

在前人研究的基础上，托姆的突变论在有限余秩数和有限余维数的限定下，为混沌到有序的突变找到了规律性的变化趋势。一个系统中人们不可能完全控制微观粒子的运动过程，所以系统在每个时刻的实际物理量与平均值都是有偏差的，这个偏差称为涨落。在平衡态时涨落是很小的，总会自生自灭回到平均值，然而在临界点附近时这种涨落会被放大，形成巨涨落，导致系统发生显著的宏观变化，新的稳定态形成后，涨落又会变得很微小。用数学方法描述这个过程，如果 f_P 对应于 P 点的函数，对于任意一个足够靠近 P 点的 Q 点，若 f_P 与 f_Q 有相同的形式，则 f_P 称为这个族的一个结构稳定生成函数，所有使其成为稳定函数的 P 点集合称为生成点的子集，反之所有使 f_P 成为非生成稳定 P 点的集合称为分歧点集合，而 Q 点集合称为是混沌边缘。由此，改变控制参量可以控制涨落的临界点，将偶然的涨落放大形成巨涨落，控制系统的分岔行为，系统一旦跳到某一分支上又重新变成稳态，而没有被选择的分支就永远失去了机会。继续改变控制参量还会出现第二级、第三级等新的巨涨落，分岔的选择既依赖于自发的微小涨落，也依赖于控制变量。我们今天的生命系统就是经过了无数的涨落和突变形成的，人生中也会因为一个偶然事件的选择改变人的一生的命运。普里戈金指出"涨落导致有序"，巨涨落导致系统突变，形成系统的非平衡态，产生有序结构。

突变论指出，所谓系统势函数，是指表征系统任一状态的值，它由表征系统所呈现状态的状态变量和对状态变量产生影响和制约的控制变量这两类变量决定，系统的状态都是状态变量与控制变量的统一。它的数学模型可以定义为，在一个 n 维欧氏空间 R^n 中存在一个内部空间或状态空间 M，其 x 点的坐标用 $x = (x_1, x_2, \cdots, x_n)$ 表示，x_i 称为内部变量或状态变量（$i = 1, 2, \cdots, n$）。同时在 R^n 中存在外部空间或控制空间的开集 U，U 的点用 $u = (u_1, u_2, \cdots, u_m)$ 坐标表示，u_j 称为外部变量或控制变量（$j = 1, 2, \cdots, m$），则存在一个 $M \times U$ 上的势函数 $f(x_1, x_2, \cdots, x_n; u_1, u_2, \cdots, u_m)$，对于给定的控制参量 $u_1, u_2, \cdots, u_m$，系统的状态 $x_1, x_2, \cdots, x_n$ 应使势函数 f 取极小值。

对上述公式的 x 和 u 分别进行分析，我们需要从中找出使函数产生分岔点的变量，可以通过求解余秩数、余维数和微分同胚等方法，找出函数的控制变量和状态变量。如果函数 $f(x_1, x_2, \cdots, x_n)$ 是临界点在原点有 n 个独立变量的函数，则在原点处 f 和它所有一阶偏导都为 0，可以构成下述 f 的黑塞矩阵：

$$\begin{bmatrix} \dfrac{\partial^2 f}{\partial x_1^2} & \dfrac{\partial^2 f}{\partial x_1 \partial x_2} & \cdots & \dfrac{\partial^2 f}{\partial x_1 \partial x_n} \\[2mm] \dfrac{\partial^2 f}{\partial x_2 \partial x_1} & \dfrac{\partial^2 f}{\partial x_2 \partial x_2} & \cdots & \dfrac{\partial^2 f}{\partial x_2 \partial x_n} \\[2mm] \vdots & \vdots & \ddots & \vdots \\[2mm] \dfrac{\partial^2 f}{\partial x_n \partial x_1} & \dfrac{\partial^2 f}{\partial x_n \partial x_2} & \cdots & \dfrac{\partial^2 f}{\partial x_n^2} \end{bmatrix}$$

可以证明黑塞矩阵的秩为 n，若其行列式不为零，则总会存在一个坐标变换，可以把 f 写成 $f_n = e_1 x_1^2 + e_2 x_2^2 + \cdots + e_n x_n^2 +$ 高次项，可以看出函数 f 是结构稳定的，其中常数 e_i 都取值 ± 1，从正负符号的个数可以看出函数的类型。当 f 的秩为 $n - r(r > 0)$ 时，则存在一个坐标变换，可以把 f 写成 $f_{n-r} = e_{r+1} x_{r+1}^2 + e_{r+2} x_{r+2}^2 + \cdots + e_n x_n^2 +$ 高次项，由前述可知其中 x_{r+1}，x_{r+2}，$\cdots$，x_n 是使函数 f 结构稳定的变量，决定函数结构不稳定性仅局限于方程中的 x_1，x_2，$\cdots$，x_r 变量，因此这 r 个变量才是控制函数临界分岔的变量，而方程中的 x_{r+1}，x_{r+2}，$\cdots$，x_n 变量可以忽略。此方法称为黑塞矩阵的剖分引理，称 r 是黑塞矩阵的余秩，也是方程 f 的"余秩"。

还有一个决定方程不稳定特性的概念是"余维数"，余维数是"表示一个几何对象所需的方程数目，一般等于这个对象的维数与它所在空间的维数之差，称这个量值为这个对象的余维数"[①]，余维在奇点理论中有复杂的数学推导，可以证明如果余秩数为 n，则最小余维数为 $n(n + 1)/2$，具体方程的余维数求解可以通过对多项式的泰勒级数展开后进行分析，在此不予赘述。多项式的余秩数和余维数对应的就是控制函数不稳定分岔点的状态变量和控制变量的最小数量。

对于余秩数大于等于 3 的函数，余维数至少需要 6 个以上，不仅数学分析

---

① 此节有多处内容参考 [英] 桑博德. 突变理论入门 [M]. 凌复华，译. 上海：上海科学技术文献出版社，1983：28.

变得非常复杂，而且应用上已经超出了我们现有的时间和空间维数，其突变类型也千姿百态了。正像庞加莱的三体问题和洛伦兹的蝴蝶效应那样，增加一个变量就可能导致系统无法精确求解。为了简化分析，托姆对余秩数为 1 和 2 的方程进行了研究，首先，对余秩数为 1 的变量 x^2，x^3，x^4，x^5，x^6 的奇点分别进行分析，结论是 x^2 的奇点是没有突变的稳定点，不是所要的临界点。x^3 的奇点突变后的轨道是折叠型，x^4 是尖点型，x^5 是燕尾型，x^6 是蝴蝶型。证明的方法是对于余秩数为 1 的方程应该是一元方程，例如对于一元三次方程，则多项式是 $x^3 + u_1 x^2 + u_2 x + u_3$，按照上节对贝纳德对流方程的 $(A - Ac)$ 取值分析并进行图解的方法，经过对 (u_1, u_2, u_3) 系数项进行取值分析可以证明，$f(x) = x^3 + u_2 x$ 是方程具有临界点和稳定耗散结构分支轨道的最简方程，此方程恰好是余维数为 1 的方程，可以证明加入 $u_2 x$ 项后，使原来的定态解只有 $x = 0$ 一个解的临界点，形成多个重合的临界点，可以称 $f(x)$ 是 x^3 的一个万有开折。而对于一元四次方程 $x^4 + u_1 x^3 + u_2 x^2 + u_3 x + u_4$ 的 (u_1, u_2, u_3, u_4) 系数项进行取值分析可以证明 $f(x) = x^4 + u_2 x^2 + u_3 x$ 是具有临界点和稳定耗散结构分支轨道方程，此方程是余维数为 2 的方程，是 x^4 的一个万有开折。由此，托姆推导和证明了直到 x^6 的一元六次方程的临界点和轨道的情况，都是符合这个规律的。他并证明对于余秩数 1 的方程其中的 (x^3, x^4, x^5, x^6) 的奇点的余维数分别是 $(1, 2, 3, 4)$，而这四类万有开折后的奇点突变轨道分别为折叠型、尖点型、燕尾型和蝴蝶型，而且可以证明对于余秩数为 1 并且余维数小于等于 4 的所有方程的临界点和轨道都与这四个方程等价。

对于余秩数为 2 的二元方程，通过泰勒级数展开后是一个奇点 η 的 $j^2(\eta) = 0$，而其三次型 $j^3(\eta) = (a_1 x + b_1 y)(a_2 x + b_2 y)(a_3 x + b_3 y)$ 的公式，通过展开和取值分析，得到 $x^3 - xy^2$ 是椭圆脐点型，$x^3 + y^3$ 是双曲脐点型，其四次型得到 $y^4 + x^2 y$ 是抛物脐点型，经过万有开折使其成为具有稳定耗散结构分支的临界点。

托姆的突变论告诉我们，当状态变量不超过 2 个、控制变量不超过 4 个时，初等突变函数只有 7 类，也就是发生在三维空间和一维时间之内的形形色色的突变只有 7 种基本类型。英国数学家齐曼通过圆盘突变机构实验，波斯顿通过重力突变机构实验等具体实例推导也证明了这一点。由于控制变量可以取不同值，因此可以认为圆球和椭圆球以及立方体是同胚的，但是圆球和椭圆球又是微分同胚，也就是说它们的几何形状是拓扑等价的。对突变论的 7 种非稳定性函数归纳，为了便于区分，将变量 u_1，u_2，u_3，u_4 替换成 u，v，w，t，则 7 种标准模型描述如下。

折叠型模型：$V(x) = x^3 + ux$，余秩数 1，余维数 1，表示一个吸引子破裂，并被势较小的另一个吸引子俘获；

尖点型（黎曼－雨果尼奥特）模型：$V(x) = x^4 + ux^2 + vx$，余秩数 1，余维数 2，一个吸引子分岔成两个互不联通的吸引子；

燕尾型模型：$V(x) = x^5 + ux^3 + vx^2 + wx$，余秩数 1，余维数 3，一个"波前"曲面切去了一条沟槽，这条沟槽的底是一激波的边缘，两栖动物在形成原肠胚时的胚孔就是胚胎学中可以提供的实例；

蝴蝶型模型：$V(x) = x^6 + tx^4 + ux^3 + vx^2 + wx$，余秩数 1，余维数 4，自由边激波的分层，可用来解释 V 中这类六次奇点；

椭圆脐点型模型：$V(x,y) = \left(\dfrac{1}{3}\right)x^3 - xy^2 + w(x^2 + y^2) - ux + vy$，余秩数 2，余维数 3，尖庄（基底为三角形的锥体）的顶尖即为这种奇点；

双曲脐点型模型：$V(x,y) = x^3 + y^3 + wxy - ux + vy$，余秩数 2，余维数 3，一个波发生破裂时，波峰就是这种奇点；

抛物脐点型模型：$V(x,y) = y^4 + x^2y + wx^2 + ty^2 - ux - vy$，余秩数 2，余维数 4，介于椭圆脐点和双曲脐点之间，从向上喷水时常见的蘑菇形水伞中可看到这种奇点。

突变理论从形式上成功地把渐变与突变统一在一个演化过程中，突变论总结出的这 7 种基本类型，每一种类型表示一种不连续现象，当变量进入分支区域时，函数可以取 n 个值，相当于 n 叶折叠的曲面，这表明在分支区域内，函数值处于不稳定状态，即可从一个值跳到另一个值，确定了不连续现象的特征，并为这些突变现象提供了理论支撑，这 7 种函数临界点之后的轨道图形本书没有进行描画，有兴趣的读者可以参考相关书籍。通过严格的推导，托姆证明了一个重要的数学规律：当那些导致突变的连续变化的控制因素不多于 4 个时，自然界形形色色的突变可以用 7 种最基本的数学模型来处理。例如用尖点型模型分析水的相变，水的控制变量是温度 t 和压强 p，它们始终是连续变化的，而状态变量是水的密度 ρ，密度高的状态相应着液态，密度低的状态相应着气态。生物物理学用于描述蛋白质折叠或展开以及膜转运等生物学过程，描述纳米颗粒的动力学，在涉及催化和电化学转化的系统中，纳米颗粒可以远离热力学平衡态。在我们生活中经常遇到的火山突然爆发、房屋突然倒塌、蝗虫急速繁殖、病人忽然休克以及由量变发展为质变等司空见惯的现象，都可以通过这 7 种模型进行解释，并可以从数量上给出一个确切数学解答。因此基于耗散结构以及协同学、突变论为基础的复杂科学理论可以应用到诸如自然科学、社会科学和生命科学等各种学科中。2021 年物理学诺贝尔奖三位获得者的成果都是突变论模型的应用成果，其中乔治·帕里西（Giorgio Parisi）就是使用蝴蝶型模型"发现了从原子到行星尺度的物理系统中无序和波动的相互作用"，也就是我们常说的蝴蝶效应，并对"地球气候的物理建模，量化可变性并可靠地预测全球变暖"，此模型也可以描述一般的经济学系统。

2.3.4　布鲁塞尔器演化模型

前面给出了涨落和涨落后自组织形态的基本模型，实际应用中涨落是更为复杂多变的叠加结果。自然界中雪花的六角形、DNA 的双螺旋、井井有条的蚁穴等自组织现象屡见不鲜，都是多种涨落的结果。但是自然界中有些涨落导致进化，有些涨落导致退化，这些涨落是不稳定的动力学系统微观层次上产生的涨落在宏观层次的表现。对于开放系统，可能进入的是增加有序度的负熵流，也可能是增加无序度的正熵流。突变的结构有可能是远离平衡的有序发展，也可能是新平衡态下的无序衰亡。我们希望不仅可以用耗散结构理论将这个多彩的世界描述出来，并在参数调整之下，实现系统的进步，将为人类生存和发展创造更好的环境。

普里戈金及布鲁塞尔学派经过多年的努力找到了可以表达耗散结构建立的数学条件、分析方法和模型，这就是"布鲁塞尔器"（Brusselator）模型。这个模型具有普遍意义，它能够描述各种非平衡态下的过程和各个领域的现象，它揭示了事物发展从存在到演化的过程，并且可用数学进行表达，模型的数学方程非常具有代表性，而且适用于热力学稳定性、分支、突变和奇点等分析。下面是贝纳德对流实验的"布鲁塞尔器"模型，见式（2-5）：

$$A \xrightarrow{K_1} X$$

$$B + X \xrightarrow{K_2} Y + D$$

$$Y + 2X \xrightarrow{K_3} 3X$$

$$X \xrightarrow{K_4} E \qquad\qquad 式（2-5）$$

我们可以用布鲁塞尔器描述化学振荡和化学反应时的空间有序结构，其中反应物 A、B 尽管在反应中不断消耗，但由于不断得到外界补充，其浓度在反应中保持不变。而 D、E 是反应产物，一经生成立即取走，只有 X、Y 是反应过程中的产物，可以变化的浓度。四组反应都与 X 有关，第二和第四组反应使 X 减少，而第一、第三组反应使 X 增加。这里最重要的是第三组反应，X 既是反应物也是生成物，虽然它本身参加反应，但是反应完成后，其分子数反而增加了，形成自催化反应环节，自催化反应是化学反应中出现耗散结构的必要条件。第三组反应有 3 个变量同时参加一个反应，这个反应在单位时间内产生出 X 分子的速率正比于 X^2Y，这是一个非线性函数，也是四个反应式中唯一给出非线性因素的反应式，这个式子同时担负了自催化和非线性两项使命，这是布鲁塞尔器的一大特点，因此布鲁塞尔器也被称为"三分子"反应。另外，与 Y 相关的只有第二和第三组，前者导致 Y 的增加，后者导致 Y 的减少。由此，这个化学反应的动力学方程可以表述如式（2-6）[①]：

$$\frac{\mathrm{d}x}{\mathrm{d}t} = k_1 A - k_2 Bx + k_3 x^2 y - k_4 x$$

$$\frac{\mathrm{d}y}{\mathrm{d}t} = k_2 Bx - k_3 x^2 y \qquad\qquad 式（2-6）$$

式中 A、B、x、y 分别为 A、B、X、Y 四种组分的浓度，适当选择组分和时间单位，令动力学常数为 1，可简化为式（2-7）：

$$\frac{\mathrm{d}x}{\mathrm{d}t} = A - Bx + x^2 y - x$$

---

① 此处的举例和公式摘自沈小峰，等. 耗散结构论［M］. 上海：上海人民出版社，1987：67.

$$\frac{\mathrm{d}y}{\mathrm{d}t} = Bx - x^2 y \qquad\qquad 式（2-7）$$

由此看出，布鲁塞尔模型可以充分概括物理化学过程的本质因素，比前面对反应过程的简单分析更能表现出反应过程的现象，又可以通过简单的数学形式进行计算和分析，建立如下动力学方程的定态方程，见式（2-8）：

$$A - Bx + x^2 y - x = 0$$

$$Bx - x^2 y = 0 \qquad\qquad 式（2-8）$$

可以得到定态方程解为：$x_0 = A$，$y_0 = B/A$。利用正则模态分析对系统的稳定性进行分析，则可以得到系统出现自组织耗散结构的条件是：$B > 1 + A^2$。此时，在 (x_0, y_0) 附近的微小偏离都会使反应系统以旋转的形式越来越远离这个定态。但是由于非线性项 $x^2 y$ 的存在，偏离不可能无限增长，最终会被限制在一定范围内，失稳后的系统再也不会进入任何一个新的稳定状态，而只能进入一个随时间周期变化的状态。也就是在周期性变化的每个点上，X、Y 都会有不同的浓度，会随时间周期变化，形成一种自发的运动变化状态，我们称为一种自组织状态。而 $B = 1 + A^2$ 为从热力学分支到耗散结构分支的分岔点，这个分岔点我们称为突变。

布鲁塞尔模型不仅可以描述化学反应，也可应用于生物学以及社会学等领域的分析。在对社会系统的分析时，有人用布鲁塞尔模型来进行创新能力提升的研究，例如将 A、B 设为企业所遇到的两类与创新有关的问题，并代表两类问题的"浓度"，也就是问题的程度。X、Y 为企业的两种创新模式；D、E 为企业创新能力的提升；K 为催化剂（创新机制）。把企业创新模式的演变用布鲁塞尔器描述，并通过动力学公式以及定态点的分析，找出耗散结构分支的自组织状态，从而进行创新能力的改善。[①]

生物系统也是远离平衡态的开放系统，动物界的生存竞争是生物进化的原动力。自然界是一个生态平衡的大系统，任何生物的生存都不是个体单调变化的过程，都离不开生物系统的自组织原则。基于布鲁塞尔器的罗卡尔-沃尔特

---

① 武志勇，等. 基于布鲁塞尔器的企业创新能力形成机理分析 [J]. 科技信息（学术版），2008（16）：345.

拉（Lotko – Volterra）模型就解释了生物振荡循环的自组织现象。这个模型也被称为猎食者-猎物模型，假定有 x、y 两种鱼，x 鱼吃微生物，y 鱼专吃 x 鱼，它们之间的生存关系可以用布鲁塞尔模型表示为式（2-9）：

$$A + x \xrightarrow{K_1} 2x$$

$$x + y \xrightarrow{K_2} 2y$$

$$y \xrightarrow{K_3} E \qquad\qquad 式（2-9）$$

x 鱼吃微生物 A 会繁殖，而又会被 y 鱼吃掉，而 y 鱼太多会导致 x 鱼的减少，没有 x 鱼的话 y 鱼又会无法生存 E。这样的生态竞争有很多，例如羊吃草、山猫吃山鼠等都是此类问题。由组方程可以看出，第二组形成了自催化和非线性特征，因此，这个问题也是耗散结构问题，给出简化的动力学方程，见式（2-10）：

$$\frac{\mathrm{d}x}{\mathrm{d}t} = k_1 Ax - k_2 xy$$

$$\frac{\mathrm{d}y}{\mathrm{d}t} = k_2 xy - k_3 y \qquad\qquad 式（2-10）$$

得到定态解是：$x_0 = 0$，$y_0 = 0$ 以及 $x_1 = k_3/k_2$，$y_1 = k_1 A/k_2$。显然，$(x_0，y_0)$ 是不合理的，而 $(x_1，y_1)$ 刚好是生态平衡合理的定态。A 产生的 x 鱼正好抵偿被 y 鱼吃掉而损耗的 x，而 y 鱼吃掉的 x 正好补偿了 y 鱼的自然死亡。这个系统在 $(x_1，y_1)$ 处的偏离都会导致最终返回此点的循环振荡。但是这个循环振荡与上述的化学实验不同，如果把 A 视为固定常数，则这个循环振荡完全是 x 和 y 之间的内部相互作用的自组织行为。

普里戈金还利用耗散结构理论研究了白蚁等低等生物的社会行为，一个白蚁非常渺小，但是白蚁搭出的蚁穴可达数吨之重，人们奇怪：是什么力量协同了数百万之众的白蚁们完成这些创举的呢？散布在漫山遍野的每个白蚁应该是各自为政随机运动的均匀分布、无序运动的群体，但是假设通过气味的传递发生聚集，并吸引其他白蚁，一旦越过某个临界参数，这个均匀分布就会被打破，代之以稳定的不均匀空间花样，也就是形成蚁群的队形。生物学家们认为蚁穴建巢可以分为建巢材料是均匀随机存放的，并且白蚁偏向于把新的材料堆向更大块的材料上，使材料越堆越大。这两点正是类似于自催化的自组织状态，使在建巢过程中虽然没有指挥官，没有班长、工头等，但靠本能也会形成这种自组织状态的循环。根据这些线索可以设定白蚁密度 C、建筑材料 P 和建筑材料发出的气味 H 等三个相关变量，再假定这几个变量与时间 t 的关系，第一是搬运建筑材料快慢 k_2P 与白蚁数量成正比 k_1C，第二是建筑材料气味 k_3P 以及气味会随时间减少 $-k_4H$，第三是气味 H 会引来白蚁 $\beta\frac{\partial}{\partial r}\left(\frac{\partial H}{\partial r}\right)$，第四是白蚁和气味本身都具有随机扩散的特征满足最简单的扩散方程，可以建立三个变量的扩散动力学方程，见式（2-11）：

$$\frac{\partial P}{\partial r} = k_1C - k_2P$$

$$\frac{\partial H}{\partial r} = k_3P - k_4H + D_H\frac{\partial^2 H}{\partial r^2}$$

$$\frac{\partial C}{\partial r} = \Phi - k_1C + D\frac{\partial^2 C}{\partial r^2} + \beta\frac{\partial}{\partial r}\left(C\frac{\partial H}{\partial r}\right) \qquad 式（2-11）$$

上述三个方程分别表示了建筑材料的变化过程、气味的传播和不断进入与走出的白蚁，同前面一样也是首先找到动力学方程中 H、C、P 都为常数的定态解，它对应于白蚁的随机游动状态（无序态），在一定条件下这个定态是稳定的，当 P 积累到足够大，在某处出现了一块大且密度高的建筑材料 P 后，原来的均匀就表现出不稳定，整个方程就要朝更不稳定的方向发展，这时主柱、墙、拱形会陆续产生，宏观结构逐步出现，这就是蚁巢的形成过程。上述步骤也是一个简单的描述处理，它的数学处理是非常复杂的，动力学方程中由于有气味扩散等相关过程，需要增加 H 和 C 遵循的斐克（Fick）扩散定律等内容，方程会进一步复杂，在此不做详述，有兴趣可参考相关书籍。

白蚁只是一个例子，大自然是由千千万万个这种巧夺天工的奇妙过程组成，我们常见的蜜蜂巢也是这样，利用耗散结构的自组织过程还可以描述雪花、冰凌等许多自然界的生成过程，特别是在微生物世界无数低级无序的微小生物的相互作用，通过自发的自组织作用，形成高级有序的生命体，我们人类的生命体也是由这些原理组成。

2.3.5　生命的自组织进化和超循环体系

生命是一个复杂的自组织系统，虽然动植物的种类有数百万之多，但是所有的细胞都只有一种形式和一套通用的遗传密码 DNA，而生命就是由这些基本元素形成一套有生命节奏的自组织结构，在不断地实现生命基本单元的复制、再生、突变和选择的循环演化过程。达尔文提出的适者生存、优胜劣汰的进化论以及现代遗传学的复制突变导致进化的理论都无法证明生物进化的统一性，而基于耗散结构熵增熵减演化思想的超循环理论为我们认识生命起源和未来发展开辟了一条很好的通路。前面对耗散系统的描述可以看出自然界的各种现象都可以用相关的数学（符号逻辑学映射）、物理（对流）和化学（B–Z反应）的动力学模型来描述，而在所有的动力学结构中"生命"的结构更加特殊复杂。20世纪70年代初诺贝尔化学奖获得者德国化学家曼弗里德·艾根根据20世纪40年代以来分子生物学和分子生物物理学发展的最新成就，与达尔文的进化学说相结合，并从系统论、信息论、控制论的基本原理出发，用非线性方程描述了经过循环联系把自催化和自复制等循环单元连接起来的生物大分子系统循环机理，提出了超循环论。其1977年发表的《超循环——自然界的一个自组织原理》的论文，系统地阐述了超循环论的基本内容和特点，并从生命的角度回答了自然界中存在的从无到有和从无序走向有序的规律问题，超循环论也成为现代自组织理论和系统科学理论的重要组成部分。

现代生命科学认为生命的发展过程分为化学进化和生物学进化两个阶段，也就是无机分子逐渐形成简单的有机分子，原核生物逐渐发展为真核生物，单细胞生物逐渐发展为多细胞生物，简单低级的生物逐渐发展为高级复杂的生物的进化过程。生命现象中包含了许多由酶的催化作用所推动的各种循环，由基层的循环组成高层次的循环，艾根的超循环理论认为物质之间的相互作用和因果转化构成循环，循环按照从低级到高级的顺序可以分为反应循环、催化循环和超循环。反应循环是指反应物在催化剂酶的作用下生成产物，而酶在反应后回到原来状态继续参加下一次反应，在整体上这是层次最低的循环，是生命体第一特征新陈代谢的自我再生过程，基本涉及的是生命的内部机制。催化循环是在反应过程中至少存在一种中间物能够对下一步的反应进行催化的反应循环，是一个能通过指令进行自身复制的具有自催化剂功能的实体，比反应循环具有更高级的循环组织形式，它具备了生命的第二特征自复制功能。超循环是将自催化或自复制单元连接起来的循环系统，其中每一个复制单元既能指导自己的复制，也能对下一个中间物的产生提供催化，因此，超循环不仅能自我再生和复制，而且能自我选择和自我优化，使系统进化到高度有序的自组织系统，超循环相应生命形态的第三个特征突变性。艾根认为超循环描述了自然现象的自组织原理，它是一组功能上耦合的自复制体经过整合实现进化的结构体，其中的类似于达尔文理论的拟态突变体一旦聚集起来，经过基因复制及特化等循环过程就会进化到更复杂的程度。① 我们知道，进化论提出的自然选择原理也是以自复制为基础，超循环论实现了自组织系统理论与进化论的统一。

生命中统一的遗传密码称为遗传信息，而生命的维持就是遗传信息的转录和复制的过程，同时在处理遗传信息时又会有微小的误差使复制产生变异，这种变异和选择的过程成为生命发展进化的机制。如核酸就是从 DNA 向 RNA 转录自复制模板，通过翻译指令使氨基酸形成序列产生蛋白质的自复制体。艾根利用生物大分子自组织的基本要求建立生物进化变异模型，以一定的概率分布将关系密切的分子种组合起来，以自复制子单元最大信息容量为信息选择的上限，超过上限就不能保证拟种内部的稳定性，提出一组唯象数学模型，用超循环理论研究生物分子信息的起源和进化。

艾根用超循环概念以及自组织理论的数学方法定量表达了达尔文进化论，将进化论的优胜劣汰的自然选择和进化核心表达出来，表达了生命系统自身具有的代谢作用、自复制能力和突变性。这里说的代谢作用是指分子独立自发的合成与分解时的选择功能，分解后的物质在其他竞争者的参与下，给合成新分子时提供了选择的可能性，选择只在这种中间态才起作用，选择使一些物质生成高能前体，而又将一些物质分解为低能废物。这也是薛定谔所说的通过平稳地抵偿熵的产生来保持生命系统充分的远离平衡态。自复制能力是指竞争中的分子结构需要有一种内在的能力指导物质自身的合成，可以看出这是一种内部存在的自催化功能，自复制不仅保留了自身信息的积累，并当出现新的有利于突变体的单一拷贝时，即会失去稳定性，产生新的选择。突变性作用是指在外界噪声条件（例如温度、紫外线照射等）影响下会出现复制过程中精度、速度

① ［德］M. 艾根，P. 舒斯特尔. 超循环论［M］. 曾国屏，沈小峰，译. 上海：上海译文出版社，1990：3.

等误差，这个误差使复制结果发生变化，它是新信息的主要来源，是进化的基础，复制误差的积累会发生突变。由于复制中的每个步骤所需的相互作用能会受到热能的限制，因此，复制中的突变会有阈值，而且在阈值处的进化是最快的，除非原有信息全部丢失，也许会越过阈值变成完全不同的物种。通过上述对代谢、复制和突变的分析，可以得到物种进化的动力学公式表达，即式（2-12）：

$$\frac{\mathrm{d}x}{\mathrm{d}t} = (A_i Q_i - D_i)x_i + \sum_{k \neq i} w_{ik}x_k + \Phi_i \qquad \text{式（2-12）}$$

x_i 代表某个群体的变量或浓度，i 代表这个群体区分的自复制分子单元或特有信息。$A_i Q_i x_i$ 是代谢时分子种类的自发合成，$D_i x_i$ 表示分解，其中，A_i 是合成 i 类分子所必需的某种高能原料浓度的计量函数，必须平稳提供这种高能原料物质流，与 x_i 是线性关系，代表自催化的最简单形式，D_i 是包括酶促反应等自发的分解，与 x_i 也是线性关系，Q_i 是质量因子，表示该复制导致 i 的准确性，取值范围在 0—1 之间，反过来 $A_i(1 - Q_i)x_i$ 则反映了复制误差的程度，这个进化误差导致 i 的亲戚 k 群体区分的出现，因此，$A_i(1 - Q_i)x_i$ 可以表示为个体突变函数 $\sum_{k \neq i} w_{ik}x_k$，$x_k$ 是错误复制产生的亲属群体，w_{ik} 是个体突变速率参数。个体流或运输项 Φ_i 是非化学反应的供给或移走的物质流，为高能原料平稳地提供物质流但又是代谢中必然出现的现象。所以式（2-12）表达了生命过程的三个主要部分，$(A_i Q_i - D_i)x_i$ 表达了正常的复制代谢，$\sum_{k \neq i} w_{ik}x_k$ 表达了错误复制的突变，Φ_i 表达了物质流的供给或移除，这里只是最粗略的函数方程，其中每个子项都包含了更多的浓度和反应函数。Φ_i 就是我们通常说的生命的负熵，调节 Φ_i 的流量可以使生命的能量得到平衡，调节 A_i 的流量可以使合成复制处于恒定的缓冲水平，令 $W_{ii} = A_i Q_i - D_i$，W_{ii} 表达了正确复制和分解的差，称为内在的选择价值，动力方程的定态解 x_i 形成 A_i、D_i 和 Φ_i 之间的约束关系，使得系统整体上处于一种恒定的总组织约束水平。①

生物体在分子水平上就携带了大量信息，可以把物种定义为具有一定信息量的复制单元，通过从符号排列的相似关系导出拟种的信息，遗传复制的过程就是将原有信息转录到新载体上的过程。遗传复制时总会有一部分信息出现复

---

① ［德］M. 艾根，P. 舒斯特尔. 超循环论 ［M］. 曾国屏，沈小峰，译. 上海：上海译文出版社，1990：24-74.

制错误，需要阻止循环复制过程中积累更多的错误，也就是需要产生有利于正确的野生型复制，使之能与错误复制进行竞争。因此，前述的 W_{ii} 表达的选择是有效信息的传递，表现出特殊的动力学性质和相关性，其中的 Q_i 表现的信息量可由信息熵 $S = -k\sum_i p_i \ln p_i$ 给出。但是稳定的野生型信息量是有限的，系统的进化被限制在最大信息量的阈值所确定的某一复杂性水平上。只考虑基因自身的物理力，其复制能力是有限的，因此只有催化支持才能保证复制精度，为了适应进化，催化剂也是可复制的。

可以看出，上述动力学方程描述了进化论中代谢、复制和突变的过程，然而，适者生存的进化论真正的选择动力源于"拟种"。由于事物都不是孤立存在的个体，物种之间都存在耦合，物种总群体数的守恒迫使物种之间进行竞争，所以拟种在不同群体之间的关联选择过程中，会出现相互之间的影响或偏离轨道而产生协同下的突变。因此，适应拟种的突变都是由许多种自复制单元组成的协同系统带来的，只有超循环机制才能满足这种需求，也就是超循环是在达尔文系统自复制产生信息的基础上，实现更高层级循环的组织系统。超循环是把自催化或自复制单元连接起来，其中每一个自复制单元既能进行自我复制，又能对下一个中间物的产生提供催化帮助。如前面所述核酸通过对氨基酸进行编码翻译形成蛋白质，但核酸序列的自复制过程不是直接进行的，而是通过所编码的蛋白质去影响另一段核酸的复制。超循环过程中不断催化出新的自复制单元，构成了超循环结构的多组元耦合而成的多层次特征，内部形成了复杂的非线性相互作用，同时，外在环境的变化对也会对自复制单元产生类似于"拟种"的影响，正如熵理论所指出的，内在随机性和外在干扰都会给超循环结构施加"扰动"，使复制产生误差。自复制单元在复制过程中出现的误差会导致基因突变，因此，抵制误差积累是保证正确自复制的基础，反之误差产生的基因突变也是导致进化的基础。所以，超循环的过程可以描述为自复制符号整合成自复制单元，自复制单元抵制了误差的积累使自己稳定以后又去影响另一个自复制单元的复制，不断循环往复形成更高级的自催化组织形式，也形成了生命的超循环演化过程。由此看出，生命中超循环的自我复制、自我选择和自我优化的过程是使生命向更高的有序状态发展的过程。因此，从一般动力学系统进行分析的话，可以设 n 个一阶微分方程为：$\dfrac{\mathrm{d}x_i}{\mathrm{d}t} = \Lambda_i(x_1, \cdots, x_n, k_1, \cdots, k_m; B)$。

其中，$x_i(i = 1, 2, \cdots, n)$ 代表某个群体的变量，通常涉及大分子集合体。$k_i(i = 1, 2, \cdots, m)$ 是参数，这些参数包括了基本过程的速率常数、可逆并快速建立反应步骤的平衡常数以及作为合成大分子原料的分子浓度等，x 和 k 也就是前面所说的动力学方程的控制参数和状态参数，方程中的 B 表示为曲线集合的初始条件，在本式就是起始浓度 x_0 的集合。按照前面的分析，可以将方程分解为进化方程的三个部分 $\Lambda_i = A_i - \Delta_i - \Phi_i$，其中 A_ix 构成了化学反应速率的所有正贡献，与 x 成正比是放大作用，Δ_ix 是所有的负速率项，Φ_i 是外部约束对系统的影响。达尔文系统认为自复制体为选择而竞争并且稳定的野生型信息是有限的，参照对达尔文系统的分析可以看出 $A_i - \Delta_i$ 可以称为净增长函数，可以由 $w_{ii} + \sum w_{ik}x_k$ 给出，也称所有物种从 $k = 1, \cdots, n$ 求和时，$E = \sum\limits_{k=1}^{n} A_k x_k - \sum\limits_{k=1}^{n} D_k x_k = \sum\limits_{k=1}^{n} E_k x_k$ 为超额生长函数，$\Phi_i x$ 代表了约束条件。在不考虑约束条件的情况下，把 Λ_i 表示成 x_i 的多项式，Λ_i 的首项可以记为 x_i 的 p 次方的幂级函数 $\dfrac{\mathrm{d}x}{\mathrm{d}t} = kx^p$，$x$ 在浓度范围内起着主导作用。通过对 $\dfrac{\mathrm{d}x}{\mathrm{d}t} = kx^p$ 的分析，可以看出 $p = 0$ 是恒生长速率，$p = 1$ 是线性生长速率，$p = 2$ 是非线性生长速率。但 x 只是状态参量，而且状态参量 $x_1, \cdots, x_n$ 的个数不同，也会产生不同的结果，同时控制参量也起着决定方程轨道的作用。恒生长速率代表了群体随时间线性增长 $x = x_0 + kt$，在恒组织约束下会使系统所有伙伴稳定共存，优势突变虽然会改变这个稳定，但是不会导致整个系统不稳定。线性生长速率对应生物群体会按指数增长 $x = x_0\exp(kt)$，结果会导致竞争和最适选择，当有利突变体的出现动摇了现有群体时，会取而代之。非线性生长速率是双曲线生长 $x = x_0(1 - kx_0t)^{-1}$，因此会导致突变和选择，正如前面叙述的突变奇点轨道的变化那样，选择的最终结果会对应某个稳定的状态，产生超循环特有的一旦选择则永久稳定的"一旦—永存"的选择机制。生命是许多物种共存的群体，协同耦合的形式也非常复杂，此处只进行了非常简单的提示，超循环的定量表达式从数学上证明了进化中自催化速率、自催化复制、拟种突变、分解、外部约束和随机涨落处理等内容。

　　生命的进化是非常复杂的，复杂性在于生命物质是自发性进化过程。试想如果用英文字母在完全随机状况下组合出一个单词，假设每个字母都有相同概率，则随机组合成一个词的概率是非常小的，例如，对于"origins"这个单词的随机组成概率仅仅是100亿分之一。而一个人有60万亿左右个细胞，每个细胞核内又含有组成DNA的30亿左右碱基对的序列，假如"origins"作为DNA的一个片段，且由于气温、大气压强和空气酸度等许多局部环境状态的影响，实际上生命的原初化学单体出现的概率也不会相等，生命是在浩瀚的宇宙中成功概率接近于零的状况下起源的，所以可想而知生命的进化会有多复杂和漫长。但是，选择机制加快了生物进化的速度。人们经常用"麻将原理"来形容选择机制，也就是，假如麻将牌只发牌不打牌，只要没有"和"牌就再重新发牌，可想而知，出现"和"牌的概率非常小。但是只要打牌，通过选择淘汰不要的牌，就可以很快逼近"和"牌的状态，不管开始手中的牌有多差，总能在有限步骤内实现"和"牌。[①] 麻将原理只是用来说明选择机制可以加快进化概率的简单实例，由于生物体的复杂性，人们一直无法解释在如此复杂的生物体中，进化论自然选择机制支配下的多样性选择丝毫没有破坏生命体在亚细胞水平上的一致性，正是超循环理论揭示了多年来困扰人们的生命起源之谜。基于物理学和生物学理论，并经过大量实验检验的超循环理论证明生物体内高度的统一性不是一下子形成的，第一个活细胞是长期进化过程的产物，在进化中必定包括许多单个的但不是独一无二的步骤，遗传密码便是多步进化的结果。可以说超循环就是生命起源的具体机制，是生命起源的自组织理论。超循环理论也告诉我们生命的复杂性并不神秘，是由简单性发展变化而来，生命的高度有序性是在非线性机制作用下演化而成的。超循环论是透过生物复杂性和有序性的现象，揭示了生命起源和进化的本质，为我们理解生命的特殊性提供了新的理论指导和启示。

　　在超循环论基础上，哈肯也用数学方法讨论了神经元和它们之间的协作，基于大脑神经网络系统的功能特点以及支配知觉及思维的大脑中各子系统的协同作用结果，用协同学基本方程定量导出洛伦兹蝴蝶模型，认为其中两翼对应

---

① 赵南元. 认识科学揭秘：认知科学与广义进化论（第二版）[M]. 北京：清华大学出版社，2002：17.

于大脑的两个半球，两翼之间的跳来跳去形象地描述思维，由此说明生命在于混沌中的协同。这将有助于建立认知过程的动力学，进而破译精神与物质这个永恒的难题。

2.4　信息熵在熵理论中的地位和作用

近代科学思想认为一切事物的运动变化都是通过力的相互作用产生的，无论是牛顿的能量计算还是爱因斯坦的质能转化，都是在力的作用下才能发生，而熵增熵减的变化运动的动力是信息熵，信息熵和力一样不仅是事物相互作用的终极原因，而且是比物理力更高级的可以广泛应用于人类社会的驱动力。耗散结构理论本身虽然没有给出任何与信息相关的论述，但是从理论上和数学表达上与熵的一致性使物质和能量与信息得到了统一，这是自哥白尼、牛顿、爱因斯坦以来人类思想的一次重大"转向"，它把人类科学思想从决定论思维转向演化论的思维方式，是从确定性思维转化到不确定性思维方式，从科学的角度验证了马克思主义对机械唯物主义思想的批判。而耗散结构经过负熵而产生的确定性、有序性和自组织性的自然观其背后起作用的就是信息，所以耗散结构理论是把信息作为力而成为将世界联系起来的基石。

2.4.1　信息负熵驱动了从混沌到有序的演化

信息如何上升到物质之间力的作用上，首先必须实现动力学与信息的统一。前面说的基于动力学模型的非平衡态、涨落、突变以及轨道等问题，虽然说到了熵增熵减的变化，但是似乎都没有涉及信息熵的作用，信息负熵如何体现在系统的演化过程中，托姆在《信息与自组织》一书中用协同学理论对信息与自组织和动力学的关系进行了研究。

首先，设想香农的信息熵是在一个封闭的空间 Z 中有 N 个元素，N_j 是任意一个元素，假设每个元素出现的平均概率是 P_j，则 $P_j = \dfrac{N_j}{N}$，系统的平均概率信息熵为 $p = -\sum_j P_j \ln P_j$，如果 Z 是一个由 N 个字母组成的单词，则信息熵表达的只是它的信息量，与信息要表达的意义无关。

其次，我们再看看信息熵与非线性方程的关系，前面在分析式（2-3）$\dfrac{\mathrm{d}x}{\mathrm{d}t} = (A - Ac)x - x^3$ 方程时，$x_0 = 0$ 是不稳定热力学分支的平衡态位置，而 $x_{1,2} = \pm\sqrt{(A - Ac)}$ 则是在通过 x_0 的位置，随着 A 从 $A < Ac$ 状态逐渐向 $A > Ac$ 转化，将系统的变化向耗散结构分支的非平衡态位置演化，因此，$x_{1,2} = \pm\sqrt{(A - Ac)}$ 可以称为演化方向的吸引子。根据前面的分析，吸引子可以是点，也可以是极限环，或者是环面等。我们可以把 x_0 称为事件的消息，把吸引子称为消息的语义。一个吸引子可以对应多个消息，称为消息过剩，而一个消息如果对应多个吸引子则表明消息语义模糊，这个消息的澄清需要多级涨落实现。

最后，将信息熵与消息和吸引子（语义）对应起来，可以用消息对吸引子的"相对重要性"进行分析。对于消息对应的多个吸引子，如果确定了每个吸引子的"相对重要性"，也就确定了消息对应的演化方向。设有 N 个吸引子，每个吸引子的概率 $P_j = \dfrac{N_j}{N}$，$\sum\limits_j P_j = 1$。P_j 的分布概率取决于事件的动力学方程的轨道，假设收到消息 j 后，系统达到吸引子 k 上，对于该过程赋予矩阵元 $M_{jk} = 1$ 或 0，表示消息到吸引子的连接概率。如果考虑系统的内部涨落，单个消息可借助于涨落将系统驱动到几个不同的吸引子上，其中的每个吸引子具有分岔率 M_{jk}，且 $\sum\limits_k M_{jk} = 1$。对于停留在 j 的消息点的第 0 个吸引子 q_0 来说是无用或者无意义的消息，而除了 q_0 以外的其他吸引子的可能概率数值为 $0 \leqslant \sum\limits_k P'_k \leqslant 1$，对于消息的"相对重要性" P_j 有：$P_j = \sum\limits_k L_{jk} P'_k = \sum\limits_k \dfrac{M_{jk}}{\sum\limits_{j'} M_{j'k} + \varepsilon} P'_k$，其中 ε 是在分子分母都为零时的保持确定值项，当 $P'_k \neq 0$，可使 $\varepsilon \to 0$，则至少有一个 $M_{jk} \neq 0$，可证 P_j 是归一化的，则有 $\sum\limits_j P_j = \sum\limits_{kj} \dfrac{M_{jk}}{\sum\limits_{j'} M_{j'k} + \varepsilon} P'_k = \sum\limits_k \left(\sum\limits_j \dfrac{M_{jk}}{\sum\limits_{j'} M_{j'k} + \varepsilon} \right) P'_k$，若 $\sum\limits_j \dfrac{M_{jk}}{\sum\limits_{j'} M_{j'k} + \varepsilon} = 1$，则结果为 $\sum\limits_j P_j = \sum\limits_k P'_k$。上述公式可以看出，$\sum\limits_j P_j$ 与 $\sum\limits_k P'_k$ 的差异是由 $\sum\limits_j \dfrac{M_{jk}}{\sum\limits_{j'} M_{j'k} + \varepsilon}$ 的取值确定的，其取值范围应在 0 和 1 之间。当多个系统进行耦合时，这个取值可以用来确定系统的耦合程度，而 $\sum\limits_j P_j$ 与 $\sum\limits_k P'_k$ 的差异就是消息对吸引子的"相对重要性"。

根据上述分析，我们可以推算出 $\sum_j P_j$ 与 $\sum_k P'_k$ 的关系有小于、等于和大于三种可能，分别对应着动力学系统是湮灭了信息，还是使信息守恒，或者是产生了新信息。哈肯不仅在系统中引入的消息相对重要性的概念，也提供了吸引子的概率 P_j 的确定性算法，我们也可以通过信息熵算法计算出消息的信息量，设 $\sum_j P_j$ 与 $\sum_k P'_k$ 的信息熵方程分别为：$S^{(0)} = -\Sigma P_j \ln P_j, S^{(1)} = -\Sigma P'_k \ln P'_k$，此时也会有如上三种情况，$S^{(1)} < S^{(0)}$ 则称为信息湮灭，$S^{(1)} = S^{(0)}$ 则称为信息守恒，$S^{(1)} > S^{(0)}$ 则称为信息产生。由此我们可以用消息的方法进行信息量的计算，例如两个消息导致同一个吸引子，信息过剩导致信息量变少，则 $S^{(0)} = -k\left[\frac{1}{2}\ln\left(\frac{1}{2}\right) + \frac{1}{2}\ln\left(\frac{1}{2}\right)\right] = k\ln 2$，而 $S^{(1)} = -k \cdot 1 \cdot \ln 1 = 0$，则有 $S^{(1)} < S^{(0)}$ 导致信息量变小。相反，若只有一个消息 $P_j = 1$ 对应 2 个吸引子 $P' = P'' = \frac{1}{2}$，于是有 $S^{(0)} = -k \cdot 1 \cdot \ln 1 = 0$ 和 $S^{(1)} = -k\left(\frac{1}{2}\ln\left(\frac{1}{2}\right) + \frac{1}{2}\ln\left(\frac{1}{2}\right)\right) = k\ln 2$ [①]，导致信息增加。

哈肯的协同学通过吸引子 P_j 的概率计算使 P_j 具有了一定的实际意义，可以设想某个任务的过程就是系统的系综，这个算法可以使我们挑出具有最大 P_j 的消息，当然，如果有同样大小的若干个 P_j，则还可以根据其他偏好进行进一步选择。这种方法将信息的语义学变成为研究动力学系统的吸引子问题，可以通过信息量的增减对系统的演化过程进行调节，例如把未能趋向于吸引子方向的趋势拉到吸引子的区域内，使系统进入正确状态。

非平衡态下的自组织状态形成有序，用消息和吸引子的方法可以计算维持自组织有序状态的信息量。例如在进行激光实验时，低能态原子数为 N_1，高能态原子数为 N_2，则有 $N = N_1 + N_2$，$P_j = \frac{N_j}{N}$，$j = 1$，2，每个原子的信息量为 $i = -P_1\ln P_1 - P_2\ln P_2$，而所有的信息量为 $I = -N(P_1\ln P_1 + P_2\ln P_2)$。通过受激辐射发射光子，设光泵引入的光子数为 n，高低能级的光子反转数 $D = N_2 - N_1$，光

---

① ［德］H. 哈肯. 信息与自组织［M］. 成都：四川教育出版社，2010：33，44.

子的增加速率为 $\dfrac{\mathrm{d}n}{\mathrm{d}t} = WDn - 2kn$，其中 W 是光子产生的速率常数，$2kn$ 是光子

通过反射镜时的损失，可知 $D = \dfrac{2k}{W}$ 处是消息的触发点 D_0，可以看出 D_0 是个常

量，不会再随着受激辐射增大，所有从光泵输入的多余能量都被转化为相干光

子，开始出现激光。因此，有关系式 $N_1 = \dfrac{1}{2}(N - D), N_2 = \dfrac{1}{2}(N + D)$，则其概

率为 $P_1 = \dfrac{1}{2}\left(1 - \dfrac{D}{N}\right)$, $P_2 = \dfrac{1}{2}\left(1 + \dfrac{D}{N}\right)$，将其带入信息熵公式 $i = -\dfrac{1}{2}\left(1 - \dfrac{D}{N}\right)$

$\ln\dfrac{1}{2}\left(1 - \dfrac{D}{N}\right) - \dfrac{1}{2}\left(1 + \dfrac{D}{N}\right)\ln\dfrac{1}{2}\left(1 + \dfrac{D}{N}\right)$。这就是为了维持相干状态光子的信息

产生率，这里假设了每个光子携带一个信息元的符号，把信息作为光泵的强度

函数进行研究。

我们前面对方程的讨论都是由微观世界到宏观世界的规律变化，下面讨论

能不能找到一个从宏观规律入手对微观状态进行求解的方法。1957 年美国数学

家加尼斯提出了最大熵原理，简单说就是在进行一件事情时，在可知条件的范

围内，尽量选取最保险的方法。即在满足一定条件的状况下，在所有可行的解

中，应该选取其熵最大的一个，因此，最大熵就是选择随机变量统计特性最符

合客观情况的准则。例如抛掷骰子，如果我们预测每个面朝上的概率分别是多

少，则都会认为是等概率，从信息熵的角度就是保留了最大的不确定性，是让

熵达到最大。由信息熵公式 $S = -\Sigma P_i \ln P_i$ 可知，当 P_i 取值为平均概率情况时信

息熵 S 有最大值，也就是离散变量的情况下，等概率的熵为最大值。

假设随机变量 X 取值 x_1, x_2, $\cdots$, x_n，确定 X 的概率分布为 p_1, p_2, $\cdots$,

p_n，可以设定系统的随机变量符合方程 $S(p_1, p_2, \cdots, p_n) = -K\sum\limits_{i=1}^{n} p_i \ln p_i$，最大熵的

约束条件 $\sum\limits_{i=1}^{n} P_i = 1$，这也是客观事实。按照拉格朗日乘子法，求得 $p_i = \dfrac{1}{n}$,

$(i = 1, 2, \cdots, n)$，则可以得到一组使熵达到最大的概率分布，使 $-\Sigma P_i \ln P_i =$

$Extr!$，将前面的 $\sum\limits_{i=1}^{n} P_i = 1$ 乘以待定的 λ 并与此公式联立，得到 $-\Sigma P_i \ln P_i +$

$\lambda \Sigma P_i = Extr!$"，于是有 $P_i = \exp(\lambda - 1)$。这个使熵最大的概率分布就意味着找

到了一个最可能符合的客观规律，这个最大熵也是系统处于最混乱和最无序的

稳态。

可以通过最大熵与自组织理论的动力学方程相关联，得到微观元素的状态。对于信息的基本表达式 $S = - k_B \sum_i P_i \ln P_i$（由于是分析粒子元素的微观状态，可以令前述公式中的常量 K 为玻尔兹曼常数 k_B）的核心问题是如何找出 P_i，首先我们可以根据前面的讨论，列出不同系统的动力学方程，例如此处可以设粒子在某处的平均动能为 $E = \sum_i P f_i$，其中 P_i 是粒子出现的概率，f_i 是粒子的质量和速度的函数，$f_i = m v_i^2 / 2$，对于每个 f_i 总会有其对应的 $f_i^{(k)}$，$k = 1$，2，$\cdots$，M，表示位置、密度、动能等特征参量。在满足了特征参量的情况下，可以设定 $f_k = \sum_i P_i f_i^{(k)}$，而且有 $\sum_i P_i = 1$ 约束项，经过拉格朗日乘子法求解方程并代入信息熵方程，得到 $\delta \left[\frac{1}{k_B} S - (\lambda - 1) \sum_i P_i - \sum_k \lambda_k \sum_i P_i f_i^{(k)} \right] = 0$，再经过微分和合并等步骤得到最大熵极值公式 $\frac{1}{k_B} S_{\max} = \lambda + \sum_k \lambda_k f_k$ [1]，最大信息熵可以用某一特征状态下的动量 f_k 的平均值和拉格朗日参数 λ_k 表示，而 λ_k 在力学中的物理意义就是力。所以，通过简要的分析，可以看出哈肯是将动力学问题转化为信息熵问题，从而通过求解最大信息熵得到系统的微观状态解，这种解法对于热力学和不可逆热力学以及非平衡态相变都是可行的，但在非平衡相变处理中需要采用二阶矩阵形式，在阈值和阈值以上处以 $\exp(\lambda_k \mid b \mid^2)$ 的积分发散，反映了临界涨落效应，因此需要考虑建立合适的约束项。上述的数学推导中使用的都是离散变量的方法进行分析的，如果采用连续变量的方法则信息熵方程可以写为 $S = - k \int p(x) \ln p(x) \, dx$ 的形式，分析方法请参考相关资料，此处不再重复。

自组织理论不仅可以通过微观状态推导出宏观轨道，相反也可以从最大熵体现的系统演变规律，反向求知概率分布函数，这就是自组织理论中的从宏观世界出发，导出微观世界结论的方法。最大信息熵原理使人们通过宏观量可以对微观状态概率作出公正的评估，这个原理不仅广泛地应用于科学技术研究，也是经济学、管理学等许多社会科学宏观调控的计量手段。

经过上述信息在自组织系统中作用的分析，可以看出在系统内各种因素的

---

① ［德］H. 哈肯. 信息与自组织［M］. 成都：四川教育出版社，2010：86.

关系上，信息的作用是推动和引导事物运动变化和发展的动力。近代物理学证明，世界上一切物质之间都存在相互关系，关系之间的相互作用力形成物质的永恒运动，相互作用形成物体的机械运动、热运动、电磁运动、原子运动以及亚原子运动等物质运动，不同运动表现出不同的物质形态，运动不仅使物质和生命产生和进化，也促进了社会的进步和发展。至今为止，无论是牛顿力学，还是狄更斯光的波动学，或是麦克斯韦的电磁学说，直到量子学说，所有的科学学说都没有超出"力"的范围，但是各种力的学说又陷入了各自解释的分裂状态，爱因斯坦用了 30 年也没能建立起一套把所有的力统一起来的理论。

2.4.2　信息熵是推动事物发展运动的动力

信息理论的出现为人类认识力的统一向前迈进了一大步。信息是具有更宏观更高层次的相互作用，而物理的力是低层次的相互作用，信息不仅描述了物理状态的作用力，也表现出社会等抽象意义上的相互作用。控制论的创始人维纳告诉我们，就像连接物质世界的是相互作用力一样，连接社会的"力"是信息。信息即表现为认识主体与客体之间的相互作用，也表现出人的感官、辨别和思维的状态，更表现出物质本身的相互作用，这种高层次的作用表现在结构形态、因果、规律等方面。所以，信息继承了力学原理对全部自然科学数量化的传统，进而把数量化推向了人体学、智能科学和社会科学等人类自身的科学。

现代信息理论的诞生预示着力学又迈向更高的层级，信息为整个物质世界和人类社会建立起普遍的联系，展现出事物的本来面貌，信息承认规律的统计性质，使人们可以看到事物内在的某种定向的选择性。通过这种定向选择，不仅可以解释微观世界的量子特征，也可以为人们提供解释从无机物向有机物转化的可能，使人们找到生命起源又向前迈进一步。因此，信息的本质和力的本质是相同的，同样都是物质世界普遍存在的相互作用，而且信息更广泛地表达了事物的相互作用，信息概念是力的概念在新时代的替代者。信息理论的发展也否定了牛顿的"上帝是第一推动力"的假设，否定了有宿命论特征的决定论。所以，熵理论使物质、能量和信息三者实现了统一，这个统一不仅在思维上和理论上，在具体的数学表达上也实现了统一。

在信息熵对力的统一表达下，熵理论表现出耗散结构系统具有系统性、规律性、结构性和时间性四个特征。从上面的分析可以看出，熵理论集成了概率论、随机过程、动力学和微积分等数学工具，在此基础上根据耗散结构理论、协同论和突变论，形成熵理论框架，所有的概念和特征分析都是有数学基础的，因此具有很强的数学表达的可操作性。

系统性表示事物的信息具有全面性或是局部性、简单性或是复杂性的特征，大数据信息熵恰好就是解决具有全面特征的复杂性系统的方法。规律性表示事物的发展变化是否反映了耗散结构特征，是否具有演化过程中的确定性，而大数据信息确实反映出事物熵增熵减的演化过程，为产生确定性提供了依据。结构性是事物在相关性耦合下的自组织状态，它展现出事物在非平衡态状态下，是否处于稳定的耗散结构分支，因此，也表现出事物的有序和无序状态，大数据表现出的相关性特征为加强事物的自组织性提供了基础，使系统更加有序。时间性表现出事物的可逆或不可逆状态，确定和必然的结果就是在时间上的不可逆。如果事物可逆的话，就会又回到不确定状态，也就失去了必然性，而大数据的确定性验证了时间的不可逆，也就决定了事物的必然趋势，为决策提供了基础。

耗散结构的系统性、规律性、结构性和时间性使其成为符合物质世界和人类社会统一规律的理论，人类社会也是具有耗散结构的特征的系统，而信息熵作为其中的动力，使系统产生运动和变化的动力。信息熵表征了控制变量和状态变量的有效程度，是激活社会系统的负熵，尤其在大数据时代，信息熵是推动人类文明发展和社会进步的动力。

第三章　信息的本体论哲学思想

前一章从功能的角度探讨了信息和信息熵的本质，最后归结为信息是广义的相互作用力的存在。信息的存在性还表现出信息的本体论特征。古希腊人就开始探讨研究事物的本质，并提出事物的本质特征表现在理念和实体之中。其实，不管是理念还是实体，都可以把它们涵盖在今天的本体论研究范围之内，所以，本章的主要内容是对信息本体论的溯源和研究。事物熵增熵减的运动变化产生了大数据，大数据是混乱和无序的，通过信息本体化的进程，可以形成对大数据的结构化，形成知识本体的信息。所谓的"信息本体"是从广义的抽象意义描述的信息本体论，目前国际上通常把表达某个特定领域信息的本体称为"知识本体"。信息本体论可以分为形式本体、模态逻辑本体和语言逻辑本体三个部分，为了更深刻地理解信息和信息熵本质的思想源泉，本章的探讨从古希腊哲学的本体论开始，追溯其对信息本体形成的影响，分析信息本体化中形式化、逻辑化和语义化的特征，并论证信息熵的哲学本质，以此追溯信息和信息熵的哲学思想源泉。

3.1　信息的本体论思想

柏拉图抽象的理念论和亚里士多德形而上学的本体论是信息形式本体发展的开端，莱布尼兹的可能世界、维特根斯坦的语言逻辑和罗素的形式逻辑是信息本体中逻辑推理部分的主要内容，史密斯的形式本体论继承了传统的形式本体论内容，包含了知性范畴概念系统的主题和结构、可能世界语义学的模态逻辑和数理逻辑等内容，使之成为表达某个特定领域信息的知识本体。当代的大数据信息处理首先是信息结构化，就是把信息按照一种合理的形式组合起来的知识本体，其次是按照事物的演算逻辑构建智能处理逻辑本体，最后是对信息本体中的元素进行语义命名和分类。沿着信息处理的本体化的思路，本节将从信息的形式本体思想、信息的模态逻辑本体思想和信息的语言逻辑本体思想三个方面，探讨信息本体化的哲学思想脉络和渊源。

3.1.1 信息的形式本体思想

柏拉图以理念论为基础把理念定义为"事物的本质，也是事物的原型"①，是一种抽象的客观事物的根据和共性，抽象的理念与客观具体事物并不对应，客观事物是理念的派生物，客观事物通过经验上升到理念。亚里士多德在批判柏拉图理念本体的基础上，提出"形式"本体的概念，把现实存在的事物作为实体，把相对实体存在以外对实体的描述，诸如事物的数量、性质、关系、地点、时间、姿态、状况、活动等称为实体的属性，实体和属性统称为范畴。他认为物质实体有质料因、形式因、动力因和目的因四因，质料因是"事物产生并在事物内部始终存在着的东西"，形式因是事物的"原型亦即表达出本质的定义"，动力因是"使被动者运动并引起变化者变化的事物"，目的因是事物"最善的终结"。② 在四因中表现出事物本质的是形式因，而不是质料因。质料是构成事物的原料成分，形式是事物的组成方式，事物的本质是使其成为该事物，并使该事物区别于他事物的最根本的性质，形式是决定事物本质的真正本体因素。这种形式本体的表述与柏拉图的理念论也是一致的，区别在于亚里士多德的形式是关于个体存在物为本体的形式，具有第一实体的特点，而柏拉图的理念具有抽象、普遍和独立存在的特点，它们的共同点可以从种属的角度来理解存在本体。因此，研究事物的形式化表达方式，就是对事物本质的研究。亚里士多德还把这种形式化方法用在对事物的判断和推理结构上，提出了著名的三段论逻辑法则，使推理过程在经过大前提、小前提和结论三个步骤之后，就可以得到严谨的结果。三段论是以矛盾律为基础将推理过程定义成一种不依赖于事物的具体内容，也不承载理性的固有关联项，成为一种抽象的纯形式化

---

① 俞宣孟. 本体论研究（第三版）[M]. 上海：上海人民出版社，2012：1.
② ［古希腊］亚里士多德. 形而上学 [M]. 苗力田，译. 北京：中国人民大学出版社，2003：9.

法则。后人将形式因与目的因和动力因合并起来统称为形式因，并将亚里士多德的本体论称为形式本体论。

形式本体论的鲜明特点是以存在物的客观存在为本体的本体论研究，同时三段论把人的逻辑推理的思维结构也用形式化的表达方式表现出来。古希腊的这种形式化的哲学思想一直影响人们对于事物本质的探究，我们今天的计算机技术中普遍应用的数据结构定义的结构或者类的概念和程序逻辑的推理就是形式化本体论概念的具体应用。

西方近代哲学在形式本体论的基础上开始从人的主体思维出发对本体进行逻辑研究，笛卡尔认为理性比感官的感受更可靠，人类应该可以使用数学这种理性的方法来进行哲学思考。他的"我思故我在"的著名哲学命题，强调了作为认识主体的精神实体的存在，同时还存在一个作为认识主体的认识对象的物质实体的存在。所有物质实体都是由同一机械规律所支配的机器，和机械的世界相对应，还有一个精神世界存在，这种二元论的观点成为后人研究哲学思想的出发点。他还根据逻辑学、几何学和代数学等总结了思维的 4 条规则：凡是没有明确认识到的东西，绝不把它当成真接受；把每个难题按照可能和必要的程度分成若干部分来处理；思想必须从简单到复杂；我们应该时常进行彻底的检查，确保没有遗漏任何东西。① 笛卡尔不仅将这种方法运用在哲学思考上，还在《几何学》一书中创造出语义符号和形式化法则，并发明了直角坐标系，第一次提出了变量与函数的概念，将欧氏几何和解析几何统一起来，用抽象的解析几何符号在直角坐标中表达出各种几何图形，我们今天广泛使用的用 x、y、z 表示变量，用 a、b、c 表示常量的方法就是笛卡尔最先提出的。笛卡尔的这种形式符号的表达方法，把思维逻辑的推论过程用形式化的方法表达出来。同时笛卡尔还论证了生命在于血液的机械运动，通过对血管和心脏的解剖结构的分析，证明它们就像水泵压水一样，必然会产生这样的循环，完全合乎机械原理，同几何学的形式化表达一样清楚明白，令人无可置疑。

康德的先验哲学也是以形式本体论的存在本身为基础，把人的认识分为经验、先验和超验三个层次，认为人类认识活动具有理性认识的现象性的经验层

---

① ［法］笛卡尔. 谈谈方法 ［M］. 王太庆，译. 北京：商务印书馆，2000：8.

次，进一步还具有人类知性的先验层次，并且具有物自体不可知性的超验层次。他提出人类认识事物的过程由先验感性和先验知性的时空和逻辑组成，知性十二范畴的先天认识形式存在于人的自我意识中，具有逻辑在先的特点。因此，先验逻辑是形成关于存在知识的前提，对客观存在的认识不是时间在先，而是在先天认识形式上的逻辑在先，通过人类的认识活动从经验上升到先验认识。先验认识是在空间、时间和意义这三大范畴内，实现先验逻辑的分析、归纳和综合，形成先验认识主体。康德这种对哲学的认识论路线的转变被称为"哥白尼革命"，其实质是揭示出先验哲学是认识的基础和核心，先验逻辑涵括的先天知性范畴具有普遍必然性，超越了以前的本体论时间在先的理论局限，摆脱了从因果规律出发的溯本求源的思维方式。① 先验哲学不仅验证了亚里士多德以来的形式逻辑也是先验存在的规律，而且在前人的逻辑分析和逻辑归纳的基础上，康德增加的综合的方法为判断什么是知识和发现新知识提供了基础，并赋予古典方法以新的含义。先验逻辑中的分析是将事物分类，从概念上赋予事物意义和概念之间的包含关系，并从事物的联系中找出规则。分析不增加新知识，只是把已有的必然存在的知识列举出来。归纳是通过分类对事物进行对比，将相同内容的事物归类列举的过程。归纳的结果为新知识的产生奠定了基础，但不是必然的新知识。综合是运用先验逻辑在知性概念的引导下，产生创造性的新知识，一切有价值的创造性发明都涵盖在康德的综合命题之内。由此先哲学已经建立起完善的形式逻辑体系的雏形，在罗素的形式逻辑中将其更新为概念命名的同一律、经验判断的矛盾律和综合推理的充足理由律，形成形式逻辑的核心框架。康德先验哲学中的知性范畴不仅在认识中居于主导地位，同时还具有存在的本体论意义，超越了亚里士多德的第一本体的直观思维，这种逻辑思辨，为把握各种存在关系的信息本体论研究铺垫了道路，从逻辑和时空的先验性建立起信息原理的准则，为模仿人类大脑的先天综合能力进行逻辑判断和推理提供了方法。

黑格尔在康德知性范畴本体论的基础上建立起逻辑学本体论，赋予逻辑范畴以本体论意义，实现辩证法与康德范畴本体论的统一。黑格尔把认识赋予了

① 王国富. 康德哲学的本体论意蕴 [J]. 社会科学辑刊，2005（1）：22.

本体论的意义，认为人的认识过程就是世界万物运动过程，认识是回到了绝对精神自身。黑格尔扬弃了单纯从主客观出发的传统本体论，实现了实体与主体结合，在辩证法的推动下把实体本体论、认识论和逻辑学在自我意识的主体论基础上结合起来，提出"实体即主体、绝对即精神、存在即思维"的理论，认为思想是把握事物本质的认识，也是蕴含在事物中的思想。因此，思想是客观存在的，人类需要做的是让事物的思想成为我们的思想，也就是通过人类的实践活动，让事物潜在的思想成为我们的思想，本体的本原含义与能动性的有机结合成为绝对精神。黑格尔还认为，语言有某种内在的智能，要高于其使用者的智能，使他的辩证逻辑概念体系描述的世界模型落实到语言表达概念之上的本体范畴体系，从传统的"是"论概念出发，形成语言"本体论"。黑格尔哲学强调了存在的合理性是事物运动发展走向绝对精神的过程，并认为除非我们置身于整个宇宙的背景中，否则世界的任何部分都不可能被理解，因此只有整体才是实在的本体的观点。① 黑格尔的这些观点为人类更好地认识世界作出了贡献，但黑格尔的逻辑学是思维过程的科学，是以抽象的思维要素为理念的科学，是通过人类纯粹理念的发生、发现的过程实现绝对精神的科学。对于作为信息技术基础的形式逻辑来说，更多的是基于康德的先验哲学内容。虽然后续的黑格尔、谢林、费希特等人按照康德的路走向了不同方向，但我们今天来看信息的形式化本体论思想更多地体现了康德的先验哲学。

　　知性范畴下的形式本体论，为信息的形式本体结构描述提供了基础，根据存在事物的本质，把存在区分为不同的形式，体现出事物的本质不仅由事物本身的结构信息所决定，还受到人们对于事物的感知或理解的交换信息的影响。在信息本体的设计中也是根据知性范畴确定应用领域的概念模型，明确领域中的概念、概念的属性和相关关系以及约束条件等，这是本体建模的核心。目前在计算机语言中信息本体的建模主要有数据的类、数据之间的关系、处理函数、公理和实例等，就是源于知性范畴的映射。形式本体论的思想被广泛应用于各种计算机语言的数据定义和处理流程。

---

① ［英］伯特兰·罗素. 西方的智慧 [M]. 张卜天，译. 商务印书馆，2019（1）：12.

3.1.2 信息的模态逻辑本体思想

德国哲学家莱布尼茨在1714年写作的《单子论》首次提出了可能世界的概念，认为真理可以分为推理的真理和事实的真理，推理真理依赖理性推理获得，事实真理是对经验事实的观察和归纳获得，每一个可能世界都是由于其真理获得的完满性最高而获得存在。他否认斯宾诺莎实体只有一个的观念，认为由于世界知识是客观、普遍和必然的确定性原因，世界是由不依他物存在和被认知的自足单子实体所构成。基于亚里士多德的传统实体观，莱布尼茨认为实体是作为命题的主语，因为实体是自足的，则它要包含所有可能的无限多的谓语。一个可能世界 A 是可能的，当且仅当 A 不包含逻辑矛盾，则一个由无穷多的具有各种性质的事物所形成的可能事态 A_1，A_2，A_3，…，A_n 形成的组合是可能的，当且仅当 A_1，A_2，A_3，…，A_n 推不出逻辑矛盾，这就是"理智创造的一切都可以通过完善的逻辑规则创造出来"的可能世界，现实世界是众多可能世界中的一个。[1] 莱布尼茨把判断可能世界的逻辑分为五种，L1 命题是真的，当且仅当它在现实世界中是个真命题；L2 命题是可能的，当且仅当它在某些可能世界中是真实的；L3 命题是偶然的，当且仅当它在一些可能世界中是个真命题、同时在其他可能世界中是个假命题；L4 命题是必然的，当且仅当它在所有可能世界中都是真实的；L5 命题是不可能的，当且仅当它在所有可能世界中都是个假命题。[2] 可能世界就是根据上述判断构造出的没有逻辑矛盾的理念世界，可包含一种或几种命题，其中的逻辑真理就是经过推理认定可能世界中所有命题为真。可能世界包含了自己的全部可能性的基本实体有不可分割性，实体有不依赖其他而存在的封闭性，每个单子都必然以某种角度包括了整个世界的统有性和上帝赋予人类这种必然认识的道德性。有了这四个特性，莱布尼茨的自足实体是"众多可能世界之中最好的一个"，是至善和确定的世界。这种观点表明人类所有的观念或者概念都是由数量极少的简单观念复合而成，它们形成了人类思维的字母。而复杂的观念是由它们通过模拟算术运算的统一性和对称性

① ［德］费尔巴哈. 对莱布尼茨哲学的叙述、分析和批判 ［M］. 涂纪亮，译. 北京：商务印书馆，1979：5.
② 张力峰. 模态与本质：一个逻辑哲学的研究进路 ［M］. 北京：中国社会科学出版社，2014：85.

的组合，而这些组合具有合取、析取、否定、同一、集合包含和空集等重要性质。确定要了解一事物，则要了解和理解其原因，还须追索该原因的原因，依此类推。莱布尼茨描述的可能世界实体只是一种逻辑上的可能性，它是存在于上帝心灵中的实体，承诺了本体论的地位，是对笛卡尔二元对立世界的统一。虽然莱布尼茨提出时的初衷是为神学服务的，这种利用可能世界去讨论必然性、偶然性和可能性的关系问题，为模态逻辑的发展创造了条件，为普遍语言逻辑和推理演算作出了贡献，为数理逻辑的产生奠定了基础。

20世纪初人们开始用可能世界语义学的基本概念来研究可能性、必然性、偶然性的模态概念和模态推理的有效性，形成了激进实在论和温和实在论两种主要观点。美国逻辑学家D.刘易斯提出了激进实在论的观点，也称为模态柏拉图主义。他把莱布尼茨的可能世界和现实世界分割开来，认为可能世界是独立于我们的语言和思想而存在的现实的实体，对之进行柏拉图式的二元论解释。他认为可能世界都是真实的世界，二元世界中的主客体也是独立存在的两个单独个体，没有跨界个体的存在。莱布尼茨认为虽然在可能世界中存在多种事物，但个体是受限界约束的，单个个体只能存在于一个可能世界中。刘易斯与此观点产生了歧义，将可能世界理解为一个单一、静止、孤立、现实、具体、充裕的形式世界。克里普克将其理论讽刺为把可能世界看成是遥远行星的"望远镜理论"，同时克里普克提出了温和实在论的观点，也称为实际主义观点。他否认了可能世界和现实世界是并列的真实存在的说法，认为真实存在的世界只有一个现实世界，可能世界实际上只是现实世界及其各种可能状况。他认为莱布尼茨的可能世界是"在上帝心目中必然和永远地包含着他可以创造的无穷多个世界，而上帝在这些世界中选择最好的作为现实世界创造了它"，将之理解为是亚里士多德的"潜存"，克里普克把可能世界定义为是"世界可以存在的方式"，或者是整个世界的可能状态以及历史的总和，是一种抽象的实体。克里普克在对可能世界概念作更进一步的严格化和精确化的基础上，建立起完整的模态逻辑语义理论，也就是可能世界语义学。他将逻辑判断表述进行了修改，例如将命题是可能的逻辑判断表述为"命题在某一可能世界中是可能的，当且仅当，它在与该可能世界有关的某些可能世界中是真的"，将命题是必然的表述为"命题在某一可能世界中是必然的，当且仅当，它在与该可能世界有关的所有可能世界中都是真的"的思想，这样使得命题真假及模态概念都相对化，命题赋值指向相对应的那个可能世界。① 可能世界语义学的基本哲学思想是在一个与其他可能世界在时空上不相交的集合，用这种思想通过关系规定的模型来定义逻辑命题真的条件，定义逻辑真是以现实世界为基础普遍有效，进行逻辑推演，穷尽世界可能呈现的所有状态，证明系统的可靠性和完全性。可能世界语义学在国际逻辑学界得到了广泛应用，并且成为其他语义学的检验标准，在出现新的语义学理论时，都要求与克里普克的语义学兼容。可能世界语义学严密而清晰地揭示了多种模态公理系统的直观背景，催生了模态逻辑的进一步发展，使模态逻辑的研究进入一个崭新的阶段。

从柏拉图和亚里士多德到莱布尼茨，进而到 C. 刘易斯和克里普克，逐渐形成可能世界语义学，它的出现对于现代科学，尤其是信息技术具有非凡的意义。19 世纪 70 年代，德国数学家康托尔创立了著名的集合论，这一开创性成果为广大数学家所接受，数学家们认为从自然数与康托尔集合论出发可建立起整个数学大厦，把集合论作为现代数学的基石，认为"一切数学成果可建立在集合论基础上"这一发现使数学家们为之陶醉。但是罗素的"理发师悖论"动摇了本来认为完美无缺的数学大厦根基，产生了一场著名的数学危机。德国逻辑学家弗雷格在他关于集合的基础理论完稿付印时，收到了罗素这一悖论的信息，他发现自己忙了很久的一系列结果被这条悖论搅得一团糟。他只好在自己著作的末尾写道："一个科学家所碰到最倒霉的事，莫过于是在他的工作即将完成时却发现所干的工作基础崩溃了。"②哥德尔不完备定理证明了任何一个形式系统，只要包括了简单的初等数论描述，而且是自洽的，它必定包含某些系统内所允许的方法，既不能证明真也不能证伪的命题。不完备定理找到了罗素悖论的根源，成为现代逻辑史上一座重要的里程碑，也使语言悖论成为逻辑中的一种"不朽"状态。罗素根据莱布尼茨的普遍语言和推理演算的概念，根据哥德尔的不完备性，采用高阶逻辑排除了集合的自我封闭性，创建了完整的形式逻辑体系。根据莱布尼茨设想用一种"通用的科学语言"把逻辑推理过程像数学利

---

① ［美］索尔·克里普克. 命名与必然性 ［M］. 梅文，译. 上海：上海译文出版社，1988：122.
② 杜国平. 罗素悖论研究进展 ［J］. 湖北大学学报（哲学社会科学版），2012，39（5）.

用公式进行计算一样从而得出正确结论。这种想法经过布尔、弗雷格以及罗素等人的探索形成了现代数理逻辑,用数学方法解决了形式逻辑的推理过程。模态逻辑中构建模型的逻辑技巧是整个数理逻辑思想的重要组成部分,根据 C. 刘易斯严格蕴含系统的演算,波兰逻辑学家塔尔斯基构建出模型理论,给出了形式语言与其语法语义模型之间的关系,把形式语言中的公式、句子、理论(句子集)和模型当作数学对象,引进近世代数中的概念和方法进行处理,成为构造模型的通用方法。同时还出现了用模型论方法研究逻辑系统的模型论逻辑,用模型论方法分析各种逻辑系统特点的抽象逻辑模型论,用递归论方法研究模型论问题的递归模型论,研究有限模型构造和判定的有限模型论以及用模型论思想研究代数结构、群、环、模、域等的代数模型论等,同时还出现了研究模型分类的稳定性理论,成为数理逻辑的分支。

以模态逻辑本体论为基础,衍生出一整套以数理逻辑为代表的用数学方法实现推理过程的理论,在数理逻辑的框架下,包括命题演算和谓词演算的逻辑演算、模型论、证明论、递归论和公理化集合论等数理逻辑的分支也应运而生[1],这些理论与图灵机和维纳控制论相结合构造出计算机编程语言和人工智能的概念。为了克服机器语言和汇编语言对计算机进行编程的困难,挪威计算机教授尼盖德发明了高级编程语言。在此之后新的计算机高级语言不断推出,人们编制了大量的程序软件,可以看出一个程序软件就是一个特定领域的可能世界概念集合,根据概念模型实现概念描述和概念推理,也就是我们常说的软件所具备的信息描述和信息处理功能。因此可以说,计算机语言就是莱布尼茨设想那种用数学的方法实现人类推理的"通用的科学语言",这个过程通过一系列的思想演化而实现。信息的人工智能逻辑推演体现出可能世界语义学的模态逻辑本体特征。

3.1.3 信息的语言逻辑本体思想

我们所有的思维和认识都是通过语言进行的,思维逻辑是通过语言逻辑表达出来的,语言不仅是沟通的工具,更伴随一种思维方式,西方近代哲学

---

[1] 殷杰,等. 当代信息哲学的重要论题:认知、逻辑与计算 [J]. 科学技术哲学研究,2017 (2):2.

不管是本体论还是认识论，始终相伴着对语言、符号和逻辑的研究不断发展的，所以，语言作为一种特殊的符号体系和本体论密切相关。本体论对现实世界的终极表达形式，需要从语言的角度考察，对于不同存在者之间的关系也要从语言概念之间的关系出发，本体论研究最终归结为语言问题。亚里士多德认为"人在本质上是个语言存在物"，柏拉图也认为命名是现实世界模仿的艺术，"我们讨论的一切名称，都是用于说明事物的本性"。① 针对命名、符号和逻辑相关的语言哲学问题的研究，经历了从语言客观性到语言实在论的过程，以弗雷格、穆尔、罗素、维特根斯坦为代表的现代西方哲学家用语言分析作为哲学方法，研究人工语言和日常语言的"分析哲学"的诞生，标志着一场新的"哲学革命"。

弗雷格把存在分为物理、心理和思想三个领域，认为心理和思想的区别是主观与客观的区别，思想是心理过程的客观内容，思想领域的规律就是逻辑规律，可以用语言表达出来的思想是思维的客观存在，思想研究就是对语言进行逻辑分析。传统的思想判断是通过概念（事物）、判断（事物怎样）、推理（事物的变化过程）进行，认为关于事物的看法是探讨世界最核心的内容，而弗雷格是从分析语言出发，也就是从句子出发，探讨思想和真值两个内容，思想和真值成为核心内容，句子也有对象（主语）和概念（谓词），但是核心是真值。弗雷格的观点与传统哲学从哲学讨论的方式上发生了变化。弗雷格认为一个句子应由专名和谓词组成，专名是名词表现的对象，谓词表现的是概念；句子表达出含义和意谓两个层次，含义表达的是思想，句子的专名和谓词都是思想的组成部分，意谓表达的是命题和事实是否符合，也就是概念的对象是否为真。例如"苏格拉底是哲学家"，这里苏格拉底是对象，哲学家是概念，概念补充了对象使之成为完整的句子，并且意谓为真；但如果句子是"吕布是哲学家"，则意谓为假。含义在组成句子的语境中体现出来，意谓通过概念和对象的对应关系判定了真值。每个句子都表现出一个思想，思维活动由一个一个句子组成，形成思想活动。这种从分析语言出发，通过探讨句子所表达的思想和真值的关系，达到对语言所表达内容的认识，不仅能够达到认识世界的目的，通过语言

---

① ［古希腊］柏拉图. 柏拉图对话集［M］. 王太庆，译. 北京：商务印书馆，2004：1.

对思想的形式化操作，使思想也成为一种客观存在。这种基于语言分析的逻辑本体论学说的建立，为弗雷格力图创建一种完备的描述思想活动的语言提供了基础，而这种想法为我们今天的计算语言提供了研究思路。

柏拉图认为命名就是把一切事物都还原为文字和符号，并加上名称和指号。要按照自然本性给事物命名，不论用字母、名词还是语句都需要保留所描述事物的主要特征。可以看出，柏拉图关心的是用语词指称实在的问题。亚里士多德也在《形而上学》中提出了真之符合论的观点，认为"说存在者存在和不存在者不存在则为真；说存在者不存在或不存在者存在则为假"①，它表示真是命题与事实相符合，真是一种关系。针对符合论的问题，弗雷格进行了意义与指称关系的研究，提出意义不等于指称对象的著名论证，用语言实在论的同一性确定了经验中两个事物之间的同一性关系。例如"昆明"是一个指称，有固定的对象和意义，但是"云南的省会"和"春城"表示的也都是同一个对象，但意义却不同。弗雷格指出："指号的意义和它的指称之间的正常联系是这样的：与某个指号相对应的是特定的意义，与特定的意义相对应的是特定的指称。而与一个特定的指称相对应的可能不是只有一个指号。"② 所以同一性关系是个体词的含义之间的关系。弗雷格有个举例，三角形的三个顶角和对边中点的连线交叉在一个点上，这个点可是任意两条线的交点，选的线不同，其呈现方式也不同。弗雷格把这个称为它们有相同的指称对象（交点），但是含义不同。③ 因此，含义和呈现方式是独立于指称对象的特定存在。结合实用主义和逻辑实证主义理论，莫里斯建立了科学的经验主义学说，他进一步提出"所指谓"和"所指示"这一对概念，所指谓是这个指号所能对应的各种对象（事物），指向对象的性质。所指示是所指对象中实际存在的成员，是对象本身或者存在的事物。每个符号一定有所指谓，但不一定有所指示表征的对象。例如像"鬼"这类事物，可以想象它的存在，但是在现实中并没有对应的所指对象，这类事物的所指示对应的对象为空集。这对概念描述了所指对象的类和其中实际存在的成员，并指明了类和成员的关系，使意义和指称的区别更为明确。进而莫里斯

---

① ［古希腊］亚里士多德. 形而上学［M］. 苗力田，译. 北京：中国人民大学出版社，2003：80.
② 苟志效. 意义与指称［J］. 学术研究，2000（5）：46.
③ 王路. 走进分析哲学［M］. 北京：中国人民大学出版社，2009：52.

将符号的表达分成句法、语义和语用三个维度，句法维度处理符号与符号之间的关系；语义维度涉及符号及其所指关系，语用维度包含符号及其解释者之间的关系。根据维度的划分，事物的语义表征是符号（S：sign vehicle）、解释项（I：interpretant）和符号对解释者的作用（D：designatum）三个因素相互包含、依赖的符号过程，也就是 I 是根据 S 对 D 作出的解释。在此之上，莫里斯又增加了解释者（interoreter）和语境（context）①，可以在解释过程中更大范围地把符号对某个人在某个方面代表某个东西考虑进来，这里的某人等同于解释者，而某个方面则与语境有关，相当于在某人心中创造出一个相当的符号。② 这种方法明确了传统观念中没有指明的因某人而指称某物语义因素，因此，莫里斯的符号过程理论打通了符号与使用者之间的关系，真正表达出指称的意义。③ 语言哲学方面的观点对数理逻辑和分析哲学有很大影响，分析哲学的诞生使近代以来哲学落后于科学的现象得到了改善，正是语法、语义和语用的三个维度研究的不断深入，大大促进了信息科学的语义化和人工智能语义分析的发展。

维特根斯坦的语言自组织系统为确立语言哲学完成了历史性的理论创造，其所专注的并不是语言本身，而是通过语言揭示有关世界的根本问题，解决了本体论不仅涉及实在还涉及语言的问题。《逻辑哲学论及其他》认为"全部哲学乃是'语言批判'"，哲学是由语言写成的，语言不是简单的符号，而是要表达意义抽象后的理性概念。符号作为理性的代表是由逻辑组织起来的，具有自身的本体论意义和地位，是自然世界外又出现的一个本体论意义上的理性世界。④ 语言的意义约束在能有事实表达的世界中，由事实形成的事态构成了世界，而事态就是事实的意义。从语言角度来说，语言由不可再分解的单词组成，这些单词的名字表达了一个与其命名对象相对应的命题，可以说命题表达了事实存在的事态，命题一定是在语言关系的约束中的命名，命名之间的关系一定会是事态中对象的关系，因此，命题的意义就是事态。但是从语言的质料上来说，命题的对象不一定都是实在的，对于像人生、伦理及道德等不在世界之中

---

① Morris C. W. Foundations of the theory of Signs［M］. Chicago：The University of Chicago Press，1938.

② 张良林. 莫里斯符号学思想研究［D］. 南京：南京师范大学，2012：71.

③ 陈波. 分析哲学——回顾与反省［M］. 成都：四川教育出版社，2001：46

④ ［奥］维特根斯坦. 逻辑哲学论及其他［M］. 陈启伟，译. 北京：商务印书馆，2014：25.

的事物进行言说是否就会导致无意义，维特根斯坦从形式上加以反思认为：逻辑命题在于描述可能性本身，虽然是缺乏意义的，但并不是无意义，就像符号系统中算数零的意义一样，数学中无解也是一种解。① 用索绪尔的结构语言学举例说明如下，对于语言的单词有能指和所指的概念，能指是指单词的可见可听的符号，所指是指单词所表示的对象或意义，二者的关系称为意向作用，接收到符号后需要进行解析，由此会造成认知差。例如一个不懂中文的人收到"我爱你"三个字后只看到三个方块字，认知差体现在并不知道三个字的意思，需要查字典或询问才能知道三个字的意义。这是符号与意义对应的状况，也有符号和意义不是一一对应的情况，例如对于"苹果"这个符号对应的可能是能吃的植物苹果，也可能是苹果手机，还有可能是掉下来砸了牛顿头的苹果，分别表示了植物、物品和科学三个意义。因此，意义并不是唯一确定的，不同场合意义也不一样。还例如收到了朋友送的玫瑰花可能意味着某种祝贺，也可能是情人的爱意。而有时一旦意义确定以后符号也就失去了意义，例如登机牌是个符号，一旦登上飞机，登机牌就没有意义了；但如果需要作为报销凭证的话又产生新的意义，而报销完成它又失去了意义。所以，能指和所指对象的存在问题，要从实质性的存在和意向性的存在两个方面进行分析。实质性存在与客观事物相对应，确定对象是否实质存在是经验问题。意向性存在是传达或让人领悟一种意思，是不对应客观事物本身的客观存在，从语言的角度可以确定一个意向性对象的存在，关于命题的意义是事态而不是事实这一点很重要，说明命题的对象并不限于实在的真或假，它保证了语言构造的逻辑可以表达任何有意义的命题。

维特根斯坦认为所有的思想与知识都是通过符号而获得的，思想是有意义的命题，人们只能通过思想理解世界，命题的总和就是语言，理解世界就是将世界的实际状况呈现于由命题组成的语言中。分析语言的结构，理解语言的本质，也就是在理解世界的本质。维特根斯坦在《哲学研究》中说明确立了独立意义的领域之后，可以在语言之内实现这个意义，证明其是自洽的自组织系统。根据哥德尔不完备理论的自我相关必然导致悖论的结果，他分析了符号与意义

---

① ［奥］维特根斯坦. 逻辑哲学论及其他［M］. 陈启伟，译. 商务印书馆，2014：44.

的悖论，按照传统的观念，一个确定的符号应该有其意义，不然的话符号就没有其存在的必要，反之，语言是人们在生活中创造的，也就应该是先有的意义，意义构建了符号的外壳，由此形成了符号与意义之间的悖论。维特根斯坦认为悖论无法消除，"语言中名称所意指的东西必定是不可毁灭的，因为毁灭的状态是可描述的，而这种描述将包含语词，因此与它们对应的东西就无法被毁灭，否则这些语词就不会有意义"①，语言的真正意义是建立在悖论的基础上。语言就是一个符号系统，每个单词都是一个符号，能指和所指密不可分。没有能指，所指失去了表达的途径无法表达对象化的存在，内在的思想和外化语言都无法表达，也就失去了存在的意义和形式。而没有所指，能指将毫无意义，这也是不可能的。所以，符号对意义的相互依赖和高度抽象，正是语言表现出的高度理性，以此确立了语言的不朽地位。语言的实质性存在说明语言与世界是同构的，语言的意向性的存在说明语言包含的内容比现实世界更大，世界中一切问题转换为语言表达后，出现了指称对象的表征和逻辑功能的规则构造，不同的语言使用者对于语词的能指和所指在语言中的作用也不同，形成了人类语言游戏，这种自然状态下的语言游戏本身就是哲学，语言哲学的任务就是在语言的自组织状态的游戏中把自我相关的矛盾呈现出来。

维特根斯坦的哲学思想表明实现语言的构造、呈现和表征的语言游戏是一套自组织系统，这里所说的"游戏"应该是类似下棋的意思，下棋是要有棋盘和规则的，它表明语言是有一个有规则的游戏，因而语言本身就是哲学。维特根斯坦的语言哲学与以往的形而上学不同，传统的形而上学是在下没有棋盘和规则的棋，各执一词无法判定真伪，而语言哲学更具有理性和规则。正像维特根斯坦在《逻辑哲学论及其他》所说"整个现代的世界观都是建立在一种幻觉基础之上的，即认为所谓的自然律是自然现象的解释"，反之"在我们关于语言之使用的知识中建立一种秩序：具有特定目的的秩序"。②

罗素基于逻辑原子论认为对任一事物不断分解，直至无可分解时剩下的就是逻辑原子，分解后的原子命题揭示了它表示的实在事实。分子命题或复合命

---

① ［奥］维特根斯坦. 哲学研究［M］. 韩林合，译. 北京：商务印书馆，2013：51.
② ［奥］维特根斯坦. 逻辑哲学论及其他［M］. 陈启伟，译. 北京：商务印书馆，2014：90.

题是原子命题真值函项，可分解为原子命题或基本命题。原子命题对应一个实在的原子事实，可分解为名称和其他不可再分的终极单元。语言世界和实在世界具有同构性，存在对应关系，可以用名称指示对象，命题对应事实。原子命题的真假取决于它是否符合相对应的原子事实，原子命题描述原子事实，分子命题描述分子事实。命题的外延性原则是命题或逻辑上的真值函项，复合命题的真或假完全决定于原子命题的真值函项。原子性原则的要点是：如果已知所有的原子事实，且已知再无其他命题，可用逻辑推理的方法得出所有其他真命题。原子本体可以用"奥康姆剃刀"原则，从构成要素和现象之间的关系上分析出不必要的实体，并可分析出现象关系背后的实体。罗素这种将本体论的研究转向到语言逻辑学研究，将传统本体论世界存在本源的研究经语言学转向描述世界的最小语词问题，借助语言和世界存在之间的关联性和事实与语句之间在结构上的一致性来研究世界本体。[①] 罗素用形式逻辑的分析方法，提出创建事实与语句之间在结构上一致的精确人工语言系统，其类型理论和摹状词理论充分证明了语言逻辑哲学的本体论特征。罗素把没有现实指称对象的语词称为不完全符号，也就是摹状词。他用摹状词来摹状事物，揭示事物某些特征、属性，并将摹状词分为限定摹状词和非限定摹状词两类，限定摹状词相当于"那个人"，如"那个穿蓝色衣服的人/物"；非限定摹状词相当于"某个人/物"，如"一个戴帽子的人"。在英语中的区分就是定冠词（the someone）和不定冠词（a/an someone）的区别。同时，罗素认为专名是用简单符号标记指称个体的语词，该名称所指称的对象一定是使用者亲知，且现实世界中实存的对象。与传统的哲学家认为专名只能作主词，不能作谓词的观点不同，罗素认为专名是缩略的或人造的摹状词，除了"这""那"等逻辑专名无法转化为摹状词外，其他所有的专名都可以划归为摹状词，这样专名也被处理成谓词，按照摹状词的方式进行语言逻辑的分析。在罗素理论的基础上，美国哲学家奎因提出将专名人为转化为与专名相等同的谓词，并取消了逻辑专名的独特地位，按照奎因的转换方法，将全部专名都转化为了摹状词，使之成为谓词，解决了传统哲学专名不能作谓语的问题。另外，对于没有指称对象语词的处理，奎因提出了

① 张庆熊. 本体论研究的语言转向——以分析哲学为进路 [J]. 复旦学报（社会科学版），2008（4）：55.

"本体论承诺"的概念。传统的本体论是对存在和对象本身的本质研究，涉及语言逻辑则有许多没有指称对象语词的处理问题，因此奎因指出本体论实际上包含事实问题和承诺问题两个层次的内容，事实问题讨论"实际存在什么"，承诺问题是关于语言使用中的"本体论承诺"。本体论承诺不考虑现实世界中是否存在，只从逻辑上确定语言描述内容的存在性。根据奎因的理论，当判断某一事物存在时，实际上就承诺了包含该事物的本体论。奎因认为谓词和单独的名词都不能做出本体论承诺，"我们参与本体论承诺的唯一途径是通过限制变量的使用来作出本体论承诺。"也就是说，语句中带有约束变项的量词和数词才能唯一地确定语言的真值。① 例如，"勇敢是一种美德"，实在论者承诺"勇敢"是一种存在，它的意义就是其本身。因此，摹状词在可能世界里只存在于语言逻辑之中，既不表征外在的客观世界，也不表征精神世界。摹状词可以作为一种形式逻辑专名，用奎因给出的专名改写成摹状词的方法，成为在命题中真正履行指称功能的约束变项。由于语言的自组织特性，语言不仅可以越过外在的可操作原则的限制，在组合性原则的条件下实现语句的自我构造。罗素发明的摹状词理论证明了语言是一种本体论承诺，为说话者自身的本体论期望与其说话方式是否一致提供了一个判定的依据，用奎因的话来说"存在就是成为约束变项的值"。② 这种思想产生的人工语言的结构应该具备指称对象的词和逻辑功能的词，使语言不仅能表达命题中的事实成分，也能够表达逻辑功能。用最简化的词汇，避免出现词汇冗余，复杂对象用基本对象组合词表示。严格确定不同语境下的句法规则，克服日常语言的句法缺陷，创建用来描述对象的属性和对象之间的关系的语词，并遵从原子命题的真值函项原则，这就是罗素通过语言分析所得出的逻辑原子主义的本体论的结论。③

罗素认为哲学的本质就是逻辑，逻辑分析成了哲学的唯一工作，而哲学的根本任务就是对语言进行分析，哲学上所有的问题都是语言的问题，语言的问题最终也是归结为逻辑问题。罗素认为归纳法是从真的前提推出真的结论，归纳法是经验上的或然规律，不是逻辑上的必然规律，所以罗素说培根是错误的。

---

①② ［美］威拉德·蒯因. 从逻辑的观点看［M］. 江天骥，等译. 上海：上海译文出版社，1987：6.
③ ［英］伯兰特·罗素. 逻辑与知识［M］. 苑莉均，等译. 北京：商务印书馆，1996：211.

罗素认为黑格尔的辩证法"以一种完全不同的方式扩大了逻辑的范围"①，只研究了形式而缺少了内容，而真正的逻辑应该是数理逻辑，数理逻辑也可以称为符号逻辑、理论逻辑，是用数学的方法研究形式逻辑的规律，它既是数学的一个分支，也是逻辑学的一个分支，数理逻辑虽然名称中有逻辑两字，但并不属于单纯逻辑学范畴。罗素认为数理逻辑不仅形成一种理论，而且还形成一套方法，这套方法在逻辑研究之外，也可以为哲学研究提供帮助。②

综上所述，哲学本体论的思想对信息科学的发展产生了巨大影响，本章对于信息的本体论思想溯源，目的是使我们能够把信息概念的发展置于历史发展的语境中，从而对信息概念的实质和信息的本质有进一步了解，对于信息哲学的深入研究提供有益的线索。

3.1.4 信息本体论的思想体系

通过前面对信息本体论思想基础三条主线的分析，可以看出本体论的哲学思想对于信息技术的发展起着重要的作用。本体论的思想从最初描述物质存在本质的本体论研究，之后转向认知客体和主体之间知识关系的认识论的研究，然后是从模态逻辑到语言层面对存在意义认识的语言逻辑研究。但是，这几种思想还没有形成一个包含前面的所有功能的完整信息本体，它们都需要一套具有完整信息本体的理论体系。

胡塞尔在继承传统形式本体论的思想和可能世界语义逻辑学以及语言逻辑哲学的思想为信息本体概念带来的宝贵思想的基础上，通过纯粹逻辑学的观念将抽象的事物本质和形式逻辑相结合，形成了新的形式本体论思想，把形式化、逻辑化和语义化集中到一个形式本体中，向信息本体的产生迈进了一大步。胡塞尔的先验现象学研究的是先验现象中的意识活动，通过意识活动会产生先验意识对象，这个经现象学还原后留下的先验意识就是胡塞尔定义的存在。胡塞尔的形式本体论与古典的质料因和形式因组成的本体论既有联系又有区别，它们共同形成事物的本质本体。③ 胡塞尔并从莱布尼茨"普遍科学"的设想出发，

---

① ［英］伯兰特·罗素. 我们关于外间世界的知识［M］. 陈启伟，译. 上海：上海译文出版社，1990：24.
② 王路. 走进分析哲学［M］. 北京：中国人民大学出版社，2009：89.
③ ［德］胡塞尔. 逻辑研究（第一卷）［M］. 倪梁康，译. 上海：上海译文出版社，1994：243 - 244.

应用算术、纯粹分析和集合论的数学工具，对整体与部分、部分与要素、独立性与非独立性进行讨论，在狭义的形式逻辑和形式的"普遍科学"基础上，形成形式逻辑与范畴本体论的统一，实现了本体论、认识论、逻辑学与现象学的统一。[①] 胡塞尔认为传统形式逻辑范畴的概念、定律、真理、命题、推理（非主观的）和联结形式等内容，关注的是构成命题的形式以及连接各个命题的形式，是低阶含义的形式统一；胡塞尔的形式本体论范畴关注的是一般对象，它们遵循的是形式本体论的法则，都以形式概念为基础，体现了形式概念既有逻辑的，又有本体论的意义。形式本体论范畴还从句法范畴和基底范畴进行划分，其根据是判断形式领域中句法形式与句法基底的区别。[②] 这里的句法范畴大致相当于形式对象范畴，而基底范畴则是指无关于任何句法形式的一阶对象，但范畴本身还包括区域的或质料的范畴。[③] 胡塞尔的"纯粹对象范畴"形成形式本体论关于对象本身的先天理论，建立了对象范畴的观念和在这些观念基础之上的形式本体论真理。

在胡塞尔形式本体论强调存在的先验意识对象及形式结构的基础上，美国哲学家史密斯 1978 年提出了关注形式自身及形式的意义和结构的形式本体论，其核心是整体与部分关系的形式化理论。它突破了分析哲学以量词为中心的语言分析方法，在分析哲学的形式逻辑只注重真理层次上的形式结构和关系的基础上，将形式本体论的研究分为"真理"和"物质"两个层次，把真理层次的研究放在间接的位置，把对物质层次的形式和结构研究放在了直接的位置上。

形式本体论寻求开发一种严格的二维形式本体论语言，其语法试图将世界上遇到的所有命题和结构唯一的反映到构建原则中，并摒弃了分析哲学中关于只存在于语言描述中而世界上并不存在的命题（事物）。在人类自然语言中名称或存在命题都是不可或缺的，形式本体论语言完全由通过符号表征的名称和存在命题组成，不考虑符号的意义，只强调对符号的操作性，通过分析相应符号的形式和属性，实现相应符号含义所代表的指令或操作规则。史密斯将名称

---

① 张浩军. 论胡塞尔的形式本体论 [J]. 学术研究，2016 (8)：28.
② [德] 胡塞尔. 经验与判断——逻辑谱系学研究 [M]. 邓晓芒，张廷国，译. 北京：生活·读书·新知三联书店，1999：134.
③ [德] 埃德蒙德·胡塞尔. 逻辑研究（第二卷第二部分）[M]. 倪梁康，译. 上海：上海译文出版社，1998：265.

和命题对应的对象都称为常量，经过对指令和规则的连续循环和重复，不断从初始的常量中构造出更多的形式常量，使形式本体表达的内容也从"一个部分"逐渐转化为"一个整体"，这里所说的这个常量就是我们今天计算机处理的信息。史密斯通过用欧拉图对各种逻辑情况进行了分析，其形式本体论语言包含了逻辑操作的与、或、非、重叠、包含以及上述操作的复合关系和推论，并证明这些逻辑操作与布尔代数公理都是一致的。命题形式的逻辑关系可以用公式进行表达，例如，设 $S(m,n)$ 表示有序对 (i,j) 的形式，有 $m \leqslant i \leqslant j \leqslant n$，用 $IF(m,n)$ 表示 $S(m,n)$ 符合本体论语言逻辑操作集中的某一种形式，即 $S(m,n) \in \{逻辑操作集\}$，则符合形式本体逻辑操作规则的命题可以表述为：$S(m,n)$ 表达的形式是 $a_i R_{f(i,j)} a_j$，其中 $1 \leqslant m \leqslant n, f \in IF(m,n)$，可以看出 a_i、a_j 是名称或概念，$R_{f(i,j)}$ 是逻辑操作，公式为形式本体的数学化操作提供了基础。

　　史密斯将"对象"一词用在了非常广泛的意义上，不仅包括物质世界中可感知和可辨别的实体，还包括物质的性质、关系、行为、事件、过程、空间和时间延伸、精神行为、状态及其内容等，也就是对象的整体包含了时空中具体物本身和其外延。任何对象都可以细分为细小的碎片，每个细小的碎片都对应着相同的内涵和外延，例如"红色的玻璃"，无论分割与否，物体和颜色都是不可分离的。整体对象都是在时空中由离散、重叠的微观物体拼凑起来的，这个对象不一定都是时空的具体物，也可能是非具体物，例如梦中的物体也有广延，但不是具体存在的，对象只有在思想上才能加以区分。而每个细小的碎片又都对应着一个"时刻"，时刻连接了碎片形成整个对象。例如某人感冒了头痛，感冒和头痛就是一个整体对象的两个碎片，时刻是它们之间关系的连接词。当另外也有人感冒的时候，可以用这个完整的对象进行比较。但其内在碎片之间的关系是与时刻相关的，否认了这个时刻的存在，则这个命题也就不存在了。当我们说"红色的玻璃"碎片颜色是相同的，也是蕴含了这个时刻的关系。因此，史密斯认为"感冒头痛""红色的玻璃"这些概念就是对本体论的承诺，不是对其中个别时刻的承诺，是对一般概念或普遍性的承诺。由此看出，史密斯所说的对象是碎片组合而成的复合体，由时刻的先后顺序可以得到碎片之间的各种相互关系，例如时间连续的因果性关系、时间不连续的片面依赖关系或相互依赖关系、还有在此之上的复杂的关系依赖等，关系对象可以扩展为能力、知识、声音、光线以及某人或某物等。① 由此，表现出形式本体整体与部分更加复杂化关系②，也表现出形式本体论存在于对象以及对象组成部分之间的形式结构和关系。史密斯的形式本体论将"形式的本体"和"形式的逻辑"从纠缠和混同中剥离开来，把它分别定义成主体物质结构和构造规则。其表现形式是建立二维形式语言，"对象实体的全体，不仅包括个体以及更高等的对象，而且也包括以复杂方式被分层到各个区域的属性、状态和事件，这个全体就叫做本体论空间（与内涵实体所构成的逻辑空间相对）。那么，形式本体论的任务就是提供一种形式本体论语言，像一面巨大的镜子，使其能足够大足够好地反映这个被分片的本体论空间中所包含的所有区分"。③ 可以根据现实世界所遇到的代数符号规则构建形式本体论语言的语法规则，使之不仅能够表达形式本体的结构，同时也与形式逻辑的符号逻辑表达保持一致。

因此，史密斯的形式本体论通过对二维形式语言定义，产生严格的概念和术语的分类，明确了概念之间的各种约束条件和逻辑联系，与信息形成同构关系，体现了信息本体化过程中的形式化、逻辑化和语义化的特征。从信息技术的发展过程看，史密斯的形式本体论是信息本体化的前奏，史密斯将其哲学方法和理论直接应用在信息科学领域，并获得了保罗奖。在史密斯的形式本体论基础上，20 世纪末出现了诸如尼彻斯（R. Niches）、格鲁伯（Gruber）、波尔斯特（Borst）以及施图德（Studer）等专家在计算机科学中"知识本体"（ontology）的研究，使之成为计算机科学的一个重要领域，从而进入形式层面对现象还原后先验意识的本质科学和纯粹逻辑研究的变化过程，但存在的外在表现是"形式"这一本质始终没有变，这个形式形成了我们今天的形式化"信息"的概念。

3.2 信息本体化的主要特征

信息本体化需要能够体现事物的本质特征，也正是本体论所研究的事物本质，因此信息本体化与本体论的研究目标是一致的，进而通过建立符合事物客

---

① Barry Smith, Kevin Mulligan. Framework of formal ontology [J]. Topoi, 1982 (2)：73 – 83.
② 姜小慧. 史密斯的形式本体论解读——从逻辑和科学哲学看 [J]. 哲学动态, 2009 (11)：85.
③ Barry Smith. An Essay in Formal Ontology [J]. Grazer Philosophische, Studien, 1978, 6：39 – 62.

观存在的信息本体形成必要的知识。康德的先验哲学为鉴定真知识和产生新知识提供了思想基础，康德指出具有客观性、必然性和普遍性的东西才是真知识，可以通过分类、归纳和综合的方法产生出新的知识。因此，形式本体论的哲学思想在信息本体化过程中，通过知识本体化的路径，实现建立知识体系的过程。它需要构建特定领域概念集合和概念集合的对象，还需要构建问题求解方法的逻辑规则和体系。同时，为了有效地进行知识表达和知识查询，在信息本体的基础上实现信息的语义化也是信息本体构建的重要步骤。所以，信息本体化显现出信息的形式化、语义化和逻辑化的特征。

3.2.1　信息的形式化

信息首先是一种形式上的本体化存在，根据前面的论述，不论是亚里士多德在《形而上学》中的范畴系统还是康德的知性范畴框架，形式本体论表现出的本质特征都是信息形式化的基础。根据形式本体的范畴首先确定事物的内容，也就是把一个对特定领域之中的存在本体抽象成一个概念体系，将这个概念体系命名，并用单词本身所固有的语义特征定义出所有存在的对象以及对象的类型、概念、属性、关系和逻辑，其中逻辑是关于该领域建立的模型框架下的推理和流程。

可以看出信息形式化的过程是概念分析和信息归类的过程，信息本体的构筑也是发现必然知识和产生新知识的基础，概念是对事物做出的规定性界定，分析就是把概念系统里面的内涵分解出来。有概念就有分类，有分类就有结构，由此可以建立起复杂的概念系统。例如概念可以以不同标准分为具体概念和抽象概念，合取概念和析取概念以及关系概念，自然概念和人工概念，日常概念和科学概念，等等。概念之间是有关系的，从事物的联系中可以赋予概念关系规则，可以是并列、排他、包含关系等，如大概念包含小概念就是包含关系，概念也可以是并列的关系，例如苹果和橘子是并列关系，但它们又都同时包含在水果这个概念中。概念可以根据关系进行分类，将概念分类就有了类似于生物系统的界门纲目科属种的分类方式，"人"这个概念可以属于灵长目、人科、人属和人种；还可以有更广泛的概念分类，人是有语言的动物，是会思考的动物，是有政治需要的动物，是需要自己去谋生的动物等；概念分类后就有了结构，所以，概念和分类使事物具有了意义。分类是产生知识的重要基础，信息系统对概念获取得越丰富，对概念理解得越深刻和广泛，分类内容才会越准确、细致和全面，才能产生必然的知识。但分类是把已有的概念知识条理清晰地罗列出来，不是创造，所以不增加新知识。真正的信息系统应该不仅能够做好分类，还应该具备智能创新性，否则就不是一个真正的有价值的智能系统。

用形式本体论的思想建立信息本体的结果就是一个形式化的、表达了特定领域的整体内容的明确而又详细的概念说明书，是一张具有关联关系的词表，这个词表构成了该特定领域的内容，人们可以根据这个词表范畴的含义来管理和使用有关信息。因此，在信息的形式化过程中，需要领域专家参与制定规则，严格全面的形式化信息本体才能够支撑起庞大的信息处理系统，才有可能对领域内现有的全部知识进行收集、加工和组织建模，才能成为一个有序的知识网络。由此看出，形式化是信息本体化的基础，而且形式本体论概念也赋予了信息本体作为一种存在的特性，这种形式特征不仅表现事物本身的结构信息，也表现交换信息过程中对事物的感知或理解。目前在计算机语言中，信息本体化的建模语言工具主要有数据的类、数据之间的关系、处理函数、公理和实例等，都是源自形式本体的范畴映射，广泛应用于各种计算机语言的数据定义和处理流程。已经本体化的信息可以称为形式化的内涵的信息，而在大数据发展迅速的今天，互联网上的许多数据都是随机记录的零乱信息，有人称其为具有公共性质的对象所组成的外延集合。内涵是有穷的，而外延可能是无穷的、很大的①，所以需要对其进行形式化，也就是信息本体化操作处理后，才可进行语义查询交互应用。

从 20 世纪 80 年代早期的"知识本体"到现在广泛应用的 XML② 或数据库定义的信息本体，都反映出在一个体系内事物在时间和空间中存在和运动形式的本体观念。XML 是形式本体论的典型应用，通过表示实体的标签定义，为知识的存储、分析和共享等各种数据应用的主体操作提供了统一的认识，成为信息应用的基础。基于 XML 定义的严谨性和全面性，其成为一种可以描述各种存

---

① 董英东. 基于逻辑程序的逻辑信息系统 [J]. 贵州工程应用技术学院学报, 2017 (1): 38.
② XML 是 eXtensible Markup Language 的缩写，称为可扩展标记语言，是标准通用标记语言的子集，是一种用于标记电子文件使其具有结构性的标记语言。

在领域的元（meta）语言，也就是常说的通用核心本体。由这种元语言通过图示（schema）的映射可以派生出各种应用领域的专用语言，例如机械、医药、生物、教育等特定行业领域本体，同时它作为特定的应用也可以定义数学、化学以及图形、图像等专门应用本体，还可以通过递归调用形成自身的模型或框架、术语等概念本体。一个 XML 信息本体中具有实在〈entity〉和属性〈attribute〉以及事物实在之间的约束关系〈relation〉的定义，属性和关系包括了时间〈time〉、空间〈space〉、数量〈quantity〉、元素的顺序和关联关系等形成形式本体化的处理数据。① 目前信息本体的应用领域包括人工智能、信息传输等领域，几乎涵盖了我们生活和工作的所有领域。

3.2.2　信息的逻辑化

逻辑是分析事物发生和发展变化规律的方法，而人类所有的思维逻辑都是通过语言进行的，逻辑也都可以用语言来表达，所以语言的规律就是思维的规律，逻辑成为用形式化表示的内容。进而，逻辑推理本身还只是形式上的东西，需要从现象和经验的世界获取素材，通过对对象和概念的分析，进入事物发展规律或法则的世界，也就是进入先验领域的普遍性世界。所以，建立逻辑法则时，建立语言的逻辑性是非常重要的。因而也可说，不同的语言表达逻辑的方法和内容也不同，多掌握一门外语就多熟悉一种思维方式和表达方式，对于提高人的分析和判断能力是很有帮助的。信息的概念化和分类就是将感觉和经验的材料进行分析从而建立一种形式化的结构，在此基础上的逻辑化推理就是人工智能的实现。

信息的逻辑化是构造知识本体中要求的"问题求解方法"的逻辑规则，一系列逻辑演算方法的发明和图灵机人工智能设想的实现，使这个构造成为可能。根据莱布尼茨用数学的方法研究逻辑系统的思想，可能世界语义逻辑诞生，形式逻辑经过精确化和数学化的改造，形成了数理逻辑，数理逻辑用计算的方法来代替人思维逻辑推理过程，把推理过程像数学演算一样，利用公式进行计算从而得出正确的结论。在数理逻辑的框架下，包括命题演算和谓词演算的逻辑

---

① 丘威，张立臣. 本体语言研究综述 [J]. 情报杂志, 2006 (7)：61.

演算、模型论、证明论、递归论和公理化集合论等数理逻辑的分支也应运而生。① 这些理论与图灵机和维纳控制论相结合构造出计算机编程语言和人工智能的概念，提出让机器机械式遵守规则可以实现智能化分解关系模式，以消除其中不合适的数据依赖，解决由于数据增、删、改等变化出现的异常，来替代人工规范化的标准操作，这与维特根斯坦的遵守一种机械式的规则是等同的。②

图灵机的关键是人工智能与自然智能之间的功能差别问题，它使计算机系统能够模拟人的某些思维过程，让机器学会模拟人的学习、推理、思考、规划等智能行为，向趋近于人能够达到的智能程度发展。而通过数理逻辑的模型论不仅衍生了程序语言学、语义学，而且从模型检测衍生出程序验证理论，形成我们今天的各种计算机高级语言。并且由数理逻辑衍生出来的证明论与模型论相反，使证明过程逻辑化，其本质是语法逻辑，所以它与"程序"是等价的，形成各种高级语言的算法逻辑和编程方法。通过高级程序语言实现的人工智能与图灵机模型是等价的，为实现"问题求解方法"的逻辑化构造提供了工具。

信息本体实现"问题求解"的逻辑化构造是用高级编程语言实现对事务处理过程描述的程序，所有事务处理都可以看作是在一组形式本体定义的数据集上的操作，实现对赋予了约定意义的实在对象的处理。事务处理过程是根据事务之间相互关系及处理的先后次序按照步骤进行逻辑处理，同时还需与数据流程紧密联系，数据是事务的处理依据，也是事务的处理结果。语义交互表现在通过与程序的对话产生所要的信息，这些信息的获得是通过包括以语言学、计算机语言等学科为背景的，用推理和逻辑规则对自然语言进行词语解析、信息抽取、时间因果、情绪判断等技术处理，最终达到让计算机"懂"人类的语言的自然语言认知，以及把计算机数据转化为自然语言。

在现实世界中，人类可以看见和感知的事物只是冰山一角，对于那些隐藏在表象下面无法看见和感知的事物，需要我们通过事物的关联性，用逻辑推理的方法去追根溯源，用可见事物的关联，搜寻不可见事物存在的机理。我们从

---

① 殷杰，等. 当代信息哲学的重要论题：认知、逻辑与计算 [J]. 科学技术哲学研究，2017（2）：2.
② 王路. 走进分析哲学 [M]. 北京：中国人民大学出版社，2009：80.

现实世界了解到信息多数是事物的局部、片面和支离破碎的情况，根据具体的知识、信念、偏好、信息通路等前提信息①，构造出信息的概念集合和逻辑推理模型，实现对信息本体的逻辑化建模。通过信息互动和人工智能逻辑推理，实现信息智能更新和演化。数学方法的数理逻辑的先验性为实现信息本体的逻辑化提供了基础，通过人工智能产生新信息的过程是推理、计算和定量分析，它对应了信息本体的知识挖掘、算法计算和概率计算的过程。所以，人工智能是从前提到结论的推理逻辑，它实现了信息本体内知识信息和语义信息的自动增加和更新，达到自动实现问题的求解目的。

3.2.3　信息的语义化

信息是客观世界的表象，人类认识客观世界的先决条件就是在信息表征的客观对象与先验的主观观念之间建立起统一的对应关系。即任何客观对象在主观观念之中只能有一个供演绎运用而命名的名称、符号、数字或概念与之对应。这是人类运用语言、文字进行思考、交流的第一前提或第一必要条件，因此，语义化也是建立信息本体的重要环节。信息的语义化不仅体现在信息形式化时的概念建立和分类的过程中，也体现在模态逻辑化的推理分析中，更体现在信息本体与主体之间的信息表达和信息交互中，语言逻辑本体思想为信息语义化操作提供了思想基础。

信息本体表现的是特定领域的知识概念集合，其中对象、属性和关系的定义是对知识的有序化，这种知识本体有序化的抽象表达方式就是语义化过程。语言一直是人类表达整个世界的主角，语言逻辑给出了语言意义的形式逻辑的符号表达方式。② 信息本体的概念集合是通过语言的方式明确定义一个公认的概念符号集，用此来描述特定领域的概念本体的对象、属性和关系以及逻辑步骤的控制结构。这一过程也就是创建一套共同认可的词汇集合来实现信息的表达和交流，这个词汇集合就是信息本体的知识概念和知识对象之间的语义关系表述。语义化不仅需要体现出与自然语言的对应关系，还要面向计算机自动计

---

① 马明辉，何向东. 演绎、归纳与溯因——从信息哲学看 [J]. 科学技术哲学研究，2014 (3)：13.
② 高云球. 试论语言本体论的哲学基础 [J]. 外语学刊，2008 (5)：2.

算以提高处理效率为目标，因此信息本体化过程中语言逻辑层面的语义化也是非常重要的。以形式本体论、可能世界语义学和分析哲学为理论基础，以计算机硬件和通信设备为载体，产生的语义化信息描述语言和计算机高级语言都是采用语言逻辑符号的表达方式对数据结构以及执行过程的控制结构进行的描述。

数据结构在采用形式本体论对事物对象、属性和关系进行描述的同时，对于信息形式化本体包含的知识和信息单元用带有语义的符号进行定义，进而将其转化为可用的语义化的知识元，使对信息的管理等同于对知识的管理。知识元的表达和组织结构可以按照原始的物理层次以及语法层次结构映射到认知层次或语义层次的知识元结构上来，使信息本体在语义符号的定义下形成对于知识元的集成、综合和推理管理，满足信息的智能化应用。特别是在互联网时代，为了解决 Web 端的信息共享问题，需要统一语言规范，因此出现了语义 Web 的概念。W3C 为语义 Web 提供了一个通用的框架，用来描述资源及其之间关系的语言规范，它通过描述对象、属性和取值之间的关系体现相关事务的信息内容，实现对 WEB 信息内容的语义化，在统一的语义规范下不同的应用程序可以实现信息交流、不同行业和领域的企业和团体可以实现数据的重用和共享。① 信息本体化实现了信息的形式化、逻辑化和语义化的统一，是语义 Web 的基础，信息本体完整有效地表达了知识概念，实现了知识信息的各种操作，消除了不同领域知识的语义障碍。可以看出，语义化的网络根据各种事实和规则能将语义融合到形式化的结构中，更多地体现出属性继承的特征，在属性继承的基础上可以方便地进行推理是语义网络的优点之一。

而语义化的计算机高级程序语言，则是一种人工化的逻辑语言集合。这种语言的控制结构根据思维的逻辑规律通常从顺序、循环和选择三个方面进行。顺序结构使程序语言逻辑按照一种线性、有序的结构组成依次执行各语句模块。循环结构可使程序重复执行某个功能或模块，直至满足某一条件为止。选择结构是根据条件成立与否选择程序执行的通路。由于计算机语言与人类语言的同构性，程序员在程序编制过程中，以人的逻辑思维方式，使用计算机程序语言

---

① 邹晓辉. 探索汉语理论建设及中文信息处理的新路 [EB/OL]. 中国科技论文在线，(2007 - 08 - 17) [2022 - 12 - 21]. http：//www. paper. edu. cn/releasepaper/content/200708 - 255.

描述出事物和问题的本质，达到在抽象的层次上表达意图，实现逻辑推理的结果。特别是面向对象程序设计语言的发明，可以把要解决的问题用各种不同属性的对象以及对象之间的消息传递的方法实现，并支持对象数据的隐藏、数据抽象、用户定义类型、继承和多态等，使编程语言从简单语言标准变成完全面向对象、更易表达现实世界、更接近人的自然语言状态，使编写计算机程序就像描述真实生活中的一项工作流程，只需理解一些基本的概念，就可以简单易行地编写出适合于各种情况的应用程序。编程语言写出的软件本身就是一个包含了特定领域内容的对象、对象之间的相互约束关系的描述，并对其进行语义化定义以及对描述对象事务进行处理的逻辑推理过程和规则描述的集合，也就是概念化信息本体。这一过程同时通过语言自组织原则和其中的逻辑悖论，利用一阶和高阶逻辑有效地解决了人机交互过程中的友好性和信息系统的有序性。

3.2.4 信息的知识本体化

经过信息的形式化、逻辑化和语义化等本体化特征的演化，哲学家和计算机信息专家把本体论的哲学概念衍生成描述复杂信息结构的工具。1991 年美国计算机专家尼彻斯在形式本体论的基础之上提出了一种描述和构建智能系统的思想，也就是将构建的智能系统分为知识本体（ontology）和问题求解方法（problem solving methods）两个组成部分。知识本体是静态的知识，描述了特定知识领域共有的知识和知识结构。而问题求解方法是动态的知识，是在相应知识领域进行逻辑推理的知识。[①] 问题求解部分利用静态的知识本体进行动态逻辑推理和反馈，形成智能系统自洽的知识内容，从而用哲学的本体论概念使知识信息通过本体化的规则形成信息的知识本体。

美国斯坦福大学的格鲁伯也认为一个本体就是一个概念化的明确规范，这个概念化是为了我们某种目的而希望表达的简化和抽象的世界视图。[②] 经过波尔斯特和施图德等人的发展，将信息的知识本体定义为"是对概念体系的明确

---

① 冯志伟. 关于术语 ontology 的中文译名："本体论"与"知识本体"［A］//第六届汉语词汇语义学研讨会论文集,2005：64.
② 冯志伟. 关于术语 ontology 的中文译名："本体论"与"知识本体"［A］//第六届汉语词汇语义学研讨会论文集,2005：64.

的、形式化的、可共享的规范"。① 在这个定义中，应用哲学概念把本体作为一种实体进行定义，对本体表述的具体现象按照明确的规定或者约定的概念模型进行概念化，形成概念体系。这种体现出概念类型以及概念用法约束等有序程度的概念体系，我们可以称其为形式化的知识本体。形式化的知识本体还体现在符合人工智能的机器可读或机器可循的规则形式，其构成的有序知识结构不是个人专用，而是面向大众通用化的知识共享结构。

从上述的定义分析可以看出，在对信息进行本体化的定义时，都将"ontology"译成"知识本体"，原因是这里的"本体"是基于信息科学和人工智能领域对于某个特定领域在某种特定约束条件下的概念模型建立的概念系统，不是一种纯哲学的本体论理论。目前，"知识本体"的研究已日渐成熟，被认为是国际学术界达成共识程度最高的前沿科学领域，但是从涵盖更广泛科学领域的哲学层面上的"信息本体论"的研究，还需要更深入的探讨，国内外学者都在这方面进行着有意义的研究和探讨。

国内学者经过对信息本体论的深入研究，提出了诸如属性论、反映论、关系论、中介论和物质自身显示的间接存在论等有影响力和被广泛讨论的信息本体论观点。② 属性论是把信息定义为事物的属性或运动的状态；反映论是把信息定义为事物某种具体属性的反映或表征；关系论是从信息与物质和能量的关系来定义信息；中介论是把信息作为物质与意识的"中介"而存在。这些研究为信息哲学的发展提供了有益的尝试和思想基础。

信息哲学家弗洛里迪在《信息哲学的若干问题》中提出研究信息哲学需要从信息的定义、语义、智能、自然和价值5个方面的18个问题进行研究，不仅涉及包括信息动力学、信息利用和科学的批判性研究等信息的本质和基本原理的研究，并涉及信息理论和计算方法论对哲学问题的详细阐述和应用。③ 信息技术和理论的应用研究已经涵盖了人工智能、物理模型体系、生命科学，乃至社会学和哲学的各个应用领域。基于信息理论的广泛应用，弗洛里迪追问了信

---

① [美] N. 维纳. 控制论：或关于在动物和机器中控制和通讯的科学 [M]. 郝季仁，译. 北京：科学出版社，1963：64.
② 李国武. 中国的信息本体论研究 [J]. 西安交通大学学报（社会科学版），2011，31 (5)：34.
③ [英] L. 弗洛里迪. 信息哲学的若干问题 [J]. 刘钢，编译. 世界哲学，2004 (5)：101-107，113.

息的本体论地位问题，如果信息是一个独立的本体论范畴，需要深入研究它与物理/物质和精神之间具有的关系问题。弗洛里迪提出可以从作为实在的信息、关于实在的信息以及为了实在的信息诸角度进行考察，也是从信息与实在联系起来对信息本质进行研究①。特别是随着科技的深入发展，采用量子计算概念的量子计算机系统还会为信息的本质研究提供新的线索，所以信息本体论的研究还没有成熟到形式本体论阶段，需要从更广泛的应用内容进行探讨。

　　信息本体化的方法和哲学内涵的研究为构建信息本体论提供了有益的尝试，信息的知识本体的思想直接来源于史密斯的形式本体论，尽管早期哲学意义上的本体论是把现实世界作为研究的对象，发展到形式化本体论后，其引申含义的灵活性已经大大增加。加上维纳和图灵的人工智能的信息概念，本体论在计算机科学领域释放出新的意义，形成在机器之间进行"数据、信息、知识的交换、重用和共享"的通用语言。这种通用语言是一种形式化语言，用来对特定领域各种复杂的人工经验进行描述或表征，建立特定领域完备的模型，形成本体论空间，把形式本体论变为一种描述性科学。由此看来，信息科学的基本研究方法符合史密斯的形式本体论思路。②

　　由本节的分析可以看出，信息的本体化就是通过知识本体的构建方法，形成某个特定领域的知识本体。它是对特定领域概念本体的对象、对象的属性、对象之间的关系以及逻辑推理和语义逻辑表征等内容建立模型的过程。归纳信息本体化过程包含三个特征，第一是形式化特征，也就是用形式本体论概念构建特定领域系统中事物本身的形式结构；第二是逻辑化特征，用可能世界语义学的模态逻辑思想通过逻辑控制结构演绎的人工智能的逻辑推演；第三是语义化特征，用语言逻辑形成的信息的语义逻辑以及机器符号和编码基础，把特定领域的知识概念抽象成一个语义词表的集合，再定义词汇表中词汇的属性以及词汇之间的逻辑关系，这个包含了词汇、属性和关系的集合就构成了该特定领域的知识本体。这三个特征的本体化结果称为信息本体，格鲁伯也给出了设计信息本体需要遵守明确性（clarity）、一致性（coherence）、可扩展性（extend-

① ［英］L. 弗洛里迪. 什么是信息哲学？［J］. 刘钢，译. 世界哲学，2002（4）：73.
② Barry Smith. An Essay in Formal Ontology［J］. Grazer Philosophische，Studien，1978，6：39 - 62.

ibility）、最小编码偏差（minimal encoding bias）和最小本体承诺（minimal onto-logical commitment）的五条基本原则，明确领域中的概念、概念的属性和约束条件是本体建模的核心，明确信息本体建模的基本实体（modeling primitives）主要有类、关系、函数、公理和实例。① 按照本体论不同层次的分类原则，信息的本体化也可以分为顶层本体、领域本体、任务本体和应用本体等。顶层本体是各领域本体的基础，领域本体是在特定领域范围内研究事物的本质。信息的本体化就是构建这样一个被赋予了领域本体相同内涵和意义、表征了特定领域概念的信息集合，使之成为一个有序的知识网络。

目前计算机科学及其人工智能领域广泛应用"知识本体"的概念，任何一个知识领域，只要用形式化的方法对领域内的概念、属性及概念间的关系进行规范化描述，就能建立相应的"知识本体"，就可实现特定领域的知识共享和重用，该领域的知识交流就可在网络及计算机辅助的条件下实现跨语种、跨学科、跨文化的顺畅交流，几乎不再受地域和时间限制，也不再受自然人因不同知识背景或人际交流因不同语言文字及文化背景而可能产生的各种隔阂的限制，这种方法在政治、经济、社会、科技、军事等领域得到了广泛的应用。

3.3 信息本体化的先验思维

前面已经把信息的本体化进行了描述，从大数据信息处理来看，康德的先验哲学思维与大数据处理的关系非常密切，所以本节将以先验哲学为先导，从而进入对大数据的本质分析。

决定论的科学思想被打破是从康德的先验哲学开始，先验哲学找到了人类思维中先天存在的逻辑能力，使人类思维的研究从古典的逻辑形式转化为具有先验思维特征的现代科学思维方法，为科学思想的发展和转变作出了巨大的贡献。随着信息科学的不断发展，虽然人工智能技术突飞猛进，特别是大数据的应用为人工智能带来了极大的便利，但是信息科学工作者也逐渐发现人工智能

---

① T. R. Gruber. A Translation Approach to Portable Ontology Specifications [J]. Knowledge Acquisition, 1993 (5)：199 –220.

算法的发展遇到了瓶颈。例如，对狗的照片进行识别，无论图像样本有多么丰富，深度学习有多么深入，当计算机遇到一个新的狗的照片时，总会有无法有效识别的问题。但是，如果教一个三岁以上的小孩认识几张狗的照片后，基本上不管大狗、小狗或者各种形态的狗，他都能辨认出来。这里就涉及人的先天能力问题，人工智能还没有完全找到人的先天能力之源，我们试图通过康德先验哲学的分析能够获得一点线索。

3.3.1　信息本体化的先验认识对象

哲学就是研究思维和存在的统一性问题。传统哲学有两大学派，一派是经验论派，注重从感性经验和感觉直观获取知识；另一派是唯理性派，强调凭借先验的观念去把握知识。休谟的怀疑论打破了这一切，他认为一切离开我们直觉而获得的印象、知觉的知识都是值得怀疑的，我们的观念都是通过对直觉留下的印象、知觉经过思考得到的知觉表象，我们的认识永远超不出我们的直觉。像因果关系这样的概念，它不是一种客观规律，是我们通过习惯性的联想形成的，实际上没有必然性，只有一种或然性。休谟还否定了诸如实体性、人格等很多东西，他认为，我们没有看到过的客观物质实体，这个"实体"概念就可以存疑。

基于休谟对传统决定论思想的怀疑，康德提出先验哲学的概念，指出人类思维先天存在的能力和基于先天能力的先验逻辑能力。首先，康德提出一种新的思想，就是思维的对象符合观念，而不是观念符合对象。他认为我们无法认识物体本身，也就是物自体是不可知的，我们所能认识的对象都是通过感觉或直观形成的对象意识和对象观念综合各种感性材料所建立起来的一个对象，这个对象是我们自己主观建立起来的经验材料，因此康德说对象是主观的。而我们要认识对象并形成观念，是一种客观存在的先天能力，这个观念要符合外在的对象是不可能的，只能是建立起来的对象符合我们自己观念，因此，可以说观念是客观的。康德所说的观念的客观性是在人的大脑中先天存在一个由观念组成的认识之网，它具有不能随意变化的普遍必然性，但可以把认识之网运用到任何经验材料之上。康德的主客体倒置对我们理解信息也是一种提示，我们意识到的东西都不是物自体本身而是其展现的状态和轨迹，这正符合我们前面对于信息的定义。

康德用判断表的形式给出了这个认识之网的内容，判断表是发生在主体人和客体对象之间，是对存在形式的属性进行判断的逻辑表，它把感性直观材料通过判断表的分类和判断达到把握事物形式和特征的高度，并可上升到抽象知性的认识层次上。判断表分为量、质、关系和模态四种形式。量的判断包括全称、特称和单称，它说明人们在判断一个事物的量项，全称表示所有、任何或全部的概念；特称是有的或有些的概念；单称就是指某人或某事。可以看出，量的范畴正是我们对于客观对象建立概念和命名的基础，所有认识对象的概念和命名都离不开这三类范畴。质的判断是对事物进行分类，包括肯定、否定和无限；肯定和否定表示是和不是，无限则表示"并非什么"的范围；分类也是大数据结构化处理的重要环节，它把所有内容分为了肯定、否定和不定三种状态。关系的判断表明事物之间的交互关系，包括直言、假言和选言，直言表示是与不是的关系，也就是"S 是（不是）P"，假言判断表示"如果 S 则 P"，选言判断表示"要么 S，要么 P"。它表明了数据分类的条件判断标准，直言是 A＝A 的性质判断，主项 S 是被断定对象的概念，其外延可以是全部（全称）、部分（特称）和某一个（单称），谓项 P 是被断定对象性质的概念，主谓的联结项形成判断的结果，通常是肯定和否定。假言是 S 则 P 的存在条件判断，则一事物是另一事物存在的条件，其为真的结果有充分性、必要性和充分必要性三种情况，联结项通常可以表示为"如果……那么……"、"只有……才……"以及"当且仅当……则……"。选言是几种可能的事物中至少有一种存在的判断，其形式分为相容选言和不相容选言两种，相容选言的结果至少有一项为真，不相容选言是只有一项为真，通常连接项表示为"或者"和"要么"。模态的判断是推理结构，包括或然、实然和必然，或然性推理从真前提不能必然而只能或然地推出真结论的推理，例如"阴天了，也许会下雨"存在两种可能性，是一种不完全归纳推理和类比推理。实然性指的是逻辑规律的客观性，概念与客观事实是否符合的判断，形式是"S 是 P"或者"S 不是 P"，例如"你别指望三个月能学好一门外语"。必然性推理是从真前提能必然地推出真结论的推理，著名的三段论就是必然性推理，是一种完全归纳推理和演绎推理。

从判断表来看，康德的先验分析判断超出了形式逻辑的范围，形式逻辑是纯粹逻辑的判断，先验判断最大的特点是有对象内容的判断，因此在数量的判断上增加了单称和无限的对应，例如"甲并非是乙"则是对甲的判断看成是无限的，但在外延上做了排除，形成无限定的不定状态，因此在范畴表中其对应的是有限性。进而判断表在关系中的直言和假言判断中加入了两个以上的多个命题判断的选言判断，形成范畴表的交互判断关系。模态判断中或然判断表达的只是逻辑的确定性，而不是客观的可能性，知性接受它的偶然性，实然命题表达了逻辑上的现实或真理，被思考为是"知性的规律本身规定的，因而是先天断定的"，那它就成了"以这种方式表达逻辑必然性"的命题，即必然性是我们的先天知性法则赋予的，三者的关系构成了"一般思维的三个契机"，也就是"先是或然地判断某物，然后又实然地把它看作真实的，最后才主张它是与知性不可分割地结合着的，即主张它是必然的和不容置辩的"。① 判断表形成一个判断的网络，所有我们感性直观的事物都会落入这张网中，判断表体现出语言逻辑环节的认识结构。

判断表是人先天具有的形成概念对象的认识结构，科学家用这个先天结构所形成的规范去审视由外界所获得的感觉经验、直觉、印象等材料，形成我们对自然界的认识，相当于人们先定了一套法律去规范自然界让其守法，然后建立起科学知识体系。康德称之为"人为自然界立法"，传统思想都是观念符合对象，而康德与之相反的"人为自然立法"被称为"哥白尼式的革命"，它通过建立这套判断具体问题的标准，让自然科学家们直接面对对象为自然界立法，判断表就是立法的依据。需要注意的是，康德在《纯粹理性批判》中给出了两个相似的表格，一个是判断表，另一个是范畴表，判断表是形成认识对象的先天判断标准，范畴表是对认识对象进行先天综合的判断标准，可以把它看成我们在处理信息系统时建立系统结构和进行逻辑推理时既相互独立、又相互关联的两个步骤。判断表为数据信息分类聚类和建立数据结构提供了依据，把一个事物通过量和质的分割归成不同的部分，贴上概念标签形成概念模型，通过关系和模态的判断使相似性大的信息尽可能聚集到一起。

先天成分不仅体现在建立认识对象的判断表上，康德认为感性直观的材料

---

① ［德］康德. 纯粹理性批判 ［M］. 邓晓芒，译. 北京：人民出版社，2004：68.

中也具有先天成分。传统的经验派认为我们的心灵是一块白板，只有在感性中获得了感觉印象之后才能有知识，而康德认为在感性里面就已经有先天的东西了，人的感性里面已经先天准备好一个先验的形式框架，使人预先有一种被动接受的能力，这个感性的形式框架就是时间和空间，用这套结构去接受物自体刺激人的感官所形成和产生的知觉和印象才是我们认识的对象。人的任何感觉或知觉都会在时间和空间中展开，例如红色的花、高楼大厦等，既有空间又会有持续的时间，空间是静态和并列的感觉，时间是事物存续和顺序的感觉。数学的几何学一定是基于空间的概念，但算数学是基于时间概念的，几何学的空间概念是物体的外延，而算数学的时间概念可以看成诸如 $3+5=8$ 中有 3 根和 5 根火柴一根一根间隔均等的排列，把计数看成时间间隔，因此，康德认为数学是先天直观形式的感性。所以，虽然知识始于经验，但在感性经验中有时间和空间的先天成分，也有源于后天的经验成分，因此康德提出了先验感性论的思想。

因此，在认识对象生成过程中，判断表和时空观都是先天成分，在经验材料的作用下形成认识对象。先验认识对象的概念为我们深刻理解信息本体提供了理论基础，信息本体也是对物自体的先验直观反映，人类无法认识事物本身，都是通过实践经验获取各种信息，得到杂多的数据，经过信息本体化形成认识对象。因此，深刻理解康德的先验哲学会对我们如何通过先验判断之网获取更多、更准确的信息，为生成体现信息本质的知识本体提供基础。

3.3.2 信息逻辑化的先验范畴

先验哲学对于开拓计算机人工智能研究的思维有很大的益处。目前人工智能研究最常用的方法就是深度学习，但是人类不需要深度学习，而是在有限学习的基础上辅以先天分析判断，形成知识对象。所以，人工智能研究需要知道哪些东西是能学来的，哪些东西是人先天所具有的，若能把先天的和经验的区分开，研究如何利用先天能力提升智能算法，在经验学习的训练下就能实现人工智能更为接近人类的智能水平。

先验哲学的最终目标是要解决"先天综合判断如何可能"的问题，先天综合判断是创新真知识的最终方法，这里有先天和先验、分析判断和综合判断几个概念。顾名思义，先天就是事情还没发生前已经存在的内容，但先于经验的存在不一定是知识，形式逻辑就是先于经验的断言，有很多断言是先天的，但是它不一定是知识，因为它完全脱离经验没有考虑经验对象。而先验是对先天概念对应的经验对象验证为真的知识，先验是对先天内容的进一步反思，比先天的知识层次更高的涉及对象且判断为真的概念。而关于分析判断和综合判断的区别，分析判断也叫分析命题，是谓词已经包含在主词里面的判断，谓词只不过是把主词中已经包含的东西明确说出来而已。分析判断可以澄清概念并确定已有的必然性知识，但它不能增加新知识。综合判断是谓词不包含在主词里面的判断，是基于经验或后天的判断，因此具有偶然性，其特点是能够增加新知识。例如"物体是有广延的"是分析判断[①]，因为广延已经包含在对象之中，但是像"物体是有重量的""玫瑰花是红的"则是综合判断，因为形成物体的概念不一定需要重量的概念，脱离地球就有可能失重；玫瑰花也不一定是红的，都具有偶然性。

分析判断不能增加新知识但具有普遍必然性，而综合判断能增加新知识却没有普遍必然性，因此，我们能否找到一个既能增加新知识，又有普遍必然性的知识？方法就是康德的"先天综合判断"。由于时间和空间是先天感性的基础，所以对基于时间和空间的知识进行综合，应该是先天综合判断的知识。根据前面分析，数学的时间空间的先天直观性，可以推断几何学和算数学都是先天综合判断。例如在几何学中"两点间的直线最短"的命题中，"两点间的直线"对象中并不包含"最短"的概念，因此它是综合命题，而"最短"是唯一的结论，具有先天必然性，因此是先天综合判断。在算数 $3+5=8$ 中 $3+5$ 并没有包含 8 这个概念，而且等于 8 也是唯一必然性的结果，因此也是先天综合判断。由此，康德推断出数学、自然科学都是先天综合判断。时间和空间只是直观性质的先天形式，只是经验层面的认识，还没有达到人类理性概念分析的层次。康德认为还存在一个先天的纯粹理性的概念系统，它与先天直观合起来共同构成知识，而单独感性直观的内容还成为不了知识，正如康德所言

---

① 邓晓芒.《纯粹理性批判》句读（上卷）[M]. 北京：人民出版社，2018：63.

"思维无内容是空的，直观无概念是盲的"①。

关于先验分析的纯粹理性概念，康德从形式逻辑的判断分类里总结出人类先天概念形式的知性十二范畴。范畴是哲学概念，是适用于天地万物的最有普遍性的概念，康德把范畴表也分成量、质、关系和模态四类，与判断表相对应。量的范畴包括单一性、多数性、全体性，质的范畴包括实在性、否定性、限制性，关系的范畴包括实体与偶性、原因与结果、协同性与交互性，模态的范畴包括可能与不可能、实有与非实有、必然与偶然。范畴表表现出认识形式和认识对象之间的逻辑判断关系，它完全是一种纯粹先验概念系统，但已经深入认识形式、认识属性、认识过程构成的认识结构，达到了先验逻辑结构的先天综合判断的高度。它把过去科学中用到的诸如实体性、因果性等规律都视为纯粹知性的概念，不带有任何经验成分。知性范畴表与前面说到的判断表代表了事物认识不同阶段的先天概念之网，但两个表又是有对应关系的，深入分析和研究两个表的关系，对信息处理的思维创新应该是很有启发的。对两个表进行比较可以看出，一个是对事物的外延进行判断，另一个是对事物的本质内涵进行分析。

量的范畴从判断表的全称、特称和单称发展为单一性、多数性和全体性。概念的外延越大其内涵就越小是形式逻辑的基本常识，例如我们说"人"这个概念，它包含了每一个人所共同的本质和属性内涵，因此它对应了每个单一的人，如果是"女人"这个概念，则其即对应人的内涵，也应该对应女人的内涵，因此"女人"概念的内涵大于"人"这个概念的内涵，由此全称和特称对应了范畴的单一性和多数性。单称对应的是某一个人的全部内涵，因此对应的量范畴是全体性。

质的范畴从判断表的肯定、否定和无限发展为实在性、否定性和限制性。从事物外延上肯定判断一个对象，则这个对象一定包含在谓词概念的范围之内，否定判断的话，一定是在范围之外，所以对应的范畴就是实在性和否定性。无限判断中主词被置于一个有限范围之外的范围里面，这个范围外延是无限的，所以其外延的无限性使概念表现出的肯定性的本质内涵就会被限定在一个有限

---

① ［德］康德. 纯粹理性批判［M］. 邓晓芒，译. 北京：人民出版社，2004：52.

的范围内。

关系的范畴从判断表的直言、假言和选言发展为实体与偶性、原因与结果、协同性与交互性。直言判断不是简单的肯定，而是某种性质判断，表示主项和谓项的外延有重合，可以是全部或部分重合，重合的部分才是实体，非重合的部分就是偶性，例如"班里的学生都是本地人"，但是并非本地人都是班里的学生，也就是说两个概念的外延并非全部重合，所以，直言判断相对应的是"实体与偶性"范畴。从假言判断得出"因果性"范畴，是因为假言判断是断定某一事物情况的存在是另一事物情况存在的条件，因此也就形成一事物与另外一个事物的依存关系，例如"假如明天不下雨，我一定会去公园玩"，这个假言判断就是如此，所以假言判断表现了原因和结果的关系。选言判断对应的是协同性与交互性范畴，选言判断是断定几种可能事物情况至少有一种存在的判断，选言判断分为相容选言判断和不相容选言判断两种。例如"学习成绩不好，可能是学习方法不对，也可能是学习不认真"是相容选言判断，断定选言支中至少有一个为真，且可同为真。像"大学毕业后，要么当地考研，要么出国"是不相容选言判断，断定选言支中只有一个为真。如果有 n 个选言分支，选言判断的真假情况共有 2 的 n 次方进行选择，因此，在知识内容方面穷尽一种知识的全部可能性领域，考虑到所有不同的、对立的甚至矛盾的方面，因此，这种情况相当于在对所有元素进行分析后得到了真正的确定性知识。

模态的范畴从判断表的或然、实然和必然发展为可能与不可能、实有与非实有、必然与偶然。可以看出模态范畴都是成对出现的，因为在判断表中模态的外延都存在主谓项的外延是完全重合还是部分重合的问题，且判断表只涉及系词与主观思维的关系，因此需要模态范畴把主体的直观、知觉和概念等认识能力施加在已由量、质和关系三个范畴整理好了的经验对象的概念之上，也就是将其他三个范畴已对判断的内容作了客观的综合之后，再将它们与知性的认识能力作主观的综合。可以看出，判断表与经验直接相关，而范畴表与经验间接相关，所以，模态范畴并不能直接确定它是否有经验的内容，因而需要对于经验的内容作出判定，只允许运用有经验性的对象，对于超出经验之外的内容则评价为"不可能""不存在"和"不必然"的限定，从而保证了先验逻辑和经验的一致性。判断表的或然性是事物出现的概率，它表现的是必然性与偶然性之间的一种状况，例如我们通过对一个事物的必然性和偶然性进行判断，可以得出这个事物的概率是 40%，则可以说这个事物的可能性是 40%，不可能性是 60%，或然性表现的就是这个程度。因此，判断表的或然性外延对应了范畴表的可能性与不可能性的内涵。判断表的实然判断一定会对应着主观的应然性，而在实然与应然之间会存在差异，因此，实然性对应的范畴表是存有与非有。判断表的必然性对应范畴表的必然性与偶然性的意义应该是很明确的。

从知性范畴表可以看出，康德将休谟怀疑的因果律、实体存在性等疑问都归为了先天认识范畴，知性范畴是人头脑中一种主观的先天认识结构，范畴表如何在经验过程中起作用，达到先天综合判断的目标。康德认为人本身还有一种先天自我意识，这个先天自我意识能够将感性直觉和先验范畴进行统觉，这是一种自我意识的先验综合能动作用，称为先验自我的能动性。正是这个统觉能动的作用将两个概念、两个表象结合到一起，形成一个判断，所以统觉具有先验的认识论高度。如果没有人的这个主体能动性，经验知识材料会是一堆碎片，形不成知识。先验能动性把范畴构成经验的对象，实现推理过程，也称为范畴演绎。一切我们已经形成的对象、经验都逃不出已有的范畴，范畴代表了主体的一种能动的综合能力，通过人的能动综合能力形成知识。知性作为一种先验的自发的能动性，能够对这些材料进行综合，自我意识是人的最高综合能力，范畴演绎最后追溯到的就是先验自我意识统觉这个最高点，统觉的综合统一使人类的知识得以统一。一切能动性的源泉就在于自我意识，人自觉地把自己的知识构成"我"的知识，我的一切观念都是"我"的观念。至于先验自我意识本身它从哪里来，为什么恰好只有 12 个范畴，康德认为我们就没办法知道，物自体不仅仅包括我们所认识的对象，也包括认识的主体，"我"本身就是一个自在之物。

在这里康德给出了先天分析判断之网，也就是如何产生客观必然性的知识，掌握了客观必然性知识就是学习，计算机系统的深度学习就是通过不断的学习，试图能像人类一样把已经存在的知识都学到手，为产生新知识实现智能决策打下基础。但是，人类的学习不是无限的，可以把有限的经验信息放入先天知性认识之网，通过先验分析实现产生客观必然性的知识，这对哲学和科学工作者都是一种考验。

3.3.3　信息智能化的先验综合判断

先验哲学的基础是知性范畴和先天自我意识的综合能力，但是将知性范畴运用于具体经验对象形成知识的原理就是判断，判断是人的一种能力，需要天赋和实践练习，判断力原理的具体内容和方法就是康德提出的纯粹知性概念的图型法。图型法的英文是 schema 一词，计算机专业的人士对这个词不会陌生，它是 XML 定义句法结构的专用词，所以，可以讨论这个词在信息时代的今天应该如何更深刻地理解其含义。康德的图型法指知性范畴运用于经验对象需要一个图型中介，是将现实感性事物与概念相互结合起来形成一个中间物，这个中间物就是先验的图型。图型一定是基于空间和时间的先天直观形式，感性的具体性和知性的抽象性都可以在空间和时间运用到这个中介上来。空间和时间应该分别是外部和内部的先天直观形式，空间的对象包括我们自身和自身之外的所有事物，时间表现为不占空间的意识流，是内部感官的先天直观形式。在认识中把握了空间对象的广延之后，最终留下来的都是具有时间先天直观形式的意识流，也就是将空间中并列的事物，可以在内部感官中以时间顺序的流程加以把握。例如休谟认为太阳晒和石头热看不到必然的因果关系，但是如果放在时间这个有先后顺序的流程中加以审视的话，就会有"先"看到太阳晒"然后"看到了石头热，在这个时间先后的过程中蕴含了因果性的存在。同样当你用"狗"的概念套到一个具体的狗的时候，你预先会在心中形成狗的图型，把具体的狗的形象纳入这个图型里面进行判断。正如康德所说，图型就其本身来说，任何时候都只是人的想象力的产物，是以对感性现象作规定时的统一性为目的。图型的想象力不同于主观形象的想象力，形象是再生的经验性能力的想象力，而图型则是作为空间中的感性概念图形的纯粹先天的想象力的产物，一个纯粹知性概念的图型是某种完全不能被带入任何形象中去的东西，只是合乎某种依照由范畴所表达的一般概念的统一性规则而进行的纯综合，是想象力的先验产物。[①] 所以，时间是始终贯穿在认识主体之中的，内部时间比外部空间更具有本质特征，空间附属于时间，时间的先天规定可以作为知性范畴和认识

---

① 邓晓芒.《纯粹理性批判》句读（上卷）[M]. 北京：人民出版社，2018：141.

对象之间的一个中介，这就是被黑格尔称为"康德哲学中最美丽的方面"的先验图型。

具体来说，图型中介还可以根据十二范畴进行细分，对于量的范畴是时间的序列，质的范畴是时间的内容，关系范畴是时间的秩序，模态范畴是时间的包含性。例如量的图型是数，前文说过数是时间的先验规定，通过时间的均匀分割形成数。质的图型是在时间中感受量的范畴从有到无或是从无到有的作用，是质的图示对时间的依赖性，因此是想象力给时间规定的内容。关系的图型表现为实体在时间中的持久性，偶性可变的现象中与时间相对应的不变的东西就是实体；因果关系的图型是在时间中符合某种规则的相继状态；协同性的图型是多个不同实体下交互作用下同时并存，就是时间中的同时性。模态的图型表现在可能性是各种不同的表象与时间条件取得一致，尽管某个表象的规定没有发生，但总有发生的可能。实有性的图型是在一个确定的时间里的存在，不考虑过去和未来，是此刻或当下实现的对象。必然性的图型指一个对象在一切时间里必然会发生的存在。经过上述分析，就可把范畴转化为关于时间的各种规定的图型，从而与感性直观建立了联系，使范畴得以应用于经验领域，进而使感性直观的现象通过范畴而形成确定的知识，通过这种运用可以建立起一整套人为自然界立法的法规。

通过图型原理把范畴运用于经验对象，建立了量、质、关系和模态作为法规的四大原理体系。第一，量的原理是直观的公理，"一切直观都是广延的量"，所有事物都处于直观的综合中，一切知识都有直观层面，可以进行定量分析。第二，质的原理是知觉的预测，"在一切显象中作为感觉对象的实在的东西都有强度的量，即一种程度"，这里不是指预测纯粹质，而是指预测质的程度。第三，关系的原理是经验的类比，"经验只有通过知觉作某种必然结合的表象才是可能的"，一切事物都在时间中持存（实体性），在时间中先后相继（因果性），与其他事物发生作用（交互性）。第四，模态的原理是一般经验性思维的公设；其他三种范畴讲的是自然的构成方式，是自然界本身的原理，模态范畴讲的是人对自然的态度，是认识的原理。"凡是与经验的形式条件（按照直观和概念）一致的就是可能的；凡是与经验的质料条件（感觉）相关联的就是现实的；凡是与现实东西的关联被按照经验的普遍条件规定的就是必然的（必然实存的)"。①

先验逻辑包括先验分析论和先验辩证论，上面所描述的是先验分析论的方法，分析我们的知识结构如何构建，利用先天直观形式，实现人为自然界立法。而那些超出为自然界立法范围的先验心理学、先验宇宙论、先验神学等无法找到经验对象的超验内容，如果把康德的先验分析用在超验对象上，不仅得不到真正的知识，反而会形成一种幻象，需要先验辩证论的消极作用来加以澄清，先验辩证法提出了如何证明一个事物是非科学的先验方法。

在如何实现先天综合判断的具体方法上，康德给出了纯粹理性的训练、法规、建树和历史四个方面。

第一，纯粹理性的训练包括独断论训练、怀疑论训练、假设训练和证明训练四个部分。独断论训练是避免对知识问题单凭逻辑推论下定论，以免产生幻象。数学的材料可以直接由直观获得，且哲学离开直观也是空洞的哲学，所以须排除哲学中的独断论倾向。怀疑论训练是作为一个思维训练必须经过的环节，对于正面的定理或观点一定要指出它的反面，让所建立的形而上学接受怀疑论的挑战，能够经受住质疑才可靠。假设训练表明，为了实践的目的可以事先作出假设，但不能把假设视为知识，以便对假设进行真伪的判断，例如可以假设灵魂不灭、意志自由等。证明训练说明不能只用逻辑上的真伪证明形而上学的结论，必须区分物自体和现象，真正的证明必须是在现象中有经验支撑的证明，证明的范围只能限制在数学和经验科学的范围内。

第二，纯粹理性的法规只是认识意义上的法规，只能用于现象而不是物自体，因此不具有绝对普遍性，只有实践和行动上的法规才具有绝对普遍意义。人类一切实践活动的目的是为谋求幸福，追求真善美，判断人类实践行为正确与否的是善与恶。谋求幸福的最高前提是承认人的自由意志的存在，而规定自由意志在实践中善与恶的道德法则是人类在自由意志基础上的自律，康德认为实践理性不仅包含了认识论意义上纯粹理性的实践，也包含了对自由意志、灵魂不死和上帝存有的物自体的认识法则，因此，真正的纯粹理性的法规是自由意志的规律，是规定自由意志自律即道德法则，是不受感性和经验限制的纯粹

① ［德］康德. 纯粹理性批判［M］. 邓晓芒，译. 北京：人民出版社，2004：197.

实践理性，它高于认识论意义上的纯粹理性。所以，康德在这里将纯粹理性的法规从认识理性过渡到实践理性，通过实践理性实现幸福、道德和希望的统一，即三大批判的问题：我能知道什么？我应当做什么？我可以希望什么？从这个意义上我们可以把康德哲学理解成：纯粹理性批判是追求理性的"真"；实践理性批判是追求人类崇高的"善"；判断力批判是在理性和善恶之间选择的"美"。

第三，纯粹理性的建树不是技术而类似于艺术，是一个有机的整体，各方面相互呼应、不可分割。康德以量、质、关系、模态四个层级划分的方法论是科学的方式，康德在讨论牛顿物理学也是采用四个层级的方法，分为动量学（量）、动力学（质）、力学（关系）、现象学（模态）进行分析。他认为未来的形而上学分为自然形而上学和道德形而上学，道德形而上学又包括法的形而上学和道德形而上学，《纯粹理性批判》一书描述了未来形而上学的大体轮廓和导论。

第四，纯粹理性的历史讲述了理性派、唯理论和唯心主义可以追溯到柏拉图；经验派、经验论和唯物主义可以追溯到伊壁鸠鲁和德谟克利特，伊壁鸠鲁继承了德谟克利特的原子论。唯理论代表人物包括笛卡尔、伽桑狄、马勒伯朗士、斯宾诺莎、莱布尼茨；经验论代表人物包括培根、霍布斯、洛克、贝克莱、休谟。

先验哲学的最终目标是解决"先天综合判断如何可能"的问题，康德认为一切思维者都具有一种思维的结构，这个结构不是哪个人主观的，而是每个人思维本身内部所固有的，任何一般可能的思维者都必须服从于这样一种结构，这样的结构他称为先验思维结构。它是一种客观结构，不是作为一种客观的物质实在，而是客观观念意义上的先验存在。人的认识对象不是物自体，既然对象是不可认识的，那么我们所认识的都只是观念。

3.3.4 先验思维下的人工智能

因为先验哲学思想对现代信息技术的发展有非常大的促进意义，前面用比较大的篇幅对先验哲学进行了探讨。目前我国的科学工作者很多缺少哲学思维的训练，其实科学工作者在进行某一项科研时，如果有哲学基础就会获得"一件锋利无比的思想武器"，会使思维向更深和更广的方向拓展。康德先验哲学的真正价值不在于为我们解决了什么问题，而在于这种思维方法给了我们什么启示。

目前的人工智能研究路径主要有以符号表征和推理为代表的符号主义以及以深度学习为代表的联结主义两大流派。符号主义是以罗素和怀特海的《数学原理》为基础，应用物理符号系统进行假设和有限合理性原理进行逻辑推理的方法，是目前人工智能研究路径的主要方法。正是罗素对康德的经验对象的批判而形成纯形式化的理论，进而产生的数理逻辑极大地促进了计算机科学的发展。但符号主义由于缺少对经验对象的综合判断，导致对常识的获取、表征与推理等一系列难题无法解决，也陷入了发展的困境。联结主义是基于大数据的深度学习算法，应用了梯度下降等算法以及交叉熵和神经网络等算法，深度学习算法虽然取得很大成绩，但其算法无法"找到语义的特征"，难以发现因果关系等，在安全性方面也非常脆弱。两种算法均遇到难以克服的"瓶颈"，有专家建议将这两种研究路径结合起来，甚至有专家建议采用更综合的技术路线，实现模拟人类大脑的双空间模型，与以深度学习为基础的单空间模型的融合，打造更接近人类大脑的人工智能模型。无论采用哪种思路，研究人的先天能力，在人的先天能力基础上加以经验的训练都是必不可少的。其实，符号主义与联结主义混合模式可以说就是康德思想的应用，符号主义与联结主义分别继承了传统的唯理论与经验论哲学思想。当前人工智能面临的处境与康德当年面临的处境非常类似，对于实行融合符号主义与联结主义的混合发展方式，与康德的思想也是一脉相承的，但还需要更深入地研究和领悟先验哲学，在更多的环节区分先天和经验的成分。

康德的先验哲学认为"知识就是观念和对象的符合"，它强调了人类知性的先验性和人类理性认识的现象性，也表明了事物本身的"物自体"的不可知性，通过把"分析"和"综合"命题以及"先天"和"经验"命题的清晰划分，建立起先天分析判断和先天综合判断的标准，为判别真假知识提供了可靠的方法，把亚里士多德以来的西方逻辑和哲学推到了最高峰，为近代科学的发展奠定了思维的基础，为近代科学思想的建立立下了不朽的功绩。先验哲学的目标是产生具有创新思想的知识，完成这个目标需要三个步骤，第一步是通过先天直观和先天判断完成先验认识对象的建立，第二步是通过知性范畴完成先验分析得到客观必然性的知识，第三步是通过先天综合判断发明和创造新知识。需要充分理解这三个步骤是对事物形式化的外延、本质上的内涵和综合逻辑判断的把握，此三点正是智能信息系统的数据对象的建立、挖掘客观事实和提供决策支持的三个步骤，对信息处理技术发展有很大的启发。

首先，先验认识对象的建立可以视为信息系统处理对象构建，视为数据结构和系统框架的建立。判断表的量、质、关系和模态的先验规则为理解事物的外延提供了框架，可以对应信息数据的对象概念标示、信息类型分析、对象关系建立和数据模型构建等数据库操作，以实现收集的原始数据能够明确地进行概念命名和数据分类，根据功能需求建立适当的数据排列和数据关联以及引用关系等，感性直观的时间和空间顺序也为建立数据之间的各种层次不同的组合结构带来了思路。需要区分知识库中对象元素的先天成分和经验成分，用先天认识之网进行分析，深刻把握判断表和范畴表之间外延和内涵的关系，筛选出能尽量体现出事物全部外延的对象，为后续研究事物内涵打下基础，也就是为更有效的深度学习奠定基础。经验的部分可以深度学习，而先验的部分则可以通过先天的直观形式和判断表进行更有效的推理和筛选。

其次，知性范畴的先验分析判断是通过范畴表和先验分析的方法对事物的本质进行分析，通过把握事物的本质内涵，获得客观必然性的知识。在信息处理系统中是通过逻辑判断产生能够进行决策支持的事实依据，也就是产生确定性的信息，例如图像、语音等智能识别以及信息的智能统计和分析等，为后续的智能化决策打下基础。本质分析不仅需要先验哲学知性范畴对对象内涵进行分析认识的先天之网，也需要考虑内涵与外延之间的反变关系，以便得到事物更加准确的本质特征。形式逻辑认为概念的内涵是概念所反映的含义，是事物的特有属性，而概念的外延是概念所反映的事物所组成的那个类，是特有属性的对象。概念本身就是内涵和外延的结合体，区分不同概念的实质差异就是区分其内涵和外延的不同，概念的变化就是内涵或外延方面的变化。在一定的种属、语境和逻辑等条件下，会有"一个概念的内涵越多则外延就愈小，一个概念的内涵越少则外延就越大"的规律，这就是概念内涵和外延的反变关系。判断表为我们提供了建立概念对象外延的先验方法，而范畴表为我们提供了认识概念本质属性的先验方法。正确地应用范畴表和判断表之间相互关联和映射的关系，区别概念在不同种属、不同语境以及不同逻辑下的反变规律，以便真正地找出事物的确定性本质。判断表量的全称、特称和单称对应范畴表量的单一、多个和全部就充分说明了这种反变关系，全称外延对应的本质内涵是单一、特称是多个、单称是全部。而质范畴表达了形式和内容的外延和内涵之间的关系，关系范畴反映出对象之间的相互关系是通过时空顺序表现出来的，模态范畴更是加入了先天判断与经验对象之间的真值关系。因此，判断表和范畴表的对应关系加上时空顺序是先验分析判断有力的武器，概念内涵和外延的统一就是符合客观必然性真知识的获取。

　　最后，先天综合判断就是我们通常所说的产生决策信息，它是根据先验分析判断的结果，基于经验对象产生的综合判断，是可以称为人工智能的具有发明和创造性质的新知识，可以用它来进行预测、决策。所以先天综合判断是对应了经验对象为真的知识，先天综合判断对应的是间接的经验对象而不是物质对象本身，只有对应了经验对象为真的知识才是真知识，反而就是康德所说的幻象。"知识就是观念和对象的符合"，先天综合判断对应了符合经验对象并且具有不以人的意志为转移的客观性新知识，具有遵从因果律并且可重复出现的必然性和存在于一切事物之中的普遍性的新知识。

　　康德强调，用概念把握具体对象的时候首先要形成图型，范畴并不能直接对应对象，例如因果关系在现象中就不是自在的存在，因此对象和概念的对应是以先验图型作为中介，因为时间是内感官的形式，空间是外感官的形式，所以时间图型就成了直接联结范畴和经验对象的中介。因此，时间比空间更具有根本性，康德认为"范畴运用于现象必须以时间图型为中介"①，也就是说，图型作为一种想象力的产物，被理解为一种时间规定，人们通过图型能够产生某种图像，达到认识事物的目的，所谓"从量变到质变"就是数的图示通过时间的延续产生出量的变化图型，形成质变图像的认识结果。例如在计算机处理中，我们可以把识别的狗作为物自体本身，可以认为识别的是由狗的外在形式产生的经验对象，结合符号型以及深度学习型算法，如果将每一张图作为空间，

① ［德］康德. 纯粹理性批判［M］. 邓晓芒，译. 北京：人民出版社，2004：3.

把图的顺序作为时间，则可以在图的顺序中产生时间图型，狗的识别结果可以看作就是由时间图型产生的图像。目前，谷歌的 AlphaGo 通过收集大量围棋对局的形势图来进行学习，空间就是每一幅图型，时间则是图型的排列顺序，根据下一幅图会变化成什么方向，通过之前的情况来决策之后的情况。当然，AlphaGo 的图像还不完全是先验直观图型对象，但是我们可以尝试借助先验哲学概念通过先验判断表的处理将其转化为先验经验对象，以便与知性范畴进行综合处理，只是在这个过程中康德关于想象力的天赋问题应该是又一个难题。

康德认为范畴演绎过程是一种能动性的驱使，贯穿于经验、知性范畴以及图型之中的是主体先天的能动性，主体人具有的自觉能动性表现在目的性和计划性等方面，这与亚里士多德的动力因和心理学中的驱力、动机也是相同的，因此，一切知识里面都有主体的能动性，否则知识就形成不起来。但是能动性的产生也是有原因的，亚里士多德认为事物中存在目的因，由此形成一种潜能，因此会有动力因的存在，心理学也认为由于人的饥饿、口渴等因素会使人产生驱力和动机①，自组织状态和非平衡态是这种能动性的形式化表征，形成动力学运动方程。笔者认为谷歌 AlphaGo 之所以能够打败人类大师级棋手的原因也在于它能够在自组织的系统下根据当前的局势结合强大的算法，能够产生能动性选择的结果。

康德所说的先天性是人的先天能力，然而，除了康德所说的概念化的先验能力，动物界和植物界还存在基因编码蕴含的先天生命系统的规则，小马出生几小时就能走路，雏鸡从卵壳内钻出来就能啄食，都是遗传基因所决定的先天行为。动物拥有何种技能是由大脑的先天神经结构决定的，形成一整套先天自组织结构。因此，人工智能需要在形成这套先天自组织系统的基础上，经验学习训练才会有效果。人工智能的先验框架如果按照这种先天能力的模型建立，会在一定程度上类似于人的能力，能让深度学习减小对数据的依赖和学习深度，像人一样只进行小数据量的学习就达到跨场景和跨形态的强大泛化能力。人工智能研究如今面临诸如对大数据的依赖、泛化能力差以及不可解释性等瓶颈，未来要建立更强大的人工智能，就需要融合经验对象和先天判断的逻辑推理。

---

① ［葡］安东尼奥·达马西奥. 寻找斯宾诺莎［M］. 周仁来，等译. 北京：中国纺织出版社，2022：30.

第四章　大数据信息熵的内涵和外延

　　大数据信息熵为我们带来认识事物的思维变革，为人类追求真理、实现对事物的终极探索、对事物作出正确判断以及最大限度地发挥大数据的作用提供了必要的观念和方法。综合前面两章对信息熵的功能和信息本体论的讨论，这章将根据先验哲学的思想框架，以熵理论和本体论为基础，对信息熵与大数据的关系以及大数据信息熵的本质特征和外部形式进行探讨；将根据范畴表将从量、质、关系和模态四个方面分析大数据的内涵，从判断表量、质、关系和模态四个方面分别对大数据的纯客观性外延和融入主观因素的外延进行分析。通过对熵理论以及信息熵的分析和归纳，我们得到了信息熵在大数据时代背景下的四个内涵和八个外延，当然这里只是进行了简单的范畴演绎推理，没有作更多的复合演绎推理，希望通过本书的探索能够为找到符合社会和自然科学发展的规律而作出一点新的探索。

4.1　大数据与信息熵

　　事物的不确定性是人类的亘古难题之一，我们应用大数据的目的就是要消除不确定性，从看似千头万绪和充满不确定性的大数据中寻求消除不确定性的因素，这种解决之道就是人类发明发现的"熵"概念。正是把热力学定律中的熵概念引入计算机科学中来，科学家们找到了一条将世界的不确定性与信息理论牢牢结合在一起的途径，也就是实现"信息熵"的本质特征："确定性"。

4.1.1　大数据与不确定性

　　人类最大的期待就是对一切事物予以确定性，但事物是处在不断发展和变化之中，不确定是人类社会发展的重要特征。古希腊哲学家阿那克西曼德就曾提出过世界万物的本源不是具有固定性质的东西，物质都是具有无限定特征，也就是具有无固定限界、形式和性质，因此，事物的来源是不确定和无限制的。1927年海森堡提出著名的不确定性原理，指出不可能同时知道一个粒子的位置和它的速度。[1] 世界的不确定性表现在事物的运动状态上，而这一切正是通过信息表现出来。

我们生活和工作中经常会遇到不确定性问题，例如明天会不会下雨、下一个路口会不会遇到红灯、硬币抛出后哪个面朝上、一个复杂的工程项目能不能按照预期完成等，这里具有的性质都是不确定性。但是我们可以根据数据积累或重复出现的次数得到一个概率分布，用信息熵来衡量这个分布的不确定性大小。概率分布具有的可能性越多，概率分布越均匀，熵就越大。系统往往趋于熵最大的状态时，系统也越稳定。但在现实中，我们只关心在一定限制条件下的熵，生活和工作中的不确定性不会任意变化，会是在一定范围内的变化，因此熵不能随意地增大，而是受到限制条件地最大化，我们通过在熵最大化公式里引入数学算法解决这个问题，也就是受限制条件下的熵最大化问题。信息熵是在不断积累数据的基础上，经过加工、分析，形成确定性的负熵效应。例如，每天乘公共汽车上班，但对公共汽车的情况一无所知，不知道几点有车，会遇上哪辆车，哪个司机开车，会遇到哪些乘客。为了准时上班，会花费额外时间提前到车站候车。这时对于公共汽车的状况来说，是处于熵最大的混乱状态。但是，如果几个月坚持在某个固定时间乘车，经过观察和信息积累，你会逐渐知道在这个时间点，会有哪个车号、哪个司机、星期几等在此经停，甚至会知道哪些乘客会在这个时间乘车。这就是通过时间积累留下了原始数据，经过分析判断形成了清晰的负熵信息。应用这个信息可以准时准点出门，节省了时间，提高了效率。许多生活中的例子都可以验证熵理论的不确定性问题，一个事物的确定性变量越多，事物的确定度就越高。我们追求确定性，就是为了提前预知事物的发展趋势，在事物熵增的过程中进行减熵，使事物保持持续发展。当然，具体到一个企业或者工程项目的确定性分析还需要很多变量和方法，需要

---

[1] ［英］史蒂芬·霍金. 果壳中的宇宙 [M]. 吴忠超，译. 长沙：湖南科学技术出版社，2014：42.

附加盈亏平衡分析、敏感性分析、范围和规律分析以及准则分析等，但是变化主要还是遵循统计规律，概率分析是核心。大数据本身不能带来确定性，但是在信息熵多维度、多层次、多粒度的确定性作用下，使事物减熵，形成持续不断的发展状态。

大数据是在事物运动和变化中产生的，世界的一切事物的运动状态和相互关系皆可用数据来表征，一切活动都会留下数据足迹，万物皆可被数据化，世界就是一个数据化的世界，古希腊的毕达哥拉斯就曾提出过"数是万物的本原"的思想，认为世界上每一个事物都存在一个与之对应的"数"。从大数据发展历史来看，技术发展为大数据的积累创造了条件。古登堡 1439 年发明印刷机后，从 1450 年开始，50 年间印刷了约有 800 万本书籍，比君士坦丁堡建立以来 1200 年间整个欧洲所有手抄书之和还要多。[①] 而现代，全世界的数据量在成数倍地增长，2002 年世界全部印刷物和电影等数据量为 5EB（EB 为艾字节，$1EB = 2^{60}$，约为 $1.1529215046068 \times 10^{18}$Byte），这个量级的数据已经相当于当时 37000 个美国国会图书馆的藏书量，当时预估整个人类历史的数据只需要 12EB 就可以全部存储起来。而到 2007 年达到 24EB，2011 年达到 1.4ZB（$1ZB = 2^{70}$，约为 10^{21}Byte），2013 年达到了 4.4ZB 的数据，而在 2015 年产生的数据超过了过去 5000 年的总和达到了 8.6ZB，2021 年的数据规模达到 53.7ZB，2022 年将达到 61.2ZB，甚至有人计算过 61.2ZB 相当于地球上所有海滩上的沙粒加在一起的近 80 倍。[②]

大数据本身还不是知识且并不具有确定性，还只是记录了事物运动变化状态和轨迹的混乱无序数据，但是大数据记录事物变化的过程是全面的和完整的，里面蕴含了事物发展过程的全部特征，展现出事物内部全元素的相关关系，通过相关性可以找出系统的有序规律，实现大数据对于事物的确定性。我们可以用信息熵从大数据中获取和寻找珍贵信息，一个新生事物或者是创新的想法都

---

① ［英］维克托·迈尔－舍恩伯格，肯尼思·库克耶. 大数据时代：生活、工作与思维的大变革［M］. 盛杨燕，周涛，译. 杭州：浙江人民出版社，2013：13.
② 根据 IDC 网站、赛迪网站以及李国杰、程学旗《大数据研究：未来科技及经济社会发展的重大战略领域——大数据的研究现状与科学思考》［北京：中国科学院院刊，2012，27（6）］等报告整理。

应该是小概率事件，也称为小模式信息。① 无论是政治、经济，还是科技、文化的发展，都需要有新的想法和新的模式，而大数据之所以对社会有价值，正是因为能发现我们缺乏的小模式信息。我们需要从大数据中寻找有用信息，但是我们并不知道它们在哪。反过来说，如果可以轻易地发现一个小模式信息或者趋势，人们就不需要大数据了。我们需要在大海里捞针，需要在海量的数据中发现这个模式或趋势很小的信息。信息熵就是放大镜，只要目标明确，通过它可以分析数据中细小但非常重要的特征。互联网和电子商务、电子政务的涌现，可以全面、迅速和低成本地产生大数据，使一切原来认为不可能记录的事情成为可能，使不管是政府、学校、生产制造还是商业企业等，都可以积累庞大的数据，在数据里找到具有真正附加值的新模式，最大限度利用这些模式创造财富。

大数据一词已经成为常用词语，但人们只能从数据量上感知大数据的规模，其抽象的含义更需要深刻的认识。著名信息哲学研究者弗洛里迪在《大数据及其认识论挑战》一文中对大数据进行了定义："大数据是从仪器、传感器、互联网交易、电子邮件、视频、点击流以及当前或者未来可用的所有其他数字来源产生的大型、多样、复杂、纵向或者分布式数据集。"② 大数据研究机构高德纳（Gartner Group）给出了这样的定义："大数据"是需要新处理模式才能具有更强的决策力、洞察发现力和流程优化能力的海量、高增长率和多样化的信息资产。数字化带来了颠覆性的挑战，大数据创造了前所未有的机遇，由云驱动的海量数据将实现更强大的处理能力，意味着现在可以大规模训练与执行算法，最终发挥出人工智能的全部潜力。高德纳认为："数据的规模、复杂性与分散性质，以及数字化业务所需的行动速度与持续型智能，意味着僵化且集中的架构与工具将会分崩离析。任何企业的长久生存都将取决于能够响应各种变化的以数据为中心的灵活架构。"③ 大数据处理技术也在不断进步和发展，增强型分

① ［英］卢西亚诺·弗洛里迪. 大数据的价值在于"小模式"［J］. 博鳌观察，2016（2）：106.
② Luciano Floridi. Big Data and Their Epistemological Challenge［J］. Philosophy & Technology, 2012, 25（4）. 435 – 437
③ 宁川. 轻松成为数据科学家，微软一揽子数据平台跨越数字鸿沟［EB/OL］. 搜狐云科技时代，（2019 – 06 – 13）［2022 – 12 – 30］. https：//www. sohu. com/a/320321065_122592.

析、持续型智能与可解释型人工智能是数据与分析技术领域内的主要趋势之一，将不断出现重大颠覆性的技术。

大数据不仅仅是数量上的巨大，而且包含了更多大的含义，有人把它归纳成4V的特点：数据量大与数据完整性（volume）、数据内容多样性（variety）、输入和处理速度快（velocity）、价值高但密度低（value）。[①] 大数据的规模已经巨大到无法通过传统的处理方法、按照人们的需要进行数据的处理并形成人类可视化的信息。大数据的存储方式也发生很大变化，而且由于大数据不同于独立分散的局部数据的数据库系统，是一个具有整体信息的数据全集，所以从中会得出许多分散数据得不到的数据关系和事件信息，数据也呈现出多维度、多层次和多粒度的复杂性。由此我们可以根据数据的关联性发现更多的线索，用来寻找新的商业趋势、精准营销、疾病预防、行为轨迹跟踪、打击犯罪以及测定实时路况等，并可以用它产生预测模型、训练语料，做到许多由于数据不够大而难以做到的信息挖掘工作。数据越大信息关联度越大，信息的线索也越多，这正是大数据盛行的原因所在。

4.1.2 大数据信息熵特征

大数据是信息熵度量的基础，没有大数据就无法准确地度量事物的确定性。人们获取信息的目的就是要清晰了解事物状况，大数据更能发挥出信息熵对复杂信息的确定性度量作用，消除对事物的迷惑。概率统计的特点就是重复次数越多，结果越有效，从大数据的量变实现统计结果的质变，这也是大数据信息熵的价值所在。信息熵为我们处理大数据带来了传统方法无法解决的大范围、实时性和并行处理等问题的方法，只有真正理解了大数据基于信息熵的思维方式，才能体会到信息熵给大数据处理带来的优势。在基于信息熵概率统计的大数据处理中，用模糊性代替精确性，先解决85%以上的趋势问题，然后再对余下的15%做精细化处理，这是大数据带来的新思维。[②]

第一，大数据事件服从信息熵的概率统计规律，采用信息熵对于单个信息

---

① 李德伟，等. 大数据改变世界 [M]. 北京：电子工业出版社，2013：7.

② 吴军. 数学之美 [M]. 北京：人民邮电出版社，2012：80.

的信息量的求解可以证明这一点。从概率统计角度来看，事件的概率和状态个数有关，在限定时间和空间的条件下，随机事件只要重复足够多的次数，有可能出现的均衡一定会出现，这也是人类对大数据产生兴趣的根源。在大量的随机事件的重复过程中，也可能会出现多次的均衡，这样能分析出大数据信息的冗余和重复性，但是不影响产生必然性的规律。所以，重复的次数足够多，是事物从不确定到确定性的条件，大数据就是寻找这个确定性的条件，只有大到足够多的事件，才会出现确定性，这也是博弈游戏需要永不停息的原因。因此，对一个混沌杂乱的大数据系统，通过信息熵的过滤，可以形成清晰的期望结果。大数据开发将大量的原始数据汇集在一起，分析找出数据中潜在的规律，以预测以后事物的发展趋势，帮助人们作出正确的决策，从而提高各个领域的运行效率，取得更大的收益。所以，大数据的确定性是一种必然结果，在试验条件不变和重复试验多次的前提下，大量的随机事件必然呈现其统计特性，现象服从规律，这也是大数定理规则。

第二，大数据通常都会表现出多个事件同时出现，单个事件只是极端的例子，真正的信息熵概念也是多个事件信息量的量化，信息熵用概率统计的方法表达了事件发生的概率、概率空间可能状态数和概率分布三个特性。信息熵表现了有关概率系统整体概率分布状态的统计特征量。而大数据的数量级通常都是趋于 PB 或 EB 的数量级，呈现出概率空间的状态数目多和分布广特征，因此，在大数据的基础上的概率空间会更完整，事件的信息熵会更加有效。也就是说，数据量越大表现出事件的概率值就越小，负熵越大，信息越有价值。这正好符合在大数据中寻找小概率事件的规律，因此信息熵为我们寻找大数据中珍贵的小概率事件提供了有效的科学方法和思维方式。在大数据处理中保持概率分布的客观性和全面性也很重要，当我们需要对随机事件的概率分布进行预测时，尽量保持预测满足全部已知条件，而对未知的情况不要做任何主观假设，这种情况的概率分布最均匀，预测的风险最小，此时概率分布的信息熵最大，这种模型正是我们前面分析的"最大熵模型"。人们常说"不要把所有的鸡蛋放在一个篮子里"，其实就是最大熵原理的一个朴素的说法，因为当我们遇到不确定性时，要保留各种可能性。[①] 也就是说发现不确定信息时，不要做任何主观假设，别去人为地使它们的概率分布均匀，才能获得最客观的结果，而这时风险会最小，我们就可以用这个结果来进行最客观的决策。

第三，大数据多呈现为极大量、多维度和完备性的信息，信息熵的联合熵可以衡量任意维度随机变量所传递的信息量，也就是 $H(X,Y)$ 可以扩展成 $H(X_1,X_2,\cdots,X_n)$ 形成相关联的多维度大数据处理。大数据不是只有大才好，维度全也是大数据的重要指标，可以从不同维度观察和分析事物的变化，而大数据的实时采集和外部积累，更优越于传统的内部数据库，使基于事实的分析成为可能，再加上内外数据相结合，更能提高数据的价值。例如政府可以通过对社会网络上传播的公共事件、舆情等大数据收集实时发现情况，根据具体事件性质在内部数据库中调取相关资源，进行快速反应。

第四，大数据信息内部关系的复杂性为信息的处理带来了难度，需要依据数据本身的分布特征将复杂的大数据信息进行分类，把同类的数据按照相似性的准则对整个数据空间进行划分，把存在差异的数据归为不同类型。例如在做新闻方面的大数据分类处理时，需要考虑计算机如何对相似的新闻分类，计算机只能计算，不能从语义上分析新闻，要求设计算法进行相似性及逆行计算，最后都转化为数字进行描述。[②] 然而，大数据中所面对的复杂数据是多侧面的，数据本身就存在多种有意义的划分，例如一篇新闻中存在多个主题，需要理清随机变量之间复杂关系，用条件概率分布描画具体依赖情况，确定分类目标。条件信息熵 $H(X\mid Y)$ 也是信息熵函数的一个重要扩充，它表明已知变量 Y 的条件下变量 X 的不确定性，如果增加了与 Y 相关的信息，X 的不确定性会下降，是这种条件概率分布的应用工具。

第五，大数据呈现出数据之间的相关性，信息熵的互信息熵是引申对两个以上的随机事件相关性的度量。条件熵表现的是与某个事物相关的信息不确定性，互信息熵描述了两个事件集合之间的相关性，两个不确定度之差是不确定度消除的部分，反过来说就是已确定的部分，也就是由 Y 发生所得到的关于 X

---

① 吴军. 数学之美 [M]. 北京：人民邮电出版社，2012：67.
② 吴军. 数学之美 [M]. 北京：人民邮电出版社，2012：128.

的信息量。《大数据时代：生活、工作与思维的大变革》一书中的"是什么"而不是"为什么"指的就是相关性。① 虽然相关性替代不了因果性，但是大数据信息的全面性，展现了强烈的相关性特征。例如"计算机"和"鼠标"这两个词的互信息就比"计算机"和"牙刷"的互信息更大，"今天北京下雨"和"空气湿度"的相关性比与"中国女排是否能赢"就大。互信息熵就是用来度量这种相关性，大数据对这种相关性进行了深化，当这种相关性达到一定程度时，就会转变为确定性结果，形成我们对事物的认识。把握信息熵的特征，寻找隐藏在大数据中的趋势与相关性，在大数据寻找人类智慧，从海量数据中发现知识，消除我们的无知，让人类的创造力在大数据技术中得到更精彩的实现。

从以上分析可以看出，大数据时代信息熵有效衡量了大数据的真正价值，大数据本身是混乱无序的数据，还不能等于有效信息，但大数据包含了事物发展过程的全部状态，包含了高度复杂的数据关系，信息熵的各种算法可以根据大数据的全面性和相关性进行分析，在某种已知变量情况下，体现另一种变量信息量的变化程度等，从大数据中挖掘出对人类有价值的信息。当然这里只是进行了概念性分析，对于大数据处理技术还需要具体的科学研究，还需要以此为基础进行各种相关系数的研究。信息熵的概念与经典的统计学方法也是一致的，但大数据提供了更高维度变量间的相关关系描述。

4.1.3 知性范畴与信息熵

前文在叙述熵理论过程中说到了耗散结构系统的系统性、规则性、结构性和时间性四个特征，这四个特征可以对应先验哲学的知性范畴的全体性、实在性、协同性和必然性进行分析，表现出熵理论、大数据与先验哲学之间的关系。系统概念表现出全局和局部的关系；规律概念表现出信息熵的确定性，揭示了信息实在性的本质特征；结构概念表现出熵增熵减的矛盾运动深化了相互作用和相互依存的对立统一规律；时间概念表现出事物发展不可逆性，阐释了不可逆的时空观，具体描述如下。

---

① [英] 维克托·迈尔 – 舍恩伯格，肯尼思·库克耶. 大数据时代：生活、工作与思维的大变革 [M]. 盛杨燕，周涛，译. 杭州：浙江人民出版社，2013：81.

量范畴表征了熵理论对于复杂系统的完整性特征。系统性在耗散结构中是一个重要的概念，我们常说"孤立系统在自发状态下趋于熵增"中的"系统"表明了一个集合的界限，大数据积累信息的全面性是在这个界限之内的。无论是自然界还是社会组织，或者是生命系统，都是系统元素以复杂的相互作用方式构成的系统。系统元素也可以是按照一定的规律、通过非线性作用产生相干效应或协同现象的子系统，使系统形成具有时空和功能的结构。系统的全局和局部有机地组合是完成系统功能的基础，因此，系统是在宏观尺度上形成结构和完成自组织功能过程的基础。从前面对于熵理论的分析可以看出，整体性和局部性揭示复杂性还是简单性特征，信息熵的相关性研究揭示了事物是普遍联系的复杂系统这一规律。当大数据在量上无法表现事物全部特征时，需要通过因果关系找出事物全貌。当数据量表述了事物发展全过程时，已经揭示出事物的全部特征，可通过相关关系寻找个体轨迹和系综趋势的一致性，找到使系统有序的信息熵。它阐释了因果性和相关性都表现出事物的普遍联系性，是事物的存在和运动所固有的客观存在的形式，指出了相关性是从事物的全局出发发现事物的本质，因果性是从事物变化规律找出事物变化的环节，阐明了因果性和相关性也是针对某一事物而言，事物的条件、对象发生变化时，关系也会随之改变。大数据信息熵的相关性中表现出哲学关于事物是普遍联系的这一规律。

质范畴表征了熵理论对演化规律的揭示。规则性表示自组织结构下的相互作用规则，复杂系统中存在许多互相关联的组成部分，彼此都会遵循某种规则相互作用，就像花朵会有对称的六瓣、雪花会形成绒球状等都是由内部规则决定的，耗散结构理论是研究事物向有序转化的包括机理、条件和规律的规则。任何事物的发展变化都是一个演化的过程，动力学过程是外在的形式，热力学熵变化是其内在的规律。信息哲学认为信息具有实在性，事物熵增熵减的变化过程留下了事物变化的轨迹，经过记录产生了大数据。运用形式本体论的思想把数据转变为知识本体，即建立表达信息的特定领域概念集合，生成概念对象以及相关的属性、关系、语义和逻辑推理规则，使大数据可以转化为有信息结构的知识本体。可以把知识本体看作是某个概念系统通过学习和积累形成的知识集合，信息熵是用概率统计的方法，在知识本体的基础上用一个给定的宏观状态表现出概念系统的智慧。信息熵的外延是在实现对事物的确定性前提下，实现系统的自组织状态的有序性作用。大数据信息的确定性即熵体现了信息的实在性，深化了信息哲学对于信息存在性的研究。

关系范畴表征了结构的自组织状态。结构性是系统内部形成的一种自组织现象，这是一种通过非平衡相变使系统达到某种动态的稳定性结构，是结构形成过程及其规律的统一性。结构是指耗散结构系统中经过非线性突变形成的稳定有序的耗散结构分支从而进一步形成的自组织结构。这种自组织结构在自然界非常常见，宇宙中的能量和物质的相互作用带来了规则的结构，纵横交错的河流根据地势形成一种顺势而为的流动结构，地形变化时流动系统也将自我优化形成更容易流动的结构。自组织结构是指其结构无需外界特定指令就能自行组织、自行创生、自行演化，能够自主地从无序走向有序，形成有序结构。结构从无序到有序的演化形成生命的进化和事物的发展，事物总是在稳定态与非稳定态、平衡态与非平衡态之间不断转化和发展的，信息熵的熵增熵减矛盾变化深化了事物发展的对立统一规律。事物在熵增的运动变化过程中会产生大量信息，而在信息熵的负熵作用下，又会激活社会系统的活跃因素，使系统减熵。熵增熵减的矛盾变化阐释了事物的相互依存、相互转化和相互作用的统一体中的两个方面。任何系统只要符合开放性和远离平衡态的条件，通过熵增熵减的变化产生自组织系统的有序结构，揭示了熵增是熵减之源、无序是有序之源、量变是质变之源，不平衡是发展之源，大数据信息熵的研究深化了辩证统一规律的哲学理论。

模态范畴表征了熵理论的时空观。时间是有方向的，是不可逆和非对称的，时间性和不可逆是耗散结构理论的基础，非平衡相变是在群体和全局的层次上发生，打破了个体轨道描述和系综统计描述之间的等价性，是整体性描述系统元素之间的持续相互作用，在时间的先后顺序中实现，打破了过去和未来之间的对称性，不可逆性成为必然性。普里戈金认为"时间先于存在"，宇宙在创生之前就存在时间之矢，并且这个时间箭头将永远继续，时间可能没有开端没有结束。通过大数据信息熵揭示的事物演化发展的确定性规律，证明了事物在自发状态下的变化是不可逆的过程，也表明了事物发展中时间不可逆的时空观，有效阐释了哲学关于时间和空间是运动着的存在形式，物质在自发状态下的熵增变化体现了时间和空间同物质的运动不可分离，时间的不可逆性体现了物质运动过程中具有持续性和顺序性作用，物质逐渐趋于熵增的过程表明了空间在物质运动中具有的伸张性和广延性作用。同时，熵增在变化过程中趋于最大的无限性和信息熵通过概率分布得到事件确定性的有限性，也阐释了哲学关于有限和无限的辩证关系。

通过上面的分析将大数据、信息熵、耗散结构与先验哲学联系了起来，可以看出耗散结构的四个特征把对"实体"的研究转变到对"关系"的研究，从而关系成为"信息"的集合，在"时间"的序列中成为相关性的信息流，成为大数据信息熵的处理对象，并在计算机处理中得以实现。

4.2　大数据信息熵的内涵

信息本体化是实现信息熵确定性的基础，大数据在信息本体化的规则下，形成结构化信息。信息熵就是在大数据经过信息本体化的基础上，通过大数据表现出的事物全面性、不可逆性和自组织性特征，实现对事物不确定性的消除，实现衡量人们对于某一事物的确定性程度。下面从信息熵的全面性、确定性、相关性和不可逆性四个内涵分析信息熵的哲学本质，这四个内涵最终指向了信息熵的确定性本质。

4.2.1　全体：信息熵的全面性

在先验哲学知性范畴量的单一性、多数性和全体性三项中，大数据表现出全体性的本质特征。我们研究事物总是要研究其总体特征，在人类无法获得总体数据信息条件下常用采样数据进行分析，大数据的持续积累使我们几乎可以获得与事件相关的全体数据，从而事件的特征和元素之间的关联性清晰可见，这是样本方法无法比拟的。在数据收集、存储、分析上都需要有技术上的突破，以保证快捷、动态和全面地获得研究对象的数据，即使数据庞大，但如果不全面也无法表现出事物的整体特征，所以，全面性是保证信息熵确定性的前提。

信息熵的基本作用就是在概率统计的基础上，计算事件在概率空间中的概率分布，找到事物的确定性。从大数定理的角度来看，就是需要事件重复的次数足够多，在时间和空间合成的历史中，让该发生的事情都发生。在大量的随机事件的重复中，会出现多次的均衡，也会出现必然的规律，这就是信息熵确定性的奥秘，也是人类对信息熵产生兴趣的根源。确定性表现在大数据信息熵对各种复杂事件的确定性程度的度量，它的演化本质诠释了事物从量变到质变的过程。大数据本身并没有意义，只有去除无用信息，寻找到对主体行为产生影响的信息，才能消除不确定性。

　　大数据的全面性会展现出所有信息的关联度，有用信息的线索越多，数据越多，挖掘有效信息的潜力就越大，消除不确定性的负熵流就越大。数据的全面性保障了小模式信息不会被丢失，以便能发现采样数据系统中不容易被发现的小概率事件。数据全面性还保证了可以从不同的层次结构和粒度结构进行分析，应用信息熵的联合熵、条件熵、互信息熵以及效用信息熵等工具，实现多层次和多粒度的信息熵量化，在负熵作用下，使自组织系统趋于完善。突变论也是把量变到质变的规律总结成数学模型，表明质变可通过飞跃的方式，达到可以预测并控制这些变化的目的。随着信息技术的发展，大数据积累已经变得简单易行，无论是公有云还是私有云的互联网平台，无论是电子商务还是电子政务，都可以通过简单的技术手段和设备全面、迅速和低成本地记录和产生大数据，政府、学校、生产制造以及社会组织等单位都可以积累庞大的数据，利用信息熵这个放大镜，在大数据里找到具有真正附加值的新模式，并以最大限度利用这些模式创造财富。

　　数据的全面性也使全息逻辑处理成为可能，人类对自然规律的探索是无止境的，虽然牛顿、爱因斯坦为寻找大一统理论耗费了毕生的精力而不得，但也引来了众多矢志不移的研究者，霍金的话使许多人放弃了这个追求，他说："我们不是天使，我们和我们所研究的东西都是宇宙的组成部分，我们不可能从宇宙外面观察宇宙。"[①] 就像王安石诗中说的，"不识庐山真面目，只缘身在此山中"。按照哥德尔不完备定律，"人们因此可以认为我们迄今所有的各种物理理论既是不一致的，也是不完备的"[②]，也就是前面论述的自我相关必然导致逻辑悖论的结果。虽然理论证明了悖论的必然存在性，但人类并没有因此放弃追求，

①② T. Franzen. Godel's Theorem: An Incomplete Guide to Its Use and Abuse [M], Wellesley, Mass: AK Peters, 2005: 88 - 89.

全息理论为我们研究探索大一统理论带来了一种新的方法，它认为宇宙是一个各部分之间全息关联的统一整体，在宇宙整体中，各子系与系统、系统与宇宙之间全息对应，凡相互对应的部位在物质、结构、能量、信息、精神与功能等宇宙要素上相似。因此，大数据的全面性为我们搭建全息小宇宙成为可能，可以通过研究全息相似的小宇宙，探索大宇宙的规律，把宇宙探索变成在大数据系统中高阶逻辑上解决低阶逻辑的问题。

因此，大数据必须表现出整个事物的全面特征，通过相关性可以找出事物运动中每个元素的运动轨迹以及事物的整体发展规律，找出符合个体轨迹和系统运动的一致性，达到系统的有序性。只有保证大数据信息的全面性，才能使信息熵更加全面、立体、系统地发现整体的确定性。

4.2.2 限定：信息熵的确定性

在先验哲学知性范畴质的实在性、否定性和限定性三项中，大数据表现出限定性的本质特征，从与判断表的关系看，限定性是从判断表的"无限"引申而来。只有从外延的无限判断，才能具有特定领域全部内容的集合，范畴表的限定性就是在具备全体性集合中寻找限定性的价值，从内涵上来说限定性是知识内容上的某种限定，是排除了否定性内容的限定性。由此，我们所说的信息熵的确定性也是不准确的，其实信息熵一是表达了排除不确定性的量；二是在数据样本无限多的情况下，表达了统计学意义上无限接近的确定性，因此，用康德的限定性更能表达信息熵的这种意味。康德认为："全体性（总体性）被看成不过是作为单一性的多数性，限制性无非是与否定性结合着的实在性"[①]，"就逻辑范围而言的这些无限判断在一般知识的内容方面实际上只是限制性的，从这一点看它们在判断中思维的一切契机的先验表中是必定不可跳过去的，因为知性在这里所执行的机能也许在知性的纯粹先天知识的领域中可以是重要的"。[②] 普里戈金的"确定性终结"及舍恩伯格的大数据是"采用模糊的方法而不是力求精确性"也是限定性的另一种表述。但在大数据"无限性"的数据样

---

① ［德］康德. 纯粹理性批判 [M]. 邓晓芒，译. 北京：人民出版社，2004：76.
② ［德］康德. 纯粹理性批判 [M]. 邓晓芒，译. 北京：人民出版社，2004：66.

本下，信息熵的这种限定性可以近似看成确定性，大数据在看似无限的数据集合中，形成特定领域的信息全集，通过事物的限定性特征，实现信息熵的确定性。确定性是人类认识追求的目标，其本质是追求事物的状态、过程、范围、结构、功能和规律等在一定条件下的唯一性。[①] 增加信息熵的确定性能使事物减熵，也是熵理论的核心问题。从前面熵理论的分析可以看出，减熵的概念源自"麦克斯韦妖"的设想，麦克斯韦假设的实质就是提出在有智能干预的自发过程中，熵不断增长的原理是否还能够成立的问题。玻尔兹曼于 1877 年导出了微观世界熵与状态概率之间的数学关系，并提出了"熵是关于物理系统状态的信息不确定性的测度"的设想，较早地猜测到信息量与熵之间的关系。[②] 信息熵出现后，直到 1951 年这个问题才由著名的物理学家布里渊给出了一个比较令人满意的数学证明。因此，"信息"从一开始就是以人工智能的方式找到事物的确定性特征，消除熵增，也即以负熵的面目出现，信息熵就是这个智能的"麦克斯韦妖"。信息熵是该系统相对于它的一切可能状态的平均概率分布的表述，表明信息熵的本质就是对事物确定性的表征。

任何事物在自发状态下都是熵增过程，而熵增带来事物状态的变化，使其必然有信息出现，信息记录了熵增过程，但同时对信息的处理又会产生新知识，给事物演化过程带来新的动力，因此熵增过程的信息必然可以带来熵减。传统的科学理论中信息的确定性作用往往会被忽略，例如牛顿力学中就没有明确变化过程中信息带来的作用。随着熵理论的出现，在量子理论、耗散结构理论以及信息理论等现代科学研究中，信息的效应越来越重要。记录信息可以是人，也可以是事物本身。人类从历史文物的考古、地质勘探、生物 DNA 以及地震、洪灾、火山爆发，甚至宇宙的引力波、微波背景辐射等现象都能寻找到自然记录的痕迹，记录了地球、宇宙和人类的发展过程，也就是熵增的过程。现代科学理论中，信息的负熵变得越来越重要，地球和宇宙变化中记录的信息产生了大量确定性的新知识，一直帮助人类社会不断升级，信息永远伴随人类存在。大数据处理就是在寻找熵最大解的过程，通过模拟外部现实世界的熵增过程，

---

① 李坚. 不确定性问题初探 [D]. 北京：中国社会科学院，2006：1.
② 冯端，冯少彤. 溯源探幽：熵的世界 [M]. 北京：科学出版社，2005：65.

当找到了熵最大的解之后，把这个解记录下来，就形成新的知识，实现了人工智能。大数据保证了两方面特征，一是尽量多的假设，二是尽量不一样，这就是状态数目和概率分布的要求，也就要求模型容量足够大，可能的分布足够均匀，这样就会有足够强的拟合能力。因此，大数据就是这种信息记录的体现，大数据信息熵就是熵增的逆向过程，增加确定性使系统走向有序和发展。

从哲学角度探讨信息熵的哲学本质的思辨，也是围绕不确定性展开的，香农提出的信息熵概念，认为信息熵就是信息在传输过程中实现的"消除不确定性"，得到的应该是趋近于确定性的限定性，反过来说，也就是用概率来衡量人们对于某一事物的确定性程度。维纳控制论提出的信息熵，与香农的信息熵完全一致，甚至有人认为维纳也是信息论创始人之一。面对浩瀚如海的大数据，如何改变我们传统的思维模式和处理模式，在大数据中找出具有更强的决策力、洞察发现力和流程优化能力的有用信息，使信息成为信息资产，而不是淹没在数据的海洋中。基于大数据所展现出来的数据特征和给人们带来的新问题，我们不仅需要大数据处理的科学技术，更需要变革我们的思维方式。舍恩伯格等在《大数据时代：生活、工作与思维的大变革》一书中提出大数据时代必须思维变革，处理大数据是面向全体而不是抽样样本，是采用模糊的方法而不是力求精确性，是采用相关关系而不是因果关系等三个思维上转变。今天从康德的先验思维体系来看，将这一观点加以扩展和延伸，以适应当今互联网大数据时代的要求，它也是正确的，目前广泛研究的信息哲学也需要针对大数据时代转变思维，展现出时代的特征。信息哲学研究是基于信息论和人工智能理论发展而来，而信息论的基础是应用信息熵对信息的量化。

4.2.3　协同：信息熵的相关性

在先验哲学知性范畴质的实偶性、因果性和协同性三项中，大数据表现出协同性的本质特征。协同关系是主动与受动之间的交互作用，是在多个变量存在相关度的情况下，一个变量的变化会对其他变量产生交互影响，从时间上交互作用的变量同时并存。因果性推导出来的不是反映问题实质的结果，而是显现问题的前提，因果性反映出变量之间有时间前后顺序，只有当所有的前提都具备的条件下，才能显现出协同性关系，反映出系统的自组织状态。这也是大数据的价值所在，大数据具备了系统元素的全集，因此不用考虑变量的因果关系和实偶关系，能直接展现出变量之间的相关性，通过概率统计分析的确定性处理形成信息熵，能发现事物的本质。相关性也是发现小概率事件、发现新线索和新知识的方法。当大数据表现事物的数据量达不到全体数据的时候，无法表现事物的全部特征，因而，需要通过因果关系或实偶关系找出可能的事物全貌，所以结果的判断也不会是必然性的。只有当数据量的积累达到全部时，才能通过相关关系找到事物元素之间的相关性，通过寻找个体交互性轨迹和系综趋势的一致性，才能找到激活系统整体自组织有序的信息熵。熵表达系统整体的确定性因素。大数据信息熵就是在数据量是全体时，通过互信息熵、联合信息熵以及条件信息熵等方法的作用，发现大数据集合中元素的相关性特征，找出使系统有序的一致性信息熵。可以看出，相关性是从事物的全局出发发现事物的本质，因果性是找出事物的变化规律，掌握事物变化的环节；通过关系范畴说明了事物是普遍联系的规律性。

在大数据时代，数据对象几乎都完整地被记录在互联网上，不仅获取这些数据非常容易，而且这些数据都体现出状态无限多，概率分布广，采用基于全体数据信息熵的分析方法具有很大优势。由此我们分析得出，当数据对象已经在互联网应用中自动被收集，收集数据是具有全面性特征的总体数据，数据对象的信息熵值较大，采用大数据的总体特征下的相关性分析方法会更加有效。相关性计算可以不考虑数据的量纲，只对所有数据的相关性进行计算，通过这种计算可以发现许多意想不到的线索，例如公安部门可以发现弱相关性的蛛丝马迹，为破案提供线索，医疗系统可以利用弱相关性计算发现不易察觉的引发疾病的诱因等。国外有家超市利用这种无量纲的弱相关性算法，发现把小孩纸尿裤与啤酒放在一起，会增加啤酒的销量，原因是买纸尿裤的家庭通常是孩子妈妈照顾新生儿无法购物，而孩子爸爸在买纸尿裤的同时经常会顺便买几罐啤酒回去，因此把啤酒和纸尿裤放一起促进了销量。随着电子技术和网络通信技术的发展，人工智能研究已经具备足够的数据处理和存储能力，具备简单低成本的数据收集能力，重要的是有了先进的大数据分析技术，收集所有的数据变成可能，使样本等于全体数据成为可能，而且在全体的大数据中还会隐藏着原来采样数据中不曾有的关联信息，使获取的信息更加丰富有效。

　　但是，这种思维也不是绝对的，当样本数据足以精确表达事物的时候，也不必强求大数据的处理方法。就像人们对物体运动规律的研究，牛顿定律曾被认为绝对正确，但随着科学家们对微观粒子世界进行研究时，牛顿定律不再适用，而代之以量子力学和相对论。但这并不意味着牛顿定律的消失，在人们生活所及的物理社会里，仍然是牛顿定律起主导作用。信息社会也是如此，信息的爆发式增长以及复杂多变的形式使传统抽样统计方法显得力不从心，于是需要改变思维模式，采用大数据的处理方式。大数据的数据关系也呈现为非线性的复杂特征，由于信息熵具有能够有效衡量非线性不确定性度量的优势，从目前的进展来看基于互信息的信息熵度量准则是非常适合处理大数据的数据关系的。但是，对于具体的信息系统而言，还需要根据实际情况而定，才能使信息熵更有效地发挥出消除不确定性的作用。

4.2.4　必然：信息熵的不可逆性

　　在先验哲学知性范畴模态的可能性、实有性和必然性三项中，大数据表现出必然性的本质特征。因为我们假定了大数据是全面的，在大数据中只考虑协同性关系就可以得到知识，因此，在大数据的范围断定的内容都不会超出已经存在的范围，在大数据的范围内的推理一定是必然性推理。康德认为必然性的图型是在一切时间中的存在，一个必然的东西会在一切时间中必然会发生。必然性一定是随时间箭头向前，如果时间可逆势必会回到必然性之前，必然是不可逆的规律，它验证了熵理论关于事物发展的不可逆性。根据热力学第二定律，系统在自发状态下的熵增是不可逆的过程，熵增随时间变化逐渐趋于最大，而可逆过程会使熵减或熵保持不变，使得热力学第二定律不复存在，不可逆过程是热力学的一个重要的理论基础，也是事物发展规律不可逆的基础。因此，不可逆指的是一切事物在时间反演变换下只能单向进行的热力学过程，自然界中所有复杂的热力学过程都具有宏观上的不可逆性。而从微观角度看，虽然单个分子的行为受到牛顿力学的制约，包括牛顿力学在内的所有基础性物理定律都在时间反演下成立，由于分子数量庞大，很难找到一种特殊情形能够使所有分子都满足回到初始状态的条件，对于整个具有大量分子数的宏观系统而言还是不可逆的。而对于具有高熵的平衡态而言，可能的分子组态数量远比初始的低熵的分子组态数量多得多，从而在统计意义下，几乎不可能出现这样使热力学系统获得负熵的可逆过程。能量守恒与时间无关，但熵增描述的是能量持续性的转化过程，是随时间之矢单向不可逆的变化。研究表明，自然界和人类社会中所有复杂的自发变化过程都具有宏观上的不可逆性。事物的不确定性表现为变化的过程和最终结果都是未知的，但是通过大数据的信息熵，利用概率统计的方法，事物演化特性和趋势得到了一种必然性的结果，使事物得到了一种不随时间变化的确定性，这个确定性也阐释了事物的不可逆性。因此，大数据信息熵不仅阐释了物质发展过程中的连续不可逆性，同时也构成了时间不可逆的时空观。

我们通常遇到的可逆性规律，都是通过数学的理想化表达的物理概念，通常都是在一种其"有效范围"内限定下的事物的规律性。如牛顿定律是在没有考虑熵增的基础上的时间对称性规律，使人类对事物的理解限定在这种"有效范围"之内。而事物的发展远远超出这个"有效范围"，熵增使时间对称性被打破，就得到了不可逆性的自然新法则的表述。由于事物的不确定性，这个法则应是建立于概率分布基础之上，在这种概率表述中，宇宙的演化特性必然在物理学基本定律之中得到反映。① 而大数据信息熵在大数据的完整性基础上，通过衡量概率空间的分布和状态数找出确定性，使事物的规律性完整体现，表现出事物的不可逆性特征。牛顿力学等学说没有考虑到事物状态的演化过程，是用静止的观念考虑局部的相互作用，使对于信息熵的减熵作用无法体现出来。耗散结构理论出现以后，否定了牛顿定律时间反演的对称性，从数学和物理学角度证明了时间在本质上的不可逆性，阐述了事物状态不可逆的演化过程和本质，并用产生的信息作为熵减的"能量"交换，达到减熵效果，使事物向有序化发展。

事物具有不可逆性，使过去、现在和将来判然有别，才会有差异性和非平衡态存在，使减熵成为可能。现实世界的差异性产生变化，变化不可逆是自然界的普遍属性，新的变化是新的差异所致，事物随时间变化的不可逆，

---

① ［比］伊利亚·普里戈金. 确定性的终结：时间、混沌与新自然法则［M］. 湛敏，译. 上海：上海科技教育出版社，2018：7.

也说明了时间的单向不可逆，形成事物从低级向高级发展的基础。越是复杂系统或是复杂事物其变化的不可逆性越高，不可逆性是有序之源，不可逆性是从混沌到有序产生的机制。平衡态物质和事物就没有这种差异，所以一个处于平衡态的物质总是混乱而无序的。大数据信息熵给出的保持差异性的方法，使系统保持非平衡态，在外部能量的激活下保持系统不断循环发展的动态平衡状态。

4.3　大数据信息熵的客观性外延

信息熵的外延是表现出大数据的外在形态以及给社会带来的作用，表现出大数据信息熵与其作用对象形成一种带有普遍性的客观性存在的关系。本节从信息熵本质出发导出信息熵的四个不带有主观因素的外部特征和功能，也就是信息熵对个体概念的可量化性、对系统整体的有序性、对交互协同的自组织性和对必然规律的可预测性，形成不考虑信息熵作用主体的客观性外延的描述，揭示信息熵存在的客观性价值。

4.3.1　单称：信息熵对个体概念的可量化性

从先验哲学量范畴的角度来看，知性范畴表中的全体对应了判断表的单称，这里的单称不仅仅是对事物的称呼，还表示了事物的个体性特征，也就是本质上的全体性表明其外延就是每个事物的个体性表征，说明本质上表现出的全面性越充分，个体性表征就越准确。信息熵的表达方式也充分验证了这一点，在大数据集合中，如果具备了描述事件的全部元素，则其每一个元素的概率取值都是最准确的，其熵的表达也是最准确的，这一特征可以用来对主观性较强的抽象概念的量化。社会系统的许多现象的评估都是抽象模糊的，例如我们说一本书的信息量很大，但很难说清到底有多少大，还有态度很好、感受很深等抽象指标也都是比较模糊的，很难用科学的定义直接对其度量。信息熵概念根据概率空间分布的通信理论方法，解决了对每个信息的量化度量问题，通过对任意事件确定其随机概率的方法，使抽象性概念得到量化。香农提出的"信息熵"的概念是对任意离散信源而言，定义在 n 个可能结果的随机变量 X 上，信

源概率空间为 $P(x_1)$, $P(x_2)$, $P(x_3)$, $\cdots$, $P(x_n)$，随机事件的信息量定义为该事件发生概率的对数的负值，$H(x_i) = -P(x_i)\log P(x_i)$ 确定了随机变化的离散型自信息量。信息熵的概率统计方法以及大数据集合的完整性保证了量化的精确性，在量化之前我们会对系统事物有一个整体的考虑，把事物分割成若干部分，区分各个部分的重要程度，进行价值判断。这个价值判断可以体现在数据之间的关联性上，可以根据价值尺度进行加权连接，以便体现出某个事物的重要程度。我们知道概率统计方法的准确性体现在概率空间的完整性，这与先验哲学体现的全体性内涵对应单一性外延也是一致的，所以需要保证大数据的"大"和"全"，才能获得每个个体元素量化的"准"。在这个基础上，再明确量化的概念和量化各指标的目的和意义，量化就是将量化的事物转化为在知识本体上的数字或者数学表达的一种映射。大数据的特征减少了量化过程中对于事物认知的不确定性，降低了决策风险。信息熵的量化得到事物的本质和趋向，使决策者通过表现事物特征的数据依据，而不是靠主观臆想来决策。因此，清楚理解大数据信息熵对于抽象事物量化的概念和本质，掌握量化的方法，对研究社会现象具有重要意义。大数据信息熵的应用，使量化程度越来越精确，根据决策目标的不同，只要确定相应的量化方案，一切事物都是可以量化的，使人通过科学的量化方法对世界有更清晰的认识，能够更好地创造新事物。

大数据信息熵是对于抽象事物的量化，是非语义化信息的量化。在社会实践中经常会遇到各种抽象概念的量化问题，例如公司招聘一个新员工需要从人品、能力、经验和待遇要求等诸多方面进行考察，不进行指标量化就无法有效地进行人才筛选，特别是对人品、态度等抽象指标的量化，是衡量社会现象的重要因素，本节先进行量化特征的讨论，下一章将从正负熵的角度具体阐述社会系统各种指标的量化方法和评价模型。对具体事物的量化需要从事物的整体概况出发，明确所要量化指标的概念、目标和表示方法，根据量化目标把事物分解成各种具体的概念和变量。分解是量化的重要步骤，可以利用知识本体化的方法，将不可量化的事物进行分解，确定分解后元素的状态、阈值和信息价值，找出对这些元素量化过程的逻辑关系，或作为逻辑关系的变量，建立逻辑计算表达式。根据量化的原因和目标建立实现量化的逻辑过程，使知识本体实现"问题求解"的构造，完成从量化的原因通过量化逻辑最终达成量化，形成量化系统。

无论是企业还是政府，都需要对人员的态度绩效指标进行评估，需要对社会的抽象发展状况进行衡量，所以社会现象的量化问题是直接衡量社会事件的重要因素，一直是社会关注和研究的重要问题。大数据时代信息熵的应用可以改变人们对抽象概念的分析方法，大数据记录了世界上几乎一切事物状态和变化情况，使各种社会行为和现象都变成用数据表现出来的信息，而信息熵对于信息的量化功能又使一切事物变成可以"量化"的状态，大数据时代的信息熵可以使模糊的抽象社会现象实现量化分析。

4.3.2　无限：信息熵对系统整体的有序性

从先验哲学质范畴来看，知性范畴表的限定性与判断表的无限性判断是一对内涵和外延的关系，从前面对大数据信息熵内涵的分析可以看出，"就逻辑范围而言的这些无限判断在一般知识的内容方面实际上只是限制性的"。无论科学研究还是人类社会发展都是长期探索的过程，是在无限的积累中逐渐进步，在无限的发展过程中，获取有效的限定性知识，得到整个系统特征的确定性。确定性外部特征就是系统整体的有序或无序状态，这也是大数据信息熵表现出的一个特征。在现实世界中实体通常都是随着时间的进程逐渐演化生成的，特别是社会现象这种演化特征更为明显，社会现象不仅具有抽象性、离散性和非线性的复杂特征，而且具有高度的随机性。大数据信息熵的特点之一就是对随机性演化事件全过程的确定性度量，也就是通过对每个个体轨迹的确定性形成整个系统的确定性。这个从整体出发的确定性，考虑了所有随机变化事件的概率分布，系统信息熵的度量结果是完整的，而大数据的完整性为信息熵表现系统的确定性提供了必要的基础。从信息熵的公式 $H(X) = -\sum P(x_i)\log P(x_i)$ 来看，它表示的是事件 X 中所有 x_i 的信息量对该事件不确定性消除的量，事件中 x_i 的概率分布越广、状态数目越多，消除的不确定性就越大，越能体现出整个系统的确定性。

系统的存在和发展有复杂性和随机性两个显著的特征，虽然我们都有大道至简、万物归一的理念，从泰勒斯提出水是万物本源，赫拉克利特把世界不变的始基规定为火，到德谟克里特等人认为世界的始基是不变的原子，毕达哥拉斯提出了"数是万物的本原"的思想，直到牛顿的万有引力定律，都是超越事物复杂的表象，力图寻找事物现象背后至简的根本原因，寻求事物千变万化发展过程中的不变因素。但是，物质世界和人类社会都是多层次、多维度和多粒度的复杂系统，即使我们对系统的初始状态有精确的了解，但也无法对事物演化过程中的确定性作出预言，系统中事物的产生、发展是不可逆的，在演化过程中都包含着随机性。但是大数据技术的出现对这些随机变化进行详尽的记录，通过信息熵的解析实现人们对于随机事件的确定性掌控。特别是耗散结构理论为我们提供了一种对复杂系统演化过程的量化方法，耗散结构理论中事物发展的涨落、分岔、临界点等概念都是系统非线性演化过程的重要节点，也是非机械论性质的演化过程描述，虽然演化中的涨落破坏了系统当前的稳定状态，形成新的结构，而且诱发了新的不稳定状态产生，但耗散结构对随机过程进行整体系统趋势的量化方法不仅给出了系统涨落的状态，还把系统对涨落状态的选择以及未来变化模型都以数学方法给出了量化模型。

确定一个系统的特征必须考虑其整体的有序性的特征，大数据不仅满足了系统元素和演化过程的全面性要求，对于系统元素之间的相关性也能充分地体现出来，通过相关性分析可以找出系统内各元素之间相互联系、相互影响、相互作用和相互制约的关系，从而为每个元素的存在和发展确定依据，找出系统元素在空间排列和时间运行的规律性，从而确定系统整体的有序性，因此，大数据信息熵使复杂系统实现的确定性就是系统有序的特征。

混沌就是一种无序状态，有序和无序是相互依存的对立统一关系，有序性中隐藏着无序性，无序性中包含着有序性。无序性是普遍的绝对的，而有序性是有条件的相对的。有序和无序是相互贯通的，在一定的条件下可以相互转化。有序无序的转化也是耗散结构理论追求的根本变化，正是这种变化给物质和社会系统带来了对立和统一的循环，使物质发展和社会进步，把物质文明和精神文明不断推向新的高度。混沌和有序就是个体和系统的等价性和等价性被打破之间的循环。打破等价性有两种状态，也就是系统非线性涨落和突变状态，两种状态给社会带来的变化效果是不同的。涨落通常是在保持社会系统的形态不变的情况，系统内部元素发生个体的涨落，释放出能量，使社会产生小的进步。中国五千年的文明史就说明了这一点，每个朝代的更迭在文化上和生产力都有进步，文化的向心力不断加强，但是文化的根基没有变，权力结构和文化信仰始终结合在一起，使中国古老文明能够延续数千年而不间断。而西方社会的几次大变革都是超过阈值的突变，从雅典民主到政教一体的罗马帝国，再到政教分离的皇权社会，再到民主制度，每次的变化都是断崖式的突变，这种制度上的变化也使各个时期在文化上发生了更大的巨变，产生了文艺复兴和启蒙运动等新文化，出现了唯心主义、唯物主义、机械主义、存在主义、实证主义等各种思潮。

国家的改革开放就是在原有的稳定状态下，打破"平衡态"，引进先进的思想、技术以及资金和人才，激活了社会系统的能量。改革开放使国家的经济结构和社会结构都发生了变化，这个变化可以称为突变。在这场变革中，从社会、科学到经济等各个领域都发生深刻的变化，取得了很大的进步，经济结构形成一种新的自组织状态，使国家在一种新常态下实现经济的大幅度增长，新生事物不断涌现，科技不断进步，创造了新的文明。

古代文明时期的混沌到有序的变化通常伴随着战争、灾害与朝代更替，现代文明制度和文化使社会系统的自我适应能力越来越强，在系统整体的自我否定和自我创新力的作用下，实现涨落和突变。特别是在大数据时代信息熵作用下，更加强了社会系统的确定性、自组织性、可持续发展性，使社会向着更加有序化演化，使社会文明不断向着更深层次和更高水平发展。在互联网和大数据技术的作用下，全人类承担起一个共同的使命，通过多元文化与文明的交流与融合，互相汲取营养，使人类文明不断延续下去。

4.3.3 选言：信息熵对交互协同的自组织性

先验哲学关系范畴的协同性与交互性范畴对应了判断表的选言判断。这里的选言也应理解为广义的事物选择性，即协同与交互是事物内部在多个个体事物存在相关性的情况下，体现在外部特征上是非线性耦合和分岔选择，使系统进入稳定的非平衡态分支。协同作用是元素同时并存的交互作用，而选言则是在事物的一切情况都包括无遗的状态下，穷尽所有分支选择判断为真的结果，也就是从事物内部本质看是协同作用，而从事物外部表象来看是选择为真的路径，形成有序的自组织状态。大数据时代信息熵有效衡量了事物的相关性特征，促进了系统协同发展的自组织性作用，使事物更加有序。关于自组织性算法，在前面的耗散结构模型分析中作过一些描述，可以选取适当的模型进行计算。也可以根据大数据信息的全面性，用联合信息熵在系统的状态空间中追踪信息所有可能的过渡状态，追寻信息表现事物的相关性，为全面处理大数据协同状态的信息熵提供可能。当随机向量 (X,Y) 的联合概率分布为 p_{ij}，则 (X,Y) 的二维联合熵为 $H(X,Y) = -\Sigma\Sigma P(x_iy_i)\log P(x_iy_i)$，联合熵是描述一对随机变量平均所需要的信息量，联合熵概念可以推广到任意多个离散型随机变量上，公式也可以写为 N 维联合熵 $H(X_1,X_2,\cdots X_N)$，形成了一组随机变量所传递的信息量，表示某信源的 N 维随机变量 $(X_1,X_2,\cdots X_N)$ 产生的一条长度为 N 的消息，而且 N 维信息熵函数的任何数学性质都适用于联合熵。联合信息熵对于大数据的实际意义，是可以解决大数据的多层次、多维度和多粒度的相关性问题。通过相关关系寻找隐藏在大数据中事物元素之间的相关性，找到激活系统自组织功能达到有序的信息熵，更加有效地调节系统的自组织性，实现系统的确定性。耗散结构理论认为，根据系统元素的相关性，建立系统内部要素之间的协同机制，达到非线性涨落点之后，系统在协同机制的相互作用下形成有序的自组织状态。生命过程虽然是一个熵增的、单向的、不可逆的过程，但通过不断与外界交换物质、能量、信息等负熵，可以促发生命系统的自组织性活力，使生命体中的总熵值减小，提高生命体有序度，使生命体系得以动态地发展。社会系统也是具有开放性的自组织系统，社会文明的进步就是一种自组织现象。社会发展是从有序到无序再到有序的循环，是在物质文明和精神文明的差异中不断攀升形成非平衡态属性。文明促进了生产力的发展，而当生产力发展到高于现有文明的阶段会引发社会的冲突和混乱，通过外界信息熵的引入，实现自身对旧文明的突破，使系统发生飞跃和突变，进而达到新的有序。社会系统的结构非常复杂，社会的发展需要从社会的各个层面、各个领域和各种社会元素的角度去分析社会元素之间的相关性，构成有机的自组织系统，形成整体性的和谐发展。

开放性是获取信息熵、激活自身的自组织性达到更高层次文明的关键所在。开放性会给社会内部带来非常大的冲击，例如文艺复兴时期的欧洲也是在开放性作用下，突破了教会的封锁，大量古希腊、古罗马文化典籍从东罗马帝国传到了意大利。一方面由于商业的发达，自身的政治和社会的组织形态发生了变化，使人们产生了冲破枷锁的欲望，另一方面古希腊和古罗马思想的复兴也对社会产生了冲击，虽然旧的宗教文化根基还在，但在自组织性作用下，形成以古典为师，借助古希腊的民主城邦制度和灿烂的哲学和艺术等文化，形成资产阶级反对封建主义的新文明，使西方走在了世界的前面。西方古典封建文明的衰落和新文明的开启，形成一股冲击世界的能量，使许多具有开放性的国家产生了现代革命，形成现代文明发展不可阻挡之势。日本是先于中国开放的国家，此开放形成日本在近代历史上领先于中国的局面。中国由于历史上的闭关锁国政策，无法引入负熵，而导致社会系统正熵的增加，从而造成国家整体局面的落后和无序。新中国正是在开放政策下，引入市场经济，引进先进的技术、资金和人才，在一种新的自组织性作用下，使中国的政治、经济、社会和科学等领域发生了巨变，使中国经济大幅度增长，新生事物不断涌现，科技不断进步，创造了新的文明。这种耗散结构的负熵流给中国整个社会系统带来了机遇和无限发展的可能性。

在大数据时代，强大的信息负熵流，给复杂的社会带来强大的冲击，大数据信息熵通过对事件相关性的挖掘，实现对离散型随机事件不确定性的有效消除，激励了社会系统的自组织功能，改变着一切不适于生产力发展的体制和结构以形成有序状态，减少了系统内部的正熵。开放就是引入系统外部的负熵，激励社会系统自组织结构的合理性，用精神文明和物质文明的协同发展激发人的精神状态，提高人的主观能动性，形成文明发展和演化的动力，加快社会文明发展的步伐。

4.3.4　必然：信息熵对必然规律的可预测性

先验哲学模态范畴的必然性与偶然性对应了判断表的必然性判断。康德把这项范畴设为必然性与偶然性是对应分析命题和综合命题，分析命题不考虑经验对象所以具有必然性，而综合命题需要考虑经验对象为真因此具有偶然性，但是在量范畴为全体的特征下，其内涵一定包含了所有的经验对象，因此，其不仅从内涵看呈现出必然性，从外延看判断前提的范围大于结论也导致了结果的必然性。前面几个范畴都表现出自然界本身的构成方式，模态范畴则是逻辑分析结果与经验对象是否为真的判断，体现出人（主体）对自然界（客体）采取的态度，这种主观性是把自然科学知识提升到认识论的层面。但是认识和实在的统一表现出不以人的意志为转移的客观规律性内容，遵从这个规律本身的客观实在性和必然性，为未来事物发展提供预测依据。这也是大数据信息熵的一个显著特征，即对未来的可预测性。基于概率统计的方法，大数据信息熵找到了事物演化特性和趋势的必然性结果，使事物得到一种不随未来时间变化的确定性，这个确定性阐释了事物未来的发展趋向，是对未来的预测。

人们对未来充满了不确定性，但是人们又期望找出未来目标，实现对未来的控制和管理，这就需要对未来进行预测。从人类思维发展史上来看，确定性是人类认识的追求目标，只有在确定性的基础上，才能通过逻辑推演确认自身的行为轨迹和实现的目标。大数据表现出的事物相关关系隐含了这种确定性的特征，通过大数据处理技术挖掘出事物之间的相关关系，获得更多的确定性认知与洞见，实现对未来的预测，而建立在相关性分析基础上的预测正是大数据的核心议题。通过关注复杂的非线性相关关系，可以帮助人们看到很多以前不曾注意的联系，可以掌握以前无法理解的复杂技术和社会动态，相关关系甚至可以超越因果关系，成为我们了解这个世界的更好视角，成为预测的前提。

无论物质的进化史还是社会的文明史，都充满了复杂性和随机性，正如普里戈金所指出的，我们正越来越多地觉察到这样的事实，即在所有层次上，从基本粒子到宇宙学，随机性和不可逆性起着越来越大的作用。① 也就是事物产生和发展过程中的偶然性与必然性是对立统一的关系，没有纯粹的必然性和纯粹的偶然性。透过耗散结构理论可以看出，在漫长历史进程中，事件存在和发生不仅体现了必然性，也显现了它的随机性。大数据信息熵的确定性功能揭示了随机事件的确定性，增强了事物的选择性，必然导致社会文明朝着发展的目标加速进行。

大数据的预测是基于事物的必然性规律的分析，需要获取事物之间存在的依存关系，通过对具体依存关系的方向和程度的探讨，实现对规律的确定性认识。从信息熵的计算方法来看，它就是研究随机变量之间的相关关系的一种统

---

① ［比］伊·普里戈金，［法］伊·斯唐热. 从混沌到有序：人与自然的新对话 ［M］. 曾庆宏，沈小峰，译. 上海：上海译文出版社，1987：3.

计方法。决策树是一个典型的预测模型，它代表的是对象属性与对象值之间的一种映射关系，是用信息熵的方法，在已知各种情况发生概率的基础上，通过构成决策树来求取净现值的期望值大于等于零的概率，评价项目风险，判断其可行性的决策分析方法，是直观运用概率分析的一种图解法。基于信息熵的决策树的预测模型已有许多研究成果，并且证明预测效果很好，比较适合用于影响因素多、数据量大的数据分析。另外，回归分析方法以及相关性分析方法也广泛应用于大数据的预测处理。就像舍恩伯格所说"大数据的核心就是预测"，预测不是算命，是以事实为依据，并根据信息熵等科学规律得到事物确定性趋向，科学的方法是保障预测能够实现的前提。

大数据信息熵通过相关性对未来趋势与模式的可预测分析，是对深度复杂性分析而不是传统的商务智能。我们接触的不管是社会还是自然界，每天都会产生无法预测的新鲜事物，"可能"的确比"实在"更丰富。① 我们在观测的所有层次上都看到了涨落、不稳定性、多种选择，看到了我们的宇宙遵循一条包含逐次分岔的发展路径，这种路径不仅使我们得到了确定性选择，实现了有限的可预测性，也在可预测前提下我们不仅了解了物质、生命的产生规律，也创造了多元文化。但是，事物是发展的，不确定性总会伴随着我们，不会从生活中完全消除，确定性预测也是有条件的，随着未来的逐渐展开，需要不断作出修正，以便考虑到新信息和新发展。不确定性，远非前进的障碍，旧的不确定性消除了，又会出现新的不确定性，它实际上是创造性的刺激因素和事物的重要组成部分。②

4.4　大数据信息熵融入主观性的外延

本节将讨论在主观不确定因素影响下大数据外延呈现出的特征。大数据在面对人类主体发挥效用的时候，由于人的主观差异，在客观确定性之上融入了主观不确定性因素，如果将主观不确定因素也进行量化，并与客观的确定性进

---

① ［比］伊利亚·普里戈金. 确定性的终结：时间、混沌与新自然法则［M］. 湛敏，译. 上海：上海科技教育出版社，2018：7.
② 李坚. 不确定性问题初探［D］. 北京：中国社会科学院，2006：92.

行融合，则可以形成主客观抽象概念的确定性。根据先验哲学的四个范畴对信息熵加入主观性因素后大数据体现出外延将是特称性、否定性、假言性和实然性四个方面，特称性体现出对价值的主观效用、否定性体现出对直觉模糊程度的度量、假言性体现出对实在判断的决策性，实然性体现出对周期性的判断。

4.4.1 特称：信息熵对双向价值的效用性

大数据信息熵表征的确定性本身是客观的，确定性显示出事物本身的价值，但这个价值对应不同的人会有不同的效果，因此，一个事物既要考虑客观价值也要考虑主观价值。假定信息发送方的确定性是客观价值，同时也考虑信息接收方的确定性，这体现了双方价值偏好的效用，双向价值才是一个事物真正的价值取向。由于主观价值是面向部分特殊的人群，所以价值的主观性对应的是判断表中的特称判断。

从信息熵的角度来看，反映双向价值的信息熵算法很多，具体建立信息处理模型时既可以从全局特征出发，也可以从局部特征或混合的特征出发，选择符合主观意愿的准则和加权量化值建立模型。前文中描述的效用信息熵也是一种不仅能反映客观确定性同时也应反映出主观确定性的效用信息熵的算法

$H_Q(X) = -\Sigma q_i \log P(x_i)$，其中 $q_i = \dfrac{\omega_i P(x_i)}{\Sigma \omega_i P(x_i)}$，关键是如何合理构建多重、完整的主观意愿。例如可以使 ω_i 是综合了 n 个判断准则：R_1，R_2，$\cdots$，R_n，与 m 个量级的重要程度：I_1，I_2，$\cdots$，I_m，对于发送信息 x_i（$i = 1$，2，$\cdots$，r）在总目标下的权重因子，使主观意愿能更准确地体现在效用信息熵中。用大数据效用信息熵衡量一个事物的双向价值，体现出更好的价值效果，也使价值判断有了有效的衡量标准。大数据的整体性可以保证系统的最佳有序性的轨迹，而效用信息熵从狭义的角度分析，既衡量了信息发送方的价值，同时也表现出接收方对于信息的效用，也就是说效用信息熵满足了信息发送方与接收方双方要求的确定性，从价值角度分析即满足了双方的价值需求。发送方和接收方可以都是个体事物，此时满足的是个体双方的价值取向。如果广义地将一方作为系统、另一方作为个体的话，则成为个体与系统的价值取向分析，由此可以量化研究个人与集体的关系问题。耗散结构理论认为系统由个体元素组成，可以说每个

个体元素都是一个小的孤立系统，有自己的最佳有序状态。但是，如果个体的最佳有序状态与系统的最佳有序状态不在一个轨迹上，则系统也不会表现出有序，因此，系统的有序状态表现为个体与系统的一致性和等价性。

　　根据信息论中同时满足信源和信宿的信息熵定义，信息传递的作用可以引申到一切自然和社会的主客体上来，因此，效用信息熵可以用来分析脱离信息所依附的载体后，信息在信息熵量化后给社会带来的价值衡量，这个价值不仅是信息最根本的价值所在，也是各种事物依托效用信息熵体现出的自身价值。鉴于熵理论的通用性和应用的广泛性，信息熵是符合人类、自然和社会共同规律的理论，信息熵可以通过对社会的作用来促进自然和社会发生改变，可以根据不同的作用主体体现出不同的效用以及影响因素。

4.4.2　否定：信息熵对直觉模糊的度量性

　　特称是融入了主观性因素的判断，特称否定意味着在主观因素约定下，至少有一部分是否定的，但否定的程度无法把握，是一种直觉模糊的"不定"状态。为了与先验哲学的判断表保持一致，本小节标题用了"否定"一词，实际上，此时用"不定"更为贴切。直觉模糊的概念不同于抽象概念的量化，直觉模糊意味着无法把握事物的程度，是无法取得量值的模糊概念，例如像"靠近点""水很热""美丽"等都是无法找到明确界限的模糊概念。而模糊熵则确定了模糊概念的程度，这个程度与主观性有很大关系，所以，模糊信息熵确定的结果是与主观相关的模糊程度，直觉模糊概念的主观性对应的是判断表中的特称判断，与否定一起构成对不定变量程度的判断。

　　模糊不确定性是社会生活中广泛存在的问题，前面描述的都是概率不确定性问题，模糊不确定性问题也是当前人工智能比较重要的课题之一。美国学者扎德（Zadeh）1968 年提出了度量模糊不确定性的理论，用熵的方法计算模糊事件的不确定度，例如在一个集合 $X = \{-8, -5, -1, 2, 3, 6\}$ 中，如果要找出 $S = \{$大于 0 的整数$\}$ 的集合是清晰可行的，然而对于找出 $A = \{$接近于 0 的整数$\}$ 的集合，则由于无法判定接近于 0 的程度，不能简单地找出属于 A 的元素，所以称 S 是分明集，A 是模糊集。扎德用加权的方法计算模糊集的信息熵，假如 p_i 是 x_i 的概率，模糊事件 A 的熵 $E(A) = -\Sigma A(x_i)p_i \log p_i$，$A(x_i)$ 称为隶属函数，是 x_i 对 A 的隶属度，如果把 $A(x_i)$ 取值设定在 0 到 1 的范围，当所有 $A(x_i) = 1$ 时，$E(A)$ 就是信息熵。①该判断的解决方法是定义模糊集的隶属函数，某个元素隶属于模糊集的程度越大取值就大，隶属度为 1 表示完全属于该集合，隶属度为 0 表示该元素完全不属于该集合。可以看出扎德的加权信息熵的模糊程度与概率无关，不能完全描画出模糊集的模糊程度。1972 年德卢卡（De Luca）和特米尼（Termini）给出了更能正确度量模糊集所表达对象模糊程度的信息熵，他们提出了四条公理：（P1）当且仅当所有 $A(x_i) = 0$ 或 1 时，$E(A)$ 最小或为 0。（P2）当且仅当所有 $A(x_i) = 1/2$ 时，$E(A)$ 最大。（P3）如果 $E(A') \leq E(A)$，且 A' 是 A 的"分明修改"，则有当 $A(x_i) \leq 1/2$ 时，$A'(x_i) \leq A(x_i)$；当 $A(x_i) \geq 1/2$ 时，$A'(x_i) \geq A(x_i)$。（P4）模糊集 A 和它的补集 A^c 的模糊熵相等，既 $E(A^c) = E(A)$。并给出了满足上述四条公理的表达式 $E(A) = -k \sum [A(x_i) lnA(x_i) + (1 - A(x_i)) \ln(1 - A(x_i))]$，式中的 k 是归一化因子，通常是非负的常数，此公式称为模糊信息熵。② 模糊信息熵是对香农信息熵理论的扩展，得到了广泛的认可，许多学者以此为基础进行了扩充。奥尼切斯库（Onicescu）根据动力学"力"和"能"的关系概念，提出了信息能量的概念，以信息熵对偶公式的方式建立了表示信息能量的公式，从能量的角度来反映与信息熵相同概率分布情况下的确定性程度，把信息能量引进了信息论。③ 杜米特雷斯库（Dumitrescu）将信息能量引入模糊集形成模糊能量，模糊能量与模糊熵是对偶的概念，反映的是一个模糊集所刻画对象的清晰程度。④ 为了克服单值描述隶属信息的不充分性，扎德 1975 年在此基础上又提出了区间值模糊集以及后来阿塔纳索夫（Atanassov）提出的直觉模糊集等，特别是直觉模糊集采用两个数来刻画一个元素属于模糊集合的程度，用隶属度和非隶属度描述模糊程度，并将概率的不确定性和模糊度综合起来使效果更加有效。⑤ 从模糊数学

① Zadeh L A. ProbabilitymeasuresoffuzZyevents [J]. J. Math. Analysis and Applicat, 1968, 23: 421 –427.

② De Luca A, Termini S. A definition of nonprobabilistic entropy in the setting of fuzzy sets theory [J]. Inform and Control, 1972, 20: 301 –312.

③ Frank Nielsen. Onicescu's Informational Energy and Correlation Coefficient in Exponential Families [J]. Foundations, 2022 (2): 362 –376.

④ D. Dumitrescu. Entropy of a fuzzy process [J]. Fuzzy Sets and Systems, 1993, 55: 169 –177.

⑤ 张继国，[美] 辛格. 信息熵——理论与应用 [M]. 北京：中国水利水电出版社，2012：70.

到模糊信息熵还有大量的基础知识，本文只作一点概要描述。

模糊性表达了一种事物的基本特征不清晰性，也就是模糊概念没有清晰的外延，而且特征也会随着不同人的主观或客观变化而变化，事物的运动状态和特征有明晰和模糊之分，人类语言中也有大量模糊性的不确定概念，所以人工智能对于模糊性信息的处理也非常重要。模糊信息论给各个学科和技术领域提供了新的理论，使人们能够利用它来建立模糊信息模型，创造出能直接处理模糊信息的计算机，并在一些领域得到广泛应用。因此，智能控制系统的被控对象都会遇到具有高度复杂和模糊性的不确定性，模糊性信息的智能处理也是智能控制的关键，但是作为智能控制的核心内容之一的不确定性信息的智能处理理论和方法还很不成熟，有大量亟待解决的问题。本书旨在用哲学系统论的观点提出，研究基于模糊熵的不确定性信息处理问题是熵理论的组成部分。

4.4.3　假言：信息熵对实在判断的决策性

假言是一种条件判断，是指断定某一事物情况的存在是另一事物情况存在的条件的判断，在条件充分的情况下，为主体正确的决策提供依据。假言判断比较复杂，大致可以分为充分条件假言判断、必要条件假言判断和充分必要条件假言判断三种形式。充分条件是如果 p 存在则 q 必存在，则 p 是 q 的充分条件；如果 p 不存在则 q 必不存在，则 p 是 q 的必要条件；如果 p 存在则 q 必存的情况下，且有如果 p 不存在则 q 必不存在，则 p 是 q 的充分必要条件。例如，像"没有调查研究就没有发言权"属于必要条件假言判断，"明天不下雨我就去公园玩"属于充分条件假言判断，"人不犯我，我不犯人；人若犯我，我必犯人"属于充分必要条件假言判断。假言判断也分分析判断和综合判断，分析判断只考虑主谓词之间的真值关系而不考虑与经验内容的关系，这种只有形式上正确的假言命题往往会造成康德所说的幻象状态。所以，真正的决策是一种综合判断，不仅需要客观数据和规律的支持，还需要责任者个人的判断和选择，因此，决策判断对应的是判断表中的假言判断。

决策与预测的相同之处体现在都是对未来的分析，但是预测更多的是表现出不随时间变化的客观规律性，而决策考虑因素的范围会更多，且具有主观能动性的作用。决策性需要对已经存在的条件进行分析，根据现有的条件对未来将要实施的目标和方案进行比较和选择，需要对尽量多的条件进行全面的综合平衡，在尽可能的范围内使希望达到的目标和实际可能达到的目标之间的差距缩小到最低限度。事物在发展过程中是不断变化的，决策还需要考虑事物在时间空间中可能发生变化的因素，要具体分析每个元素的发展趋势，并在决策方案实施中不断进行信息反馈，根据实际反馈内容不断进行参数调整和目标修正，使决策更具有现实意义。

条件熵也是信息熵函数的一个重要扩充，假定 X 和 Y 的边际分布分别为 p_{ij}，可定义在已知随机变量 Y 的条件下随机变量 X 的条件熵 $H(X \mid Y) = -\Sigma\Sigma P(x_i, y_j) \log P(x_i \mid y_j)$，条件熵的定义表明已知随机变量 Y 的条件下随机变量 X 的不确定性，可证明如果增加了与 Y 相关的信息，X 的不确定性会下降。应用条件信息熵可以在综合的大数据中，根据条件和依据选择有利的因素，排除影响决策的因素，寻找关于未来发展的理想模式。在此基础上，国内外学者不断努力建立了各种基于决策系统的算法模型，例如有应用于大型社会公共项目决策分析的基于熵权模糊决策分析模型，对主观色彩进行确定的模糊综合评价模型，对项目管理组织结构模式进行分析的模糊熵权综合评价模型；也有国内外学者用粗糙集理论解决不确定、不精确和不协调数据的多属性决策融合问题，将不精确或者不确定的知识用已知的数据库中的知识来近似描述，与其他算法互补形成更加有效的决策融合模型。各种模型都是力图通过不断改进算法以实现对评价的事物在未来目标预测的准确性，从而实现决策内容的制定。

决策是社会管理的核心内容，大数据时代人类能够通过日趋庞大的数据获取决策所需要的信息，但决策问题是个非常复杂的问题，对智能信息处理能力和方法也提出了更高的要求。熵理论和大数据为人类不断寻找新的数据分析手段提供了依据，对信息系统进行有效的挖掘，发挥大数据应用的潜能，完成从数据到信息再到决策的进化过程，从而构成有效的决策模型。大数据信息熵从量变到质变的过程给社会带来的确定性，它的演化本质诠释了事物从不确定性到确定性以及从无序到有序的变化过程。随着大数据的积累，特别是达到或超过某个临界点后，大数据趋于完整，数据整体所呈现的规律和隐藏在数据背后的数据相关性线索趋于完善，在各种条件下命题为真的小概率事件就会在一定程度上被显现出来，此时不仅信息熵值最大，体现出大数据的价值，也为政府和社会组织的有效决策提供了依据。

4.4.4　实然：信息熵对实然应然的周期性

先验哲学判断表的实然性指对某事件现实状态真假的事实判断，它不作为是否合乎目的或正义的价值评价，其判断标准是现实状态是否符合应然性，应然性指事件在自身性质和规律的基础上应该具有或达到的状态。实然性和应然性是对立统一的矛盾体，统一是指它们共存于任何事物之中，矛盾指任何事物的实然性和应然性都会存在某种程度差异。实然性作为事物的现实表现样态，不会完全达到该事物存在本性及其理性要求的应然性，只能是趋向于或接近于应然性，应然性也肯定是超越实然性的外在表现。更广义地说，应然性是从规律的高度对事物发展趋势的一种科学预测和判断，它揭示事物应该达到的发展状态；实然性是对现象的客观描述，它说明事物现实的存在状态。实然是应然的基础，应然是实然的提升。任何事物的发展过程都是从实然到应然，应然再到实然的不断周而复始的过程，首先是通过实然的实践过程达到应然的目标或者某项行业标准，而应然在实然的验证下也得到了提升和改进，会出现新的应然目标，随之实然也不断走向新的应然。所以，实然和应然的差异性产生了动力，使事物周而复始不断改进和进化。

任何事物的发展变化都有周期性，我们期望一个事物进入良性循环，但是周期性变化既存在必然性也存在偶然性，任何事物都有一种必然性的客观规律，如何在负熵的调节下使事物朝着进化和发展的方向前行具有一定的主观性，因此从先验哲学的观点看，周期性属于一种实然和应然的判断。通过系统的自组织性分析，我们知道不管物质系统还是社会系统的发展，都处在从有序到无序再到有序的循环发展之中，引发系统发展活力的是非平衡态，也就是系统内部的差异性，只有不断保持、寻找和产生差异，系统才能保持循环往复的周期性持续发展。正像列宁所说历史的发展不会是简单的重复，但却有惊人的相似，也说明了事物周期性发展的本质。周期性的计算方法有很多，前面列举的贝纳德对流和 B－Z 循环振荡的例子都是在控制变量的调节下，使状态呈现周期性循环的典型例子，具体计算方法可以用布鲁塞尔器演化模型找出控制变量和状态变量，建立周期循环模型。如果把应然和实然看成是抽象的变量，则周期性就成为两个具有差异性变量的推理计算过程。差异性也是一种相关性的推理方法，互信息熵描述了两种变量间差异的交互关系。互信息熵 $H(X;Y) = H(X) - H(X \mid Y)$ 是指离散随机事件 (X, Y) 之间的互信息熵等于 "X 的信息熵" 减去 "Y 条件下 X 的信息熵"。也就是 $H(X)$ 表示 X 的不确定性，$H(X \mid Y)$ 表示在 Y 发生条件下 X 的不确定性，$H(X;Y)$ 表示当 Y 发生后 X 两个不确定度之差，即指出了两个事件集合之间的相关性，也明确了集合之间的差异性。

　　大数据信息熵给出的寻找差异性的方法，使系统保持了非平衡态，在外部能量的激活下保持系统不断循环发展的动态平衡状态。根据耗散结构理论，现实世界的差异性产生了事物的发展变化，变化不可逆是自然界的普遍属性，新的变化是新的差异所致。时间之矢是单向不可逆也是自然界的事实，也是事物从低级向高级发展的基础。越是复杂系统或复杂事物，其变化的不可逆性越高，不可逆性是有序之源，不可逆性是从混沌到有序产生的机制。平衡态物质和事物就没有这种差异，所以一个处于平衡态的物质总是混乱而无序的。在社会生活中也是这样，个人性格、地位、身份等的差异构成社会整体的有序性，但是理想和现实的差距也提升了人奋发向上的干劲。在互联网技术日新月异的发展和大数据不断涌现的今天，全球范围内的技术的差异、产品的差异、生产能力的差异以及社会文明的差异增加了人类取长补短、不断交流的能动性，使社会文明交错上升不断发展。多元化的人类文明既促进了人类思想的碰撞和交流，又构成了绚丽多彩的人类文化，通过不同文化之间的交流和交融，世界各民族文化在共存之中得到发展。而大数据的互信息熵于析取各种文化在各个历史时期呈现出色彩缤纷的多样性的基础上，找出文化差异和文化交流的基础，使社会在交流和向更高层次文明发展中实现不断发展和进步的平稳状态，使社会周期性循环往复、持续不断地走向更高的文明状态。

第五章　大数据信息熵的社会效用

社会系统必须在一种有形的组织框架下运行，为了研究这个组织框架的管理效率问题，可以把这个系统按照层级分成国家、政府、社会组织和个人等组织形态，也可按照专业分工分为政治、经济、文化、科技和军事等领域。为了实施有效的社会管理，需要按照耗散结构特征对组织框架以及所涉及人员之间的沟通、协调等进行系统构架，形成系统中要素与信息流的有效流动。本章将从耗散结构的系统性、规则性、结构性和时效性这四个特征出发，讨论大数据信息熵带来的熵增熵减效应，并从布鲁塞尔模型出发讨论社会系统有效运行的控制变量和状态变量，通过突变论模型讨论变量控制系统的分岔和演化模型，使社会形态处于稳定有序的耗散结构分支的状态。当然，社会系统很复杂，又具有太多的客观和主观的不确定因素，具体模型还需要更深入的研究。

5.1　社会系统管理熵模型分析

控制社会组织的熵增熵减，需要找出其自组织状态的微观变量，也就是影响系统非线性变化的控制变量，微观变量的数目越多越好。从信息熵的定义可以看出，孤立系统的演化过程总是由概率小的状态向概率大的状态演变，由包含微观态数目少的宏观状态向包含微观态数目多的宏观状态演化。所以，微观变量的数目越多，概率分布越广，其信息熵表达的确定性就越大，变量数目对于表现系统熵的变化非常重要。我们可以把社会系统的微观变量分为内部变量和外部变量，内部变量都是表示熵增的变量，而外部变量是实现熵减的变量，当然，细分的话内部变量中也有负熵，外部变量中也有正熵，实践中需要作更细致的分类。本节在分析各种熵的过程中也力图在先验哲学的认识框架下，用判断表和范畴表所表征的事物的内涵和外延对社会系统的各种变量进行分析。

5.1.1　社会系统熵作用下的演化过程

社会系统是符合耗散结构特性的自组织系统，符合自然界的生存和演化规律，在自发状态下最终走向混乱，达到熵值最大。耗散结构理论证明了在非平衡态的开放系统中通过与外界交换物质和能量，能激活系统中元素的潜在能量，实现内部元素能量的涨落和系统结构的突变，达到新的最佳自组织状态。引入的这个外部能量我们称为负熵流，用以抵消系统内部的熵增，使孤立系统的熵值减少，形成新的有序结构，让系统产生活力。可以看出这里提出了系统需要具备开放性、非平衡态、自组织性以及非线性涨落和突变等约束条件，只有这样，才能在与外部进行能量交换的条件下，使系统保持活力，社会系统引入的外部能量就是信息熵。

第一，社会系统要具备良好的开放性，开放的目的是与外界进行能量的传递交流，使系统熵减，最终使外界传递的负熵流大于内部的正熵产生。一个良好的社会系统，必然是一个有序、开放的自组织系统。开放是所有当代社会系统向有序发展的首要条件。保持开放性是社会系统接受新事物和新思想的先决条件，先进的社会都是开放的社会，有了这个基础，才能实现人才、资金、物资、科技和信息等开放交流。信息熵对于大数据复杂系统性的处理，确保了开放的系统与之交换的是减熵信息，是使系统产生积极变化的新鲜事物。不管是政府、社会组织，还是个人，避免自我封闭，保持开放性是接受和交流新事物信息的前提，传递先进的理念和思想，产生积极的效果，就是信息熵的减熵作用。保持开放性使政府、企业和个人之间消除了信息的不对称，通过政府的开放性交换政治、经济、科技、社会和国际等信息，产生新的行之有效的政策和法规，促进社会有序发展。企业交换市场、信用和管理等信息，提高产品的质量和科技含量，加强管理降低成本，使产品更贴近社会需求。个人可以及时有效地接收到生活、职业发展、医疗健康的信息，提高工作、学习、事业发展的有效性。信息熵对于开放的人类社会系统的作用是从"高熵"到"低熵"转变，所以信息熵的负熵判断非常重要，是有效信息的选择，否则适得其反，与预期效果相背离。

　　第二，社会系统必须始终保持非平衡态，也就是保持社会系统本身的差异性和活跃性，才能在外部能量激活下产生反应，即我们需要一个充满活力的社会系统。我们希望社会系统中的每个人和每个社会组织都充满正能量场，不仅充满自信和活力、追求向上和美好生活的动力①，而且充满理想主义气概，有为人类和社会的长远利益和未来发展、文明进步奉献自己的精神。通过大数据产生的使系统熵减的信息熵是能量的传递，它增强政府职能部门的活力，推动政府为企业和社会提供更好的服务。它激活市场经济的创新发展机制，促进市场供需双方的平衡和市场竞争的活力，推动社会经济非线性高速发展。它激励社会成员和社会组织树立远大理想和抱负，有市场经济的竞争意识，有使社会系统宏观有序的统一性意识，也就是有利他共存的高尚觉悟。"非平衡是有序之源"，保持系统元素的非平衡态，使社会系统中的人和团体组织都处于活跃状态，使之在外部能量作用下能够产生积极变化。所以，保持差异性，使人有目标追求，才能使社会系统远离平衡态，在能量的激励下，进而使社会形成新的有序结构，也就是社会制度更加完善，社会功能更加健全，人民生活更加幸福。相反，平衡态下的社会特征就是人心涣散，组织结构无序，无法激励人的积极性，平衡态的社会系统混乱无序，无法唤起健康向上的社会力量。

　　第三，要求社会系统具有非线性变化趋势，系统内不同要素之间须存在非线性机制，非线性机制是一种立体网络形式相互作用的机制。耗散结构是一种空间有序结构，这种结构只有在构成系统的所有元素之间都存在相互联系和相互作用的情况下才能形成。如果只存在个别元素之间的相互作用，系统就会瓦解，而不可能形成空间有序结构。元素和元素通过非线性作用而彼此相干，于是各种涨落之间发生叠加，新的结构就是在非线性相互作用中产生出来，同时也"涌现"出新的功能。涨落间相互作用的复杂性、随机性，相关性越大，产生的分岔越多，也越可能发生巨涨落。非线性相互作用既存在于社会结构稳定之时，也发生于潜在的社会结构生成的过程中。信息熵的减熵作用推动了社会系统非线性自组织性的发展，增强社会系统的自我完善和调节机制。根据非线性相互作用的多维互动原理，系统内部元素相关性的作用关系不是简单的线性

---

① ［英］理查德·怀斯曼. 正能量［M］. 李磊，译. 长沙：湖南文艺出版社，2012：1.

叠加，而是多种作用制约、耦合和协同而成的整体效应机制，能够自我成长壮大。现代社会系统也是由政府、团体和个人组成多维度、多层次的复杂组织结构，大数据的信息熵提供了复杂架构系统的信息选择，为这种复杂结构提供了足够的负熵流，克服了相互孤立和隔离的单维度思维模式，在新的市场机制和政策法规的影响下，有效调整政府、组织和个人组合中的结构和波动要素以及自然环境之间的相关关系，达到优化组合和资源配置，形成新的自组织结构，也就能够吸收有效能量的信息熵，使自身成长壮大。

第四，要求社会系统建立自组织性结构，社会系统应成为非线性自组织系统。社会系统内各要素在非线性关系下的相互调节、相互作用形成的自组织关系才是可以激发系统良性循环的组织结构。根据运动发展的规律，社会系统发展到一定阶段必然产生各种社会矛盾，代表进步的和代表倒退的力量交织在社会系统中，这也符合非线性相互作用原理中的分岔现象，要使社会发展和进步，就需要打破现有的关系向新的结构转化。而社会系统的自组织性就是在有效调节社会发展的政策、法规、投资等各种正能量的制约下，建立有利于社会成员之间良性竞争与合作的社会结构，通过社会系统中各种非线性相互作用，使系统的自组织过程能够进行下去，使社会沿着期望的结构发生变化。哈肯认为，传统、习俗、法律和公共舆论都起着这种序参量的作用。① 因此，在外部能量的有效调节下，激活社会系统非平衡态的内部潜能，并将其放大，在自组织功能下，可使社会发生根本变革，朝着进步的方向发展。所谓的社会治理，就是要形成具有耗散结构特征的管理机制，最大限度形成社会系统的非线性自组织性，增进社会和谐，提升政府社会管理水平和能力，使社会系统按照新时代的要求向新的有序发展。

第五，信息熵的作用使社会系统实现涨落和突变，通过外部能量激活系统中的非平衡态元素，将社会系统中要素的涨落变化引向有序，使系统跃迁到一个新的稳定有序状态。协同学的创始人哈肯提出用"序参量"来描述一个系统宏观有序的程度。② 系统的涨落起伏越大，系统的变化能力也越大，能使系统

---

① [德] 赫尔曼. 哈肯. 协同学：大自然构成的奥秘 [M]. 凌复华，译. 上海：上海译文出版社，2001：138.
② [德] H. 哈肯. 高等协同学 [M]. 郭治安，译. 北京：科学出版社，1989：304.

发生质的变化。在信息熵的作用下，社会系统产生非线性涨落和突变，也就是利用大数据挖掘符合社会文明向前发展的有效能量信息，激发出政府、社会组织和个人的巨大的潜能，实现社会进步的飞跃和变革。如果每个社会公民都具有追求物质文明和精神文明的动力，且这种动力一旦被激发出来，那将形成一股强大的社会力量，这样的力量是具有很大的主观能动性的力量，会以积极主动的精神投入社会实践中去。可以看出，涨落是强调用一个微小的能量激发系统的潜力，给系统带来巨大的变化，而且变化结果是把社会系统引向有序。耗散结构理论的分岔图就涉及"选择"，一个进步的社会，在于提供给人民更多的选择，因而市场经济、多元社会选择的余地更大，社会更加活跃。同时，选项越多，对选择者的要求越是有选择的能力，而一个越是进步的社会，对其公民的素质要求也越高。因此，需要在能量的选择上，把握正确的方向和方法，选择有利于全局、有利于激发潜力、有利于实现新的有序结构的正能量，使社会系统结构走向一个更高、更好的层次。

因此，大数据时代的信息熵可以激活开放系统中处于非平衡态的元素潜能，实现非平衡态元素的非线性突变和涨落，在自组织结构的作用下，释放出巨大的能量，并达到新的有序状态，产生新的活力。

5.1.2　社会系统管理正熵分析

社会系统在自发状态下总会通过一些指标表现系统的状况，这些指标会不断向无序状态演化，它表现出社会系统内部熵增的状态，全面寻找和挖掘系统内部的这些指标，会真实地表现出社会运行现状。作为反映系统内部的指标，无论是政府还是社会组织或是个人都可以从结构因素、制度因素、能力因素和文化因素四个方面进行分析。结构因素包括了治理结构、管理结构、人才结构，制度因素包括治理层制度、管理层制度、成员制度，能力因素包括组织能力、学习能力、创新能力，文化因素包括理想、使命、荣誉。

结构因素方面列出了治理结构、管理结构和人才结构三个层面的结构关系，它表现的是量范畴的全体、多数和单一的特征，表现出社会组织系统内部全部元素之间的相互关系。在此层级可以具体列出下一级的内容，例如治理结构的下一级结构可以是股东会、董事会和员工会；管理结构可以细分为生产管理、供需管理、销售管理三个层面等；人才结构可以是技术人才、生产人才和销售人才等。总之，可以根据社会组织特征逐渐增加组织架构层级，按照先验逻辑的范畴思维进行划分会使概念和分类具有全面性特征。而且，结构也可以是复合结构，例如可以分为垂直的上下结构与水平结构相叠加，在实现指令下达和报告上传构成的系统纵向信息流同时，实现每个管理层水平方向职能部门的横向信息贯通，实现部门内部和部门之间的协同关系管理。从总体上使整个系统协调统一，这也是耗散结构理论追求的系统一致性。

制度因素包括治理层制度、管理层制度、成员制度，它是保证社会组织系统的子组织结构有序运行的基础。继续往下细分，治理层制度可以形成生存、成长、发展；管理层制度可以细分为人、财、物的管理，而对管理层本身的管理可以分为责、权、利；成员制度可以分为业绩、能力、态度等。无规矩不成方圆，制度因素对于组织系统正常运行起着重要的作用，制度也不是一劳永逸的，往往一个制度在新发布的初期是非常有效的，而随着时间的推移和环境的变化，有些制度会变得不再合适，甚至会制约其他因素的有效性发挥，所以需要组织系统保持开放性，不断吸收新的管理信息。规则在范畴表体现为元素之间的关系准则，元素之间形成相互联系、相互作用和相互制约的关系，才能使自组织系统更加有效地发挥作用，普里戈金认为："功能、结构和涨落之间的相互作用是理解社会结构及进化的基础。"[①]

能力因素包括组织能力、学习能力、创新能力。组织能力可以细分为效率、质量和成本；学习能力可以细分为发现问题、分析问题和解决问题的能力；创新能力可以细分为综合、判断和创造三个方面。能力因素是根植于组织系统内部的基因，是核心竞争力的体现，是对各种有形和无形资源的合理配置，发挥其生产和竞争作用的能力。没有一个人天生就什么都会做，社会组织也是这样，需要不断学习和汲取外来有用信息，无论管理能力的提高，还是功能性能力的加强、技术性能力的获得，都必须在市场竞争中边干边学。能力建设的过程是一个"干中学"的过程，需要不断创新，寻找新的突破点。核心竞争力是一个

---

① ［比］伊·普里戈金，［法］伊·斯唐热. 从混沌到有序：人与自然的新对话［M］. 曾庆宏，沈小峰，译. 上海：上海译文出版社，1987：237.

国家或组织在社会立足的基础，它是评价一个组织能做还是不能做某事的确定性问题，因此它对应了质范畴的确定性，在耗散结构理论中体现出与其他事物的差异性，也是使系统处于非平衡态和有序状态的基础。

文化因素包括理想、使命、荣誉，文化因素会使组织系统产生一致的价值观，是成员对某个事件或某种行为好与坏、善与恶、正确与错误、是否值得效仿的一致认识。理想是人类或某一集体组织或个人追求的价值目标。使命是统一的内部成员的价值观，使内部成员在判断自己行为时具有统一的标准，并以此来决定自己的行为。使命可以提升员工的归属感，提高凝聚力和向心力，强化团体意识。荣誉是对成功的认可，是激发内部成员工作热情的动力。共同的价值观念使每个职工都感到自己的存在感和行为的价值，自我价值的实现是人的最高精神需求的一种满足，这种满足必将形成强大的激励。文化因素是带有主观因素的变量，对于文化的认可是因人而异的，具有可能与不可能、必然与偶然的模态范畴特征，但从长远看文化因素才是最持久的发展方向，是不可逆的必然规律。

上述因素都是对个人和社会组织系统产生影响的内部因素，孤立系统在自发状态下不采取开放措施就会产生熵增，为了实现管理熵的计算，可以通过上述指标形成管理熵流的指标体系，还可以在上述指标的基础上，继续深化系统变量，状态数目越多熵计算的准确性越高，参考价值就越大。总而言之，每个系统都保持开放，与外界进行沟通，接受外部资源、能量和信息，才能实现减熵，激活自组织系统。

5.1.3　社会系统环境负熵分析

外部环境是社会组织负熵的源泉，根据管理效率不断递减的规律，社会组织只有引入负熵才能抑制正熵的不断产生，才能激活社会组织内部的非平衡态，产生抵消熵增的能量，使系统达到涨落和突变，形成新的有序。负熵的指标是按照熵的计算方法，尽量多地列出负熵的状态数目，使之能够充分抵消正熵，提高组织系统的运行效率。外部环境包括了政治因素、经济因素、社会文化因素和技术因素四个方面。

政治因素包括政策、法律、军事信息。政策环境的内容较为广泛，且涉及面较多，从范围上可以分为全局、局部或特殊等，从作用上又可分为持续性、开放性和效率性等。政策因素非常宽泛，重大经济政策如产业政策、税收政策、货币政策等，涉及能否享受国家减免税优惠，国家重点扶持、发展的产业以及货币政策的改变等，对于企业等社会组织的生产、销售和盈利情况都会产生很大的影响。法律下面还可以细分公检法的公正性等，军事包括领土完整、国家安全、政权稳定等。此外，国际形势的变化或战争使各国政治、经济不稳定，也都会深刻影响社会组织。

经济因素包含了社会需求、健全的市场和合理融资。健全的市场方面又包括了行业环境、竞争环境和融资环境等，行业环境包括了行业结构的合理性、行业生命周期的持续性、行业发展的推进力等；竞争环境包括了竞争的规范性、竞争的强度和竞争的合理性等；融资环境包括宏观融资环境与微观融资环境等。经济因素涉及的范围广泛，如产业结构、供给能力、资源配给、对外经济等诸多内容，这里只列出了一小部分，可以根据自身特征进行更深入的研究。

社会文化因素包含了社会经济水平、社会人文素养、地理环境等。社会经济水平可以包括基础设施、经济总量、社会保障、居民收入和消费水平等；社会人文素养可以包括大学数量、受教育程度、就业水平、对外开放程度等；地理环境可以包括交通便利程度、资源和能源储备、气候变化等因素。

技术因素包含行业研发水平、人才聚集程度、创新支持力度等具体因素。在当今社会，一个国家或企业的经济增长速度在很大程度上与采用新技术的程度有关，在新技术上有大的投入会直接影响企业的盈利状况，必须高度重视技术环境对企业经营带来的影响，以便及时调整策略以不断促进技术创新保持竞争优势。社会环境中的技术力量可以为企业提供解决问题的多种途径，包括专利的获取、中间试验以及各个方面的发明创造。

任何组织都身处一种社会环境之中，外部的治理环境，无论宏观环境还是微观环境对组织协调的影响都很大，需要根据自身发展的需求对环境进行细致的分析，才能充分利用外部环境的优势，形成有利于内部治理的负熵，激发系统内部非平衡态因素，使自组织状态高效有序。各种社会组织必须不断提高自己的环境应变能力，通过与外部环境的信息、资源、理念等元素的交换，促进公司治理绩效负熵的不断增加，以抵消公司治理绩效正熵的负面作用，通过改善公司的内部治理状况，才能不断改进和提升公司的治理水平及公司效益。

5.1.4 社会系统管理熵计算

根据上面描述的管理熵的正负熵指标，不管是内部管理因素，还是外部环境影响，我们都可以对系统的熵增熵减进行定量化分析，也就是对其中每项管理因素进行定量化的熵值分析。例如对处于自发状态下和处于非平衡态的孤立系统，也就是说系统是封闭的且组织内部存在能量差异的情况下，其各项因素的熵可以用公式表示。假设有 $i(i = 1,2,\cdots,m)$ 种影响因素，如结构因素、制度因素、能力因素和文化因素等，每项影响因素又包含有 $j(j = 1,2,\cdots,n)$ 个子项因素，如结构因素包含了治理结构、管理结构、人才结构等，如果可以继续往下分层，则 n 的取值就更大。通过上面的描述，假设影响因素取 4 项，则 m 的取值为 4，而每项影响因素的子项又都取了 3 级，且每一级都是 3 项，则 n 的取值可以设为 $n = 3 \times 3 = 9$。其系统整体的内部影响因素 S_I 可以用熵表达为：$S_I = \sum\limits_{i=1}^{m} K_i S_i$，其中 $S_i = -K_B \sum\limits_{j=1}^{n} p_j \ln p_j$。[①]式中的 S_i 就是系统各种影响因素的熵值，其中的 K_i 表示社会组织的特定行业或领域以及特定阶段的各种因素权重，K_B 为社会组织特定行为的管理熵系数，可以是行业的收入与成本的比值等。p_j 是影响因素子项的熵值，且有 $\Sigma p_j = 1$。而 S_I 则可以是系统全部的内部熵值，它表现出系统无序度的大小，画出其取值过程的轨迹图型（见图 5 - 1）就可以看出系统逐渐由有序状态向无序状态演变的过程。

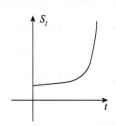

图 5 - 1 内部管理熵增示意

信息熵表达式也可以采用前面介绍的关于协同论的标准方式进行表达，例

---

① 张继国，［美］辛格. 信息熵——理论与应用 [M]. 北京：中国水利水电出版社，2012：108.

如系统熵增会引起系统效率的递减，则可以用效率递减公式 $y = Re^{-x}$ 表达内部协调熵增的过程，其中：R 是组织结构常数，$x = f(a_1 x_1, a_2 x_2, \cdots a_n x_n, t)$ 是影响组织效率因素的函数，x_i 是各项影响因素，a_i 是影响因素的权值，t 为时间因素，此公式描画出的曲线是效率递减的曲线，但与信息熵公式是等效的。[①]

同样的方法也可以求出系统的负熵 $S_E = \sum_{i=1}^{m} K_i S_i$，此时求得的 S_i 都是系统负熵的影响因素，如政治因素、经济因素、社会文化因素和技术因素等，由此系统的总熵值可以表示为：$S = S_I + S_E$。只有当 $S < 0$ 时，系统才能表现出有序状态，系统的耗散结构特征才能显现出来。保持系统的开放性才能与外部环境进行信息交换，增加系统的负熵使系统持续有效地运转。根据耗散结构理论系统的组织状态需要保持在远离平衡态的非线性区域，形成一种动态平衡状态，控制变量的随机微小扰动都会通过自组织结构的相关关系被放大，对整体产生影响，形成整个系统的宏观变化，使系统出现涨落，当涨落超过一定阈值时，系统会出现突变效应，进入新的稳定耗散结构分支，形成新的充满活力的有序结构。

上面对系统内部和外部的每一项影响因素的熵进行了计算分析，但是其中每项影响因素的权重也是影响系统量化的重要依据，需要对 K_i、K_B 等权重进行加权量化分析，通常采用的方法是熵值法。熵值法是一种客观赋权的综合评价方法，根据各项指标的相对变化程度对系统整体的影响来决定指标的权重，即根据各个指标标志值的差异程度来进行赋权，从而得出各个指标相应的权重，相对变化程度大的指标具有较大的权重。信息熵是对信息不确定性的度量，可以用熵值来判断某个指标的离散程度，指标熵值越小，离散程度越大，该指标对综合评价的影响的权重也越大。熵权法在社会科学中被广泛应用于总体特征和个体特征的综合评价，例如对于社会发展综合评价以及社会治安、生活质量、人居环境等综合评价。

如式（5-1）所示，熵值法是用 m 个样本，n 个评价指标形成 A 原始数据矩阵，某项指标的指标值差距越大，则该指标在综合评价中所起的作用越大；如果指标值全部相等，则该指标在综合评价中不起作用。

---

① 张继国，[美] 辛格. 信息熵——理论与应用 [M]. 北京：中国水利水电出版社，2012：108.

$$A = \begin{bmatrix} a_{11} & \cdots & a_{1n} \\ \vdots & \ddots & \vdots \\ a_{m1} & \cdots & a_{mn} \end{bmatrix} (i = 1,2,\cdots m, j = 1,2,\cdots,n) \qquad 式（5-1）$$

首先需要对矩阵进行正则化，我们可以假设所有权重的取值都是从小到大，则是数值越高表示权重越大的正向指标取值，将数据标准化则有 $x_{ij} = \dfrac{a_{ij} - \min(a_j)}{\max(a_j) - \min(a_j)}$，其中，$x_{ij}$ 为标准化后第 i 个样本的第 j 个指标的数值，计算第 j 个指标下第 i 个样本占该指标的比重则可以表示为 $p_{ij} = \dfrac{x_{ij}}{\sum\limits_{j=1}^{n} x_{ij}}$，计算第 i 个指标的熵值 $e_i = -k\sum\limits_{j=1}^{n} p_{ij}\ln p_{ij}$，其中 $k = \dfrac{1}{\ln(n)}$，计算第 i 个指标的信息效用值 $d_i = 1 - e_i$，计算各项指标的权重，$w_i = \dfrac{d_j}{\sum\limits_{j=1}^{n} d_j}$，由此，我们可以得到系统加权之后的综合熵为 $S = \sum\limits_{i=1}^{m} w_i e_i$。

根据上述熵值法的计算过程可以对系统的正负熵进行计算。还用 S_I 和 S_E 表示系统的正负熵，对于正熵的计算，根据前面对系统内部影响因素分成 4 大类，每类又分成 9 小类，总共 36 项，因此可以设 $m_I = 36$，对于每项因素可以分为 5 级评分，则 $n_I = 5$，由此对于各个指标正熵的权重计算 $p_{I_{ij}} = \dfrac{x_{I_{ij}}}{\sum\limits_{j=1}^{5} x_{I_{ij}}}$，由此评价指标的熵值为 $e_{I_i} = -\dfrac{1}{\ln(5)}\sum\limits_{j=1}^{5} p_{I_{ij}}\ln p_{I_{ij}}$，从而有指标的差异系数为 $d_{I_i} = 1 - e_{I_i}$，则第 i 项影响因素的权重为 $w_{I_i} = \dfrac{d_{I_i}}{\sum\limits_{i=1}^{36} d_{I_i}}$，则系统的正熵为 $S_I = \sum\limits_{i=1}^{36} w_{I_i} e_{I_i}$。同理，对于负熵的计算，我们假设 $m_E = 21$，$n_E = 5$，则有各个指标的比重值 $p_{E_{ij}} = \dfrac{x_{E_{ij}}}{\sum\limits_{j=1}^{5} x_{E_{ij}}}$，由此评价指标的熵值为 $e_{E_i} = \dfrac{1}{\ln(5)}\sum\limits_{j=1}^{5} p_{E_{ij}}\ln p_{E_{ij}}$，从而有指标的差异系数为 $d_{E_i} = 1 - e_{E_i}$，则第 i 项影响因素的权重为 $w_{E_i} = \dfrac{d_{E_i}}{\sum\limits_{i=1}^{21} d_{E_i}}$，则系统的负熵为 $S_E = \sum\limits_{i=1}^{21} w_{E_i} e_{E_i}$。

从上面的分析可以看出，建立系统有效的管理熵流的指标体系是实现管理熵量化的基础，熵值法虽然避免了人为因素带来的偏差，但由于忽略了指标本身重要程度，在实践中还需要与组织系统的具体实践相结合，不然的话有可能确定的指标权重会与预期的结果相差太大。系统指标体系的建立一定要从整体出发，康德先验哲学的逻辑范畴从数、量、关系和模态几个方面提供了理解描述对象的依据，不仅保证了指标系统的系统性和全面性，同时系统范畴的关系和模态也保障了指标的相关性和动态性，但也需要把定性与定量的分析结合起来，才能更好地保证量化的有效性。

5.1.5 社会系统管理熵的评价模型

前面是从静态角度对管理熵流的量化进行了分析，但是所有的社会组织都处于动态变化之中，熵增熵减也是在动态演化过程中实现的。从系统的动态演进来看，耗散结构系统进化的关键节点是突变演化，需要系统具有从低级向高级进化的结构形态，正负熵抵消的目的是使系统进入耗散结构的非平衡态，使系统达到耗散演化的阈值时能够突变为稳定的耗散结构状态。普里戈金总结出的布鲁塞尔模型为研究系统耗散结构的演化过程提供了一种分析工具，通过该模型构建的数学模型就像描述化学反应过程中相关元素的扩散过程一样，也可以定量判定社会系统是否形成耗散结构。我们在前面分析贝纳德对流实验的时候用过布鲁塞尔模型，表达如式（5-2）：

$$A \xrightarrow{K_1} X$$

$$B + X \xrightarrow{K_2} Y + D$$

$$Y + 2X \xrightarrow{K_3} 3X$$

$$X \xrightarrow{K_4} E \qquad\qquad 式（5-2）$$

在贝纳德对流化学实验中 A、B 为初始反应物，D、E 是反应结果的产物，X、Y 是反应过程中浓度随时间变化的产物，其简化后的方程为式（5-3）：

$$\frac{dx}{dt} = A - Bx + x^2 y - x$$

$$\frac{dy}{dt} = Bx - x^2 y \qquad\qquad 式（5-3）$$

得到方程定态解为：$x_0 = A$，$y_0 = B/A$，系统出现稳定耗散结构分支的条件是：$B > 1 + A^2$。此时，在（x_0，y_0）附近的微小偏离都会使反应系统远离这个定态。把这个模型应用在管理熵的研究中可以得到 A、B 为管理中的正熵和负熵，D、E 系统在正负熵的作用下形成的非耗散结构分支和耗散结构分支两种分岔状态，X、Y 可以表示为系统在量化过程中正负熵的评价指标。由此，布鲁塞尔模型可以改写如式（5-4）：

$$A(正熵) \xrightarrow{K_1} X(正熵评价指标)$$

$$B(负熵) + X \xrightarrow{K_2} Y(负熵评价指标) + D(非耗散结构)$$

$$Y + 2X \xrightarrow{K_3} 3X(量化过程中非线性作用)$$

$$X \xrightarrow{K_4} E(进入耗散结构分支)① \qquad\qquad 式（5-4）$$

在上述表达中，A、B 作为社会组织的正负熵，尽管在企业的运行中正熵不断增加，但在开放状态下会不断得到外界负熵的补充，使正负熵的平衡保持在一个稳定状态。而 X、Y 作为各项影响因素的评价指标对正负熵的变化有调节作用，在所有四个反应过程中都与 X 有关，说明内部因素是决定事物发展变化的根据，第二组和第四组使 X 减少与第一组和第三组反应使 X 增加，说明系统是在自组织作用下的反馈循环，特别是第三组中 X 在外部熵作用下，系统自组织循环的非线性变化得到了跃升，这是形成系统突变的必要条件，也是耗散结构的必须具备的特征。在第三组的自组织和非线性的作用下，激发内部 X 的产生和积累，形成第四组的内部涨落，进入稳定的耗散结构分支 E。布鲁塞尔模型为我们分析社会组织的演化过程带来了方便。

通过对动力学方程的分析可以看出，系统进入稳定耗散结构分支的条件是：$B > 1 + A^2$，系统所有状态都是围绕在（x_0，y_0）附近的变化产生的，这个点在 $B_0 = 1 + A^2$ 处为从热力学分支到耗散结构分支的分岔点，分岔点处判断式取值会有小于、等于和大于三种情况。当 $B < 1 + A^2$ 时，说明负熵 B 的输入较小且没

---

① 张继国，［美］辛格. 信息熵——理论与应用［M］. 北京：中国水利水电出版社，2012：117.

有到达阈值，社会组织中仍然是正熵起主要作用，没有形成耗散结构状态。当 $B = 1 + A^2$ 时，环境负熵 B 的输入达到阈值，社会组织处于临界状态。而当 $B > 1 + A^2$ 时，环境负熵 B 的输入超过阈值，系统会产生突变进入耗散结构分支。我们只要控制正负熵 B 与 A 的浓度满足 $B < 1 + A^2$ 关系，就可以定量地判断组织系统是否成为耗散结构，能否产生突变进入耗散结构分支。这个模型不仅适用于化学、生物学、物理学等，也适用于社会系统的分析，具有典型的示范意义，将数学非线性方法的概念模型和解题工具广泛应用于各个领域。

前面对系统耗散结构判定条件进行了描述，还可以按照突变论模型继续对管理熵的变化与状态变量的关系进行研究分析。突变论规定如果控制某一行为的因子不超过 4 个，状态变量不超过 2 个，则表示行为变化的曲面只有 7 种基本突变模式，即折叠型突变、尖点型突变、燕尾型突变、蝴蝶型突变、双曲脐点型突变、椭圆脐点型突变和抛物脐点型突变函数。在应用突变模型进行分析的时候，可以用系统的总熵流 S 分析系统总体的突变趋势，也可以分别对系统的内部熵 A 或外部熵 B 的突变趋势进行分析。下面对系统总熵流 S 进行分析，可以设定 A 熵流和 B 熵流是控制变量，其系统状态变量为 x，x 可以认为是评价等级，则整体突变模型为 $V(x) = F(A,B,x)$，此分析有 2 个控制变量和 1 个状态变量构成尖点型突变模式。如果对 A 或 B 分别进行子项的突变模型分析，例如对于正熵 A 分析的话，其有 4 项影响因素 a_1，a_2，a_3，a_4，则 $A(x) = f(a_1, a_2, a_3, a_4, x)$，有 4 个控制变量和 1 个状态变量，构成蝴蝶型突变模式。如果控制变量多于 4 个，就需要对变量进行分形整合处理，通过分形把相似内容进行分类并分解成不同层级，可以采用多级突变模型分析的方法对整体中的各个局部进行分析。分形理论也是演化思维中的一个重要理论，它是通过对分形特征的分析，找出系统内部各个因素在其自组织的过程中于空间结构中所产生的相似性形体，从数学角度建立可以连续变化的空间维度函数，使维度数值不再是整数，可以用正负有理数来表示。应用分形理论不仅大大简化了多维度的数学计算，还可以准确地描述物理学中的布朗运动，可以直接描述出弯曲的海岸线和山脉、飘浮的云朵、大脑皮层的形状等。

对于整体突变模型 $V(x) = F(A,B,x)$，有尖点突变模式函数为 $V(x) = x^4 + Ax^2 + Bx$，这个由 1 个状态变量和 2 个控制变量为坐标组成的三维空间被称为行为空间。从图 5 - 2 中可以看出，由状态变量在行为空间中变化而形成的曲面称为状态曲面，其方程为 $dV(x) = 4x^3 + 2Ax + B = 0$，这个由 A，B，x 为坐标组成的三维空间会形成折叠的三层，称为上叶、中叶和下叶，折叠的两条折痕称为奇点集，其方程为 $12x^2 + 2A = 0$，与曲面方程联立得到其分岔集为 $\Delta_x = 8A^3 + 27B^2$，分歧点集在控制变量 A 和 B 的坐标平面上的投影显现为一个尖角型区域，这是系统状态发生变化的突变区域，可以看出区域顶端为尖点形状，所以称为尖点型突变。正如图 5 - 2 所描述，根据 Δ_x 的不同取值可以判断 x 的变化范围，$\Delta_x \leqslant 0$ 则 x 有 3 个实根，否则只有 1 个实根。尖点型突变模型的特征是系统变化方式有突变和渐变两种方式，一种是系统状态变化可以像图中沿着 a - b 点线穿过奇点集实现从正熵向负熵的变化，此时 A 和 B 的取值是穿过图 5 - 2 尖点的两条边，从图 5 - 2 上的折叠部分可以看出其变化的过程在折叠的边缘处会产生突变，由上叶状态曲面跳到中叶曲面，再从中叶曲面跳到下叶曲面，从而实现状态的变化，因此这种变化方式称为突变方式。另一种渐变方式是适当对 A 和 B 取值，让系统状态的变化沿着 c - d 线绕过分歧点集，也就是不通过折叠区域，而是通过渐进的变化过程实现从上叶曲面到达下叶曲面的过程，这种从正熵状态向负熵状态的转变方式称为渐变模型。

对此齐曼给出尖点突变的突变性、滞后性、发散性、双模性和不可达性五种特征，概述了函数变化的所有可能性，这些特征对社会组织的定性和定量分析非常有意义。突变性说明组织系统在正负熵的作用下，会在临界点处出现突变，使系统产生由无序向有序的变化。滞后性从函数图形上看是在上叶的突变以后又经过了中叶的持续减熵作用过程，才到达下叶的负熵运行，说明了减熵的滞后效应。突变的滞后性也会在管理中产生，例如在宏观经济调控时的滞后一样，调控政策或调控操作总会在过一段时间之后才产生效果。发散性是指作用的结果是发散的，是在一定的区间范围内有效，并不一定准确地落在某一个控制点上，在区间范围内具有一定的随机性。双模性是指变化方式的多种选择，同样达到变化的目标可以选择渐进方式，也可以选择突变方式。在管理中也会出现是选择激进方式还是选择缓和方式的问题，所以渐变和突变的双模方式也适合社会组织发生变化时的途径选择，要根据企业或组织的特征选择合适的变化方式。不可达性是指 A 和 B 都必须同时作用，事物才可能发生变化，要选择

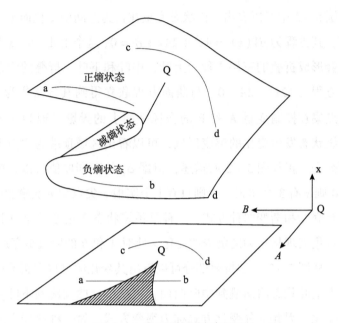

图 5 - 2　管理熵尖点突变示意

合适的时机和合适的切入点，否则不可能达到预先设定的目标。这就是对于尖点突变带来的定性化启示。突变论最大的特点是可以根据突变规律制作数学模型，为社会管理提供具体量化的依据。

　　还可以用同样的方法对系统的控制子项进行模型分析，例如对于系统内部的正熵 A 的变化进行分析，A 有 4 个控制量，则可以采用蝴蝶突变模型进行具体分析，限于篇幅在此不作详述。模型的制作是复杂和艰巨的工作，2021 年诺贝尔物理学奖的三位获奖者（美籍日裔气象学家真锅淑郎、德国物理学家克劳斯·哈塞尔曼、意大利科学家乔治·帕里西）的主要科学贡献就是典型的突变论模型建模，准确地预测了混沌的物理现象和社会现象，并收到了很好的社会成效。

　　对于社会组织来说，其重要任务就是要保持系统的开放性，不断与外界环境产生关联，从外界环境吸收需求信息、技术信息等各种信息和物质能量等，经过生产流程的加工，创造新的价值再输出到外部环境中去，使企业系统同外界环境之间有一个对流并形成良性循环。用信息熵流进行量化的话，表明了企业系统与外界环境交换能量的大小，熵流值越大表明企业与外界的交流就越多，企业系统的功能就越强。

5.2 社会系统的耗散结构特征

耗散结构理论强调系统的复杂性。自古以来，人们力求大道至简，中国古人把世界的本质归结为阴阳五行的相生相克，古希腊也认为世界的本质是水火土气以及数和原子组成，形成世界的千变万化。近代科学也是在实验的基础上，通过分析和归纳把复杂的系统分解为简单的要素来研究，并取得了科学技术发展的极大成功。但是随着科学研究的不断深入，人类越来越感觉至简思维影响了人类对于复杂世界的追求和探索，一个系统中全体的概念绝不能简单地看作是多个个体事物的叠加，而是相互关联和相互作用的有机的整体结合。试想人由数十万亿个细胞组成了身体的各个肢体和器官，这些肢体和器官绝不是相互独立的毫不相关的部件，而是经过数亿年进化形成的协调一致的有机整体，其复杂程度至今人类仍无法解释清楚。因此，无论是对宇宙物质世界的探索，还是对于生命和社会系统的研究，我们都需要复杂系统思维。

社会系统是一个超级复杂的耗散结构系统，它是由政府、社会组织和个人组成，并且以人为中心形成由政治、经济、文化、科技和国防等许多子系统组成的自组织性耗散结构系统。各子系统都有自行的演变规律，子系统之间又具有相互联系、相互支持和相互制约的关系。因此，社会系统的熵增熵减变化中政府需要通过国家治理体系控制社会的熵增，引入负熵实现社会的有序化管理。完善的治理结构，需要提高以人为本的治理能力，实现社会治理体系的目标、结构和纲领，实现社会结构的不断完善和发展，使社会秩序井然，社会文明不断进步。本节从内部正熵和外部负熵的角度分别对社会系统中政府、社会组织和个人进行耗散结构的熵进行分析，力图在整体上体现出大数据信息熵对整个社会的负熵作用；并在对政府、社会组织和个人逐一进行耗散结构分析的基础上，对政府的政治、经济、科技、社会和国际等信息负熵，对社会组织的商业、信用和管理等信息负熵，对个人的生活、职业发展、医疗健康等信息负熵进行分析，为管理熵的量化提供新思路。

5.2.1 与政府相关的正负熵分析

政府是个复杂的耗散结构系统，无论内部或外部都需具有很好的开放性，以便于信息流的通畅，实现熵增熵减的运动，使之向有序的进化演进。从政府的内部功能来看，政府是面向全社会提供支持和服务的系统，是实施国家制定公共政策、实现全社会有序运行的管理机构，代表着全社会的公共权力，也是协调社会各种矛盾和利益、为实现整个社会系统公共利益服务的机构。为了有效地服务于社会组织和个人，政府需要向外界提供负熵，有效地激活社会组织和个人的自组织功能，使整个社会系统有序。政府通过政治、经济、文化和社会保障的管理向社会输送减熵的能量，这个过程表现政府向外界、向全社会输出着负熵流。但它自身也是社会的一个子系统，政府要维持自身的存在也必须保持一定的有序结构，也就是政府作为一种社会存在，需要抑制政府系统中熵增的现象，维持政府系统的低熵，这就需要保持耗散结构的特征，建立具有自组织性的体系。为了履行政府职能，实现公共利益，政府需要从外界获取物质和能量，表现为向社会企业和个人收税、借债，或者是通过产权方式从外界获得直接的经济利益。因此，政府的正熵表现在其结构和本身功能上，为了便于细致地分析政府内部正熵的耗散结构特征，在此将政府主体分为中央政府机关、地方政府、国有企业以及政府主导的行业协会四个部分进行结构正熵分析。

第一，中央政府机关。按照社会管理系统的层级分析，这一项是主导社会有序运转的最高层级，对社会的宏观有序进行调控。需要严格地按照社会结构的原则和程序划分各机构一系列职能部门，组成有效的自组织结构。国务院是中央机关最高管理部门，根据宪法规定，统一管理下辖的各部委以及各级地方行政机关的一切重大行政事务。下辖各职能机构在公共行政中满足公共行政的要求，做好政府职能的物质载体，实现高效率的公共行政。政治军事相关职能部门完成维护国家独立和主权完整、保卫国防安全的职能；经济相关职能部门完成对社会经济活动的资源配置、收入分配、宏观调控的管理；文化相关职能部门完成文化建设，为满足人民群众日益增长的文化生活的需要，依法对文化事业实施管理；社会公共服务和社会保障相关职能部门完成调节社会分配和组织社会保障。上述各部门形成彼此各有分工、各司其职、各负其责的严密自组织系统。

第二，地方政府。地方政府也是政治、经济、文化和社会保障的服务综合体，和中央政府之间不仅要保持开放性，保证能量的交换，同时也需要与中央政府保持一致性和相关性。同时，地方政府具有相对独立的地方自治性，由于地方政府所处的地方资源、人口结构、人员素质各有不同，地方政府所面临的问题更现实化。在政府系统中，政府上下级之间、各职能部门之间、政府工作人员之间等，都存在复杂的相互作用和反馈机制，这些复杂的相互作用和反馈机制也是非线性的。不同层级政府之间对事物管理权和财政分配权的安排、职能部门之间权力和责任的分配与交叉关系等，都呈现出非线性的相干性、多岔性等相互作用，导致政府系统时间和空间上对称性的失衡，引起物质、能量等资源信息在系统内部的重新分配，这将改变系统的内部结构和系统各要素之间的相互依存关系，是系统形成有序耗散结构的内部源泉。

第三，国有企业。在国家的宏观调控下，国有企业发展方向明确、管理严格，与国家发展战略步调统一。国有企业具有较为明显的技术优势、人才优势和资金优势，是国民经济的重要支柱，为抗衡跨国公司的挑战，实现国内外的强强合作，提供了巨大的潜力和广阔的空间。以中央企业为代表的国有企业是国有经济坚持集中力量干大事的主力军，是中国经济体制下特色经济形态。

第四，政府主导的行业协会。行业协会是社团法人性质的非营利性组织和社会组织机构，是政府与企业的桥梁和纽带。它向政府传达企业的共同要求，同时协助政府制定和实施行业发展规划、产业政策、行政法规和有关法律，协调制定并执行行业规约和各类标准，协调本行业企业之间的经营行为。行业协会在社会这个自组织系统中起到的主要是经济作用和法制作用，支持国内企业增强国际竞争力，促使群体的利益得到尊重和维护。行业协会构筑了社会经济秩序的自我调控机制，实现企业与政府的纵向沟通，也为企业提供了横向的市场沟通，消除了不确定性，使社会系统的自组织性更加完善。

通过政府主体的分析，从中央机关、地方政府、国有企业到行业协会形成一整套耗散结构体系，不仅每个主体有其内部的熵变变量，这几个主体也形成了政府的熵变变量。这套体系完成了政治、经济、文化和社会福利的完整布局，这种以公有制为主体、多种所有制经济共同发展的管理体系，充分形成社会系统的有序之源。根据耗散结构理论关于混乱的定义就是，系统的无序是"打破个体描述（用轨道）与统计描述（用系综）之间的等价性"，也就是说系统的有序是个体的变化趋势要与系统的趋势等价。对于中央政府开放系统来讲，地方政府和企业都是保证政府结构保持非平衡态的重要因素，平衡是相对的，非平衡是绝对的。不同层级政府之间、各职能部门之间、政府工作人员之间都存在非平衡态特性，同级政府之间存在履行职能的效率的不对等，中央政府机关和地方政府各职能部门之间权责的差异，不同政府工作人员履职能力以及职位之间的不对等都是差异性。一般来说，系统内部差异越多，分化程度越高，系统功能水平越完善，其发展的综合能力也越强。开放的政府系统在与社会其他系统交换物质、能量和信息的过程中，远离平衡状态，有助于耗散有序状态的形成。

下面对政府主体的负熵进行分析。政府在政治、经济、社会和科技等实践工作中，虽然不是亲自参与，但是政府要根据国家的制度和国情发挥宏观的管理和调控功能。政府由于其特殊的地位，掌握着各种信息收集、保存和使用的主动权，据统计全社会80%以上的有效信息都掌握在政府手中①，因此，政府是信息的最大拥有者，也是信息的最大受益者。如果让这些信息得到有效利用，毫无疑问将会促进社会的全面创新和发展，充分发挥信息熵对于政府主体的效用，对于社会各行各业都有深远的意义。

第一，政治信息熵对政府的效用。政治信息指反映政治活动特征及发展变化的信息，国家和政府层面的政治领域及相关系统的政治活动，社会公共事务的管理活动，社会秩序的稳定与社会中的冲突，以及权力、利益、资源的分配等信息，都是具有政治属性的信息。通过政治信息熵的有效衡量可使政府分析判断社会信息带来的影响程度，使政府根据信息熵作出判断，调控社会生活和社会政治活动的舆论导向。政治信息熵对于信息的有效衡量，是使决策者进行正确决策的重要依据，也是管理者实现政治管理目标的决策来源，同时还是政府影响和教育民众的有力工具，政治信息熵对于政府耗散系统的有效激活具有

---

① 2022年终经济观察8｜支持政策密集出台民营经济发展东风更劲［EB/OL］.中国商报网，［2022-12-30］. https：//legal. zgswcn. com/cms/mobile_h5/wapArticleDetail. do? article_id = 202212300908361003& contentType = article#.

重要意义。

第二，经济信息熵对于政府的效用。经济信息反映了各行各业经济活动的实况和特征，作用于政府的经济信息熵主要是宏观经济信息熵，微观经济信息熵也起着辅助的作用。经济信息熵对政府的效用体现在政府对市场经济进行宏观控制，实现资源优化配置。市场与整个社会结构密切相关，涉及社会总需求与总供给的平衡调节，有些问题是社会整体协调的问题，不是市场自身或市场单独能够解决的问题，因此，宏观调控是在市场经济系统自身条件下无法进行自适应调节时引入的外部动力，是对市场经济的参数进行调控。市场经济的自组织性完成本身的资源调控等功能，系统还须保持开放性，能够接受外部交换的宏观调控信息，市场的非平衡态体现为产品在市场分布上保持离散性，使市场供需之间产生差异性，从而产品能够流通。政府主导下的大数据时代为宏观调控提供了便利条件，可以收集和综合社会系统各个层次和领域的信息，通过信息熵的价值分析，对市场进行宏观调控。

第三，科技信息熵对政府的效用。科技信息反映了前人所取得的最先进的科研成果、科学技术活动等信息，既能帮助人们认识客观事物、启发思路、开阔眼界、丰富知识，也是科学技术再发展的重要基础，还是人类科学发展的精神财富。通过大数据科技信息熵对系统有序无序水平的衡量，可以有效促进社会的科技进步、思维创新和人工智能的发展，不仅提高政府的管理水平，也为政府发展科技提供支持。科技进步本身带来的是负熵流的增加，特别是人工智能的出现，不仅试图代替人的大脑，甚至追求超越人脑的思维速度和复杂性，给社会带来了更强的不确定性的消除。科技可以是负熵，造福于人类，也可以是正熵，给人类带来灾难。所以，在社会系统中需要增加新的要素，制定相关法律，约束和规范人工智能技术的发展和使用，使人工智能真正成为使社会系统有序发展的负熵。

第四，社会信息熵对政府的效用。社会信息反映了人类社会运动状态和方式。人类社会在漫长的发展过程中，不断形成各种社会关系，不仅在人类生理层次上的作用和反作用影响着人类生存、生活和文化发展，而且人类复杂的精神和心理活动，也影响着人类的态度、感情、价值和意识形态。大数据社会信息熵的熵增熵减的矛盾运动促进了社会系统自组织能力的完善，为政府改善社会环境、提高人民生活水平提供了依据。信息的引入并不是多多益善，信息少了当然不能产生足够的负熵流，但并不是有了大数据的"大"就一定会产生最大负熵流，还应该对大数据中重复、循环的信息进行优化，否则会导致信息获取超载现象，使信息产生正熵，会给社会的决策发展带来负面影响。因此，信息的价值取决于最大负熵流，而不是正熵，负熵表明信息质量是优质的，能激发活力，使系统不断完善。

第五，国际信息熵对政府的效用。国家永远处在发展之中，需要通过国际信息的交流，学习发达国家的先进科技和文化，参与国际政治和国际经贸往来、技术转让、经济合作和国际文化交流。联合国 2030 年可持续发展目标框架提出，实现全球范围的社会、经济和环境的可持续发展，提高全球经济一体化水平。中国正在向先进的信息产业国和制造强国转变，为适应社会前进的步伐，我们需要融入世界发展的潮流中，并构筑当代中国社会的新文明。当今世界正发生复杂深刻的变化，国际投资贸易格局和多边投资贸易规则酝酿深刻调整，世界的地区差别、发展中国家和发达国家的差别日趋严重，各国面临的发展问题依然严峻。大数据国际信息熵为政府建立开放的社会环境，加强国际化社会交流提供了基础，通过国际信息的开放和交流，增强企业国际竞争力，提高国际化环境保护意识，推动国际建立合作伙伴网络关系。只有开放才能积聚全社会的力量，促进文化、经济及贸易发展的网络化社会，实现全球范围的可持续发展，实现新的文明。

5.2.2　与社会组织相关的正负熵分析

从内部正熵的角度分析，社会上有关经济、政治、文化、教育、科研以及群众和宗教等的团体都是社会组织，可以分为营利性组织和非营利性组织，也就是《民法典》规定的企业法人和社团法人两类，是社会复杂系统的重要组成部分，也是保证社会具有非平衡态结构的元素。

第一，营利性组织主体。社会组织中营利性组织主要是民营企业。民营企业为了获得自身的发展，需要与组织内外部的公众建立良好的关系，为组织的生存与发展创造和谐的社会环境，在市场竞争中树立良好的组织形象，争取公众的支持。据国家发改委信息披露，中国的民营经济 GDP 占比超过 60%，技术创新和新产品占比超过 70%，税收占比为 50%，就业占比为 80%，民营经济在中国经济发展中发挥着越来越大的作用。① 多种经济成分的存在，加大了中国社会系统的耗散结构特性，为社会产生了积极的效用。每个民营企业本身也是一个耗散结构体，民营企业要实现其经济目标，就必须按照一定的结构进行组建，市场营销衡量了民营企业对外保持开放性的程度，产能衡量了民营企业内部的非平衡态状况，产供销体系衡量了民营企业自组织性。民营企业需要充分发挥自组织协调功能，化解各种冲突和矛盾以保持组织成员的密切合作，使组织目标得以实现。

第二，非营利性组织主体。非营利性组织是不以营利为目的、在政府主体和营利性组织主体之外的民间社会组织。它也为政府与企业、政府与社会之间的沟通充当桥梁，向政府反映企业和社会的意见和建议，为政府提供信息，协助政府作好宣传、指导、监督等方面的工作。非营利性组织是社会进步的产物，是社会中政府和企业两大部门不能满足社会经济活动与公共需求时产生的。如许多基金会都是协调和解决社会矛盾的组织，这些组织的出现和发展增强了社会的自组织性，有利于世界文明的发展和社会的和谐，这些公益组织的力量也越来越强，影响越来越大。

社会组织是社会系统中有机的组成部分，且由于非营利性组织在政府与企业之间的有效调节作用，它被称为继政府和企业之后的第三部门，成为保障社会稳定不可缺少的组织形式。随着社会不断发展和进步，社会三大部门会发生新的变化，社会的自组织系统会逐渐按照社会和市场的需求进行改造和建设，会根据市场化的规则优胜劣汰，不符合时代要求的组织不断消亡，新的组织不断产生，使社会服务水平得到提高。

社会组织的负熵有商业信息熵、管理信息熵和信用信息熵，它们对社会组织产生效用，这些负熵更多是对于营利性组织特别是对其中的民营企业能产生更为明显的作用。

第一，商业信息熵对社会组织的效用。商业信息是商品在买卖活动中表现

---

① 发改委：民营经济占 GDP 比重超 60%，撑起我国经济"半壁江山"［EB/OL］. 手机人民网，（2018 - 09 - 06）［2023 - 02 - 04］. http：//m. people. cn/n4/2018/0906/c120 - 11567541. html.

出的特征和变化等情况的信息，反映出商品生产和供应、市场竞争、国家政策、商品科技、市场环境等多种宏观和微观市场的状况，是社会组织尤其是营利性组织在经济活动中必不可少的信息。大数据时代，特别是互联网的出现，人们可以简单方便地得到需要的信息，大量有用信息为社会组织了解市场需求和学习先进技术带来了便利条件，加快了企业发展，发挥了信息熵的确定性，使社会组织的组织性和有序性得到加强。大数据时代商业信息熵作为社会组织外部交换能量，激活内部非平衡态达到涨落的能量，是社会组织生存和发展的关键因素，社会组织的开放性使企业可以随时掌握国家宏观调控下对资源的配置，更好地理解和掌握市场的走向，了解消费者的需求以及市场中技术和产品的现状。同时，经济系统中有大量社会组织，其运动状态的变化，会带来整个经济系统状态的变动，这个状态的变化是非线性的，在一定量的商业信息熵作用下，会产生涨落或突变现象，形成新的稳定有序状态。经济系统耗散结构的存在，为经济的发展提供了新的理论根据。在一定的条件下，通过商品生产者和经营者内在的相互作用以及外部的宏观调整，经济系统借助系统的自组织功能，可以实现它的有序运行状态。

第二，管理信息熵对社会组织的效用。管理信息是在各种社会组织特别是营利性组织的生产经营活动过程中，对其管理和决策产生影响的各种信息通过文字、数字、图表和表格等形式反映生产经营活动状况，为管理者实现有效的管理提供决策依据。熵增定律揭示了社会组织管理效率递减的规律，社会组织是管理的载体，在传统管理模式下，社会组织都会循着诞生、成长、膨胀、老化的生命周期呈效率递减的趋势。社会组织需要保持组织之间和个人之间的非线性耦合，通过整合和协调系统中的个体行为，使系统内部非线性的协同作用产生自组织效应，从而使系统实现整体功能的强大。因此，社会组织在大数据管理信息熵的作用下，通过优化社会组织工作流程、优化管理制度，强化社会组织内部的非线性突变和涨落，实现社会组织内部的正向协同效应。

第三，信用信息熵对社会组织的效用。信用信息是指营利性组织和消费者个人在其社会活动中所产生的、与信用行为有关的记录，以及有关评价其信用价值的各项信息。信用信息既表现了信用主体的主观方面的信用观念和守信的意愿，又从客观方面表现了主体的守信能力，主要包括主体的履约能力、经营能力、资本和资产等能力。大数据为信用信息的收集和记录提供了有效手段，可以根据信用主体的各种行为信用记录进行分析，解决信用信息体系中市场和社会组织间以及个人间的信息不对称问题，尤其在大数据时代丰富的数据收集和综合分析，能够对主体作出客观、准确、全面的信用判断。

5.2.3　与个人相关的正负熵分析

一切社会组织都是由个体的人组成，社会系统是由个人构成的最大群体，个人则是社会组织的最小单位，这也充分说明了人的社会性。个人的健康、品质、能力和精神状态都是人的内部熵。从整个社会结构来说，不同年龄结构、不同职业结构以及不同国家个人结构对于社会形成的作用都不一样，对于信息熵的反应也不同。所以，基于个人与社会的关系，作为信息熵作用主体的个人，我们将从如下三个方面进行研究。

第一，不同年龄的个人主体。社会系统年龄结构不同，表明一个国家的社会和经济状况不同，接受信息熵的影响程度也不同。以人口年龄结构划分社会特征时，其可以分为成长型、稳固型和衰老型三种社会模型。成长型社会是出生率超过死亡率的社会，这种社会不用担心劳动力短缺问题。稳固型社会是人口出生率与死亡率大抵相当，青壮年占社会人口的中等偏上。衰老型社会是人口的出生率低于或等于死亡率，社会人口趋于老龄化或递减。世界上主要发达国家除美国外都逐渐向老龄化社会发展，加重了社会负担，已引起非常大的社会问题。人口年龄结构的变化，对于社会耗散系统的运行和经济发展等都有很大的影响，尤其是16—59岁年龄段的劳动人口，是社会保持非平衡态、产生活力的基础。中国目前人口的年龄结构正处在稳固型阶段，有步入衰老型社会的趋势，因此需要制定政策，提前做好措施。人口老龄化会导致人均GDP增速下行，对经济的投资和消费也会带来不同程度的影响。

第二，不同职业的个人主体。职业分布体现出社会系统的产业布局，反映出社会劳动力的职业配置状况，可以根据对于不同内容信息熵的反应程度，预测和调整生产发展水平及影响人民生活水平的制约因素。伴随着工业化和城市化进程，中国社会的职业结构产生巨大变化，从事第一产业和第二产业的人员比例逐渐减少，而从事第三产业的人员比例逐渐增多，特别是计算机和互联网技术的普及以及信息技术的发展，从事信息、咨询等新兴服务业的人员比例在从事第三产业的人员总数中的比例逐年增加。但是，目前我国就业人员最集中的职业还是农业生产人员，专业技术人员只占 5.6%，而发达国家一般占 10% 以上，说明专业技术人员严重不足。① 从企业规模和生命周期的角度分析，被调人员填写企业负责人所占的比重为 78%，说明民营经济企业的微小和活跃程度。从地区分布看，专业技术人员所占比重最高的是北京、上海、广州三地，农村农业劳动者比重最高的是贵州和云南。②

第三，国内国外个人主体。改革开放的引进来、走出去的人才战略使中国社会打通了与外界联系的渠道，为社会的发展带来了巨大的能量。激活耗散结构系统的首要条件就是系统的开放性，开放才能与外界交换能量，使社会系统减熵，是社会系统从无序走向有序的先决条件。据统计，目前在海外的华侨和华人数量已经超过 5000 万人，2018 年在美国华人突破 500 万人，在加拿大华人近 200 万人，在欧洲华人突破 300 万人，在日本华人数突破 92 万人，在韩国近 60 万，在东南亚 4100 万。③ 实践证明，改革开放以来中国吸收的外资中 60% 以上是华商资本④，海外华商为中国的改革开放和现代化进程起了巨大的推动作用，也在世界经济的区域化和全球化发展进程中发挥了重要作用。在走出去的同时，也实施了引进来的战略，吸纳大量国外人才加快中国的经济建设，聘请海外专家担任顾问，取得了事半功倍的效果。新时期国家建设更需要国际人才和智力资源，特别是在新的国际形势下更需要国际型高端人才和复合型人才。

信息熵作用于社会，但真正起决定作用的是人，人又离不开自身环境的影响，身处不同环境，信息熵的效果也不同。马克思主义认为人的本质在于社会性，社会由人组成，社会发展也离不开每个人的作用。人在创造社会的同时，也不能脱离社会而存在，社会为个人的发展和人生价值的实现提供了条件。人在劳动中必然结成一定的社会关系，人与社会的关系表现在政治、经济、文化

---

① 田大洲，田娜. 我国职业结构变迁的几大特征 [J]. 职业，2013 (22)：40 - 43.

② 孙一平. 我国职业结构变迁的特征 [EB/OL]. 职业杂志社（微信公众号），(2021 - 08 - 25) [2022 - 12 - 30]. https://mp.weixin.qq.com/s/n_8FV2BPQYdcvw4qmJArKg.

③ 庄国土. 21 世纪前期世界华侨华人数量、分布和籍贯的新变化 [J]. 侨务工作研究，2020 (6)：21.

④ 张荣苏，张秋生. 改革开放以来中国学界海外华商研究述评 [J]. 华侨华人历史研究，2018 (4)：43.

等方面，人是一切社会关系的总和，而且这种社会关系具有时代的特征。社会历史的发展离不开人类各种实践活动，不同历史时期社会的政治制度和科技发展水平不同，其对于人类的物质追求和精神追求的影响也不同，从而人的价值观念也会不同，这些差异影响着社会发展进程。所以大数据信息熵对于社会的影响和作用离不开个人和社会的关系，离不开历史发展阶段的时代性。

人作为一个耗散结构体，薛定谔提出"生命赖负熵为生"①，生命的负熵包括精神和物质两个方面，人的开放性使大数据时代信息熵的效应得以发挥，各种生活信息、职业信息和医疗健康信息，伴随着知识的增长，激发了人的活力，人获得物质能量的能力越强，人的生命力就越旺盛。人通过职业生涯，建立良好的社会关系，练就了服务于社会的技能，培养了道德意识，也获得了财富的积累。精神和物质的满足，使人获得了保持健康的能力，通过日积月累，达到涨落和突变的阈值，最终使人获得成功，从而实现人的发展与社会系统发展的一致性。

第一，生活信息熵对个人的效用。涉及生活的信息非常丰富，包括住房、就业、教育、交通、医疗、健康、养老、公共救援、灾害避难、犯罪、安全、法律、新闻热点以及人际关系处理等各种信息。不同年龄段、不同教育背景以及不同地区的个人会有不同的生活信息热点，一般都是与家庭和当地的活动有关。青少年更多地选择与学习相关的家庭作业、时间安排，以及社会生活、娱乐活动、流行文化等；成年人更多关注的是生存、赚钱的信息；而老年人更多地关注医疗、健康、养老和旅游等信息。大数据时代生活信息熵使人的物质生活更加丰富，精神更加充实。特别是互联网的技术进步改变了人的开放性，过去人需要走出门接触社会才能得到的信息和实现的生活行为，现在通过手机和计算机就可以达到目的，并能足不出户实现生活、学习和工作行为。

第二，职业发展信息熵对个人的效用。职业发展信息与社会系统的每个人都息息相关，每个人都期待能掌控自己职业发展的能力，从自己的职业生涯中最大限度地获得成功与满足。大数据职业发展信息熵的效用，从影响个人、促进工作角度出发，能够帮助个人了解社会对不同职业角色的具体要求，培养职

---

① ［奥］埃尔温·薛定谔. 生命是什么［M］. 罗来欧，罗辽复，译. 长沙：湖南科学技术出版社，2007：70.

业角色意识，增强个人的社会适应能力，有利于个人作出明智的职业选择。每个人自身都是一个耗散结构体，同时又是社会耗散系统的组成元素，保持个人发展轨迹与社会系统的方向相统一，达到满足系统有序的同时，又能实现个人的发展目标是每一个人的理想状态。在大数据职业发展信息熵的作用下，个人需要根据自身的条件，寻求个人和社会的一致性，在实现自己理想的同时，达到整个社会的有序。

第三，医疗健康信息熵对个人的效用。随着全球健康运动的兴起，医疗健康信息成为全球关注的热点。现代健康的概念已经发展成为"一种身体、心理和社会的共同完满状态，而不再是没有患病或没有虚弱状态"①，健康成为适应社会的"道德的完满"，是一种"健康能力"的概念，因此，可以说大数据时代医疗健康信息熵是有关民众生理、心理和社会交往的健康能力培养的信息，是一种能被民众接受且适用于民众的、涉及民众健康问题的信息。该信息内容不仅包括诊断与治疗方案信息、预防保健信息、健康护理信息和对信息服务的评价等，也包括面对环境改变时身体自我调节的适应力，面对困境时接受处境并积极应对的良好心态，对于社会活动能够参与，并履行相关义务，体现自身价值的信息。生命赖负熵而生，医疗健康信息熵的效用使人体减熵，达到延续生命的作用。随着健康信息服务的发展，信息来源越来越多样化，开放性使人接受外界的信息交换和物质交换更为便利。在大数据时代背景下，医疗健康信息服务是以计算机网络技术、通信技术和大众传媒等手段为基础，处理、整合、开发、扩散和应用医疗健康信息资源，以满足个人、群体及机构的健康信息服务需求，改变民众行为观念，有效提高居民健康水平，改善居民生活质量的经济活动。

自古至今人类一直都梦想着建立一个"理想国"，为此，无数的仁人志士前赴后继不断从理论上和实践上进行探索。人是社会关系的总和，人的生存和发展离不开国家和社会，但是社会是多元的，不仅涉及政治、经济、文化、科技和国防等许多社会结构问题，还会涉及伦理、道德、心理、信仰和审美等精神等问题，所以，面对如此多的社会变量，如何把控社会有序和谐的发展，不

① 钱旦敏，杨英杰，等. 国内外健康信息服务研究动态述评 [J]. 数字图书馆论坛，2018 (8)：67.

仅是政治问题，更是科学问题。信息熵理论为我们解决社会结构和社会运行，建立宏观有序社会提供了方法。通过对政府、社会组织和个人的正负熵分析，我们可以根据具体情况从中定量地找出正负熵变量，建立实现组织非平衡态模型，对社会组织的平衡态和自组织结构进行构建。社会组织比起物质世界的变量选择更为复杂，我们希望无论是国家还是社会组织既能生机勃勃充满活力，同时又能协调有序和谐发展，这就涉及系统的宏观有序和个体元素自由度的关系问题，个体元素自由度太低，会造成系统处于线性区域内的稳定状态，社会组织无法充满活力地有效发展。反之，自由度超过限度，又会使系统偏离非平衡态，过渡到另一种平衡态，形成无法逆转的社会形态崩溃。所以，管理良好的政府和企业组织，甚至家庭都是正确处理了政府和民众、企业和员工、家庭和子女的互动关系，使组织处于既充满活力，又运行有序的非平衡态状态。例如，一个家庭如果把子女管教得过于严格，孩子的自由度会很低，虽然子女给家长惹出大麻烦的可能性降低了，但同时也失去了活力，很难培养出有创造力的孩子。但是如果管教过于松懈，孩子的自由度太大，可能会导致从小养成无法无天的习惯，不仅会给家长惹麻烦，还有可能由于缺乏管教走上犯罪的道路。所以，对于家庭来说，也需要构建一个宏观有序的非平衡态的自组织系统。企业和政府更是需要从前面的分析中找出关键的状态变量和控制变量，设定最优组织架构和规章制度，最大限度地激发出社会组织每个成员的积极性，向着社会组织设定的目标，生机勃勃地有效发展。

5.3　影响负熵效用的主观因素

　　大数据信息熵是通过对社会的作用来体现信息熵的效用。社会是由人组成的复杂系统，因此在信息熵发挥作用的过程中，会出现许多影响信息熵实现效用的因素。本节选取部分重要因素进行探讨，从主体人的角度出发，影响信息熵实现效用的因素主要从主体对于信息熵价值的主观性、信息熵效应的积极性、信息熵风险的防御性和信息熵决策的经验性四个方面进行评价。

5.3.1　信息熵价值的主观性

信息产生于自然界和人类的实践活动，信息表现的是物质的存在方式和运动状态，信息具有客观性，而信息熵也是对客观信息的客观评判。但信息熵是对于政府、社会组织和个人中的人发生作用，只有当接收者接收到信息熵时才能产生意义，所以同样信息熵在不同情境下，面对不同的人，其效果是不一样的。不同教育背景和不同社会阶层的人对信息熵的反应也不同，就像马克思所说"对于没有音乐感的耳朵来说，最美的音乐也毫无意义"，也许对于没有音乐素养的人来说，某段音乐就是杂音。信息熵也是这样，信息熵的主观性对于信息的选择起着重要的作用，接收者会根据自己的偏好和方式来分析和解读信息熵，不同的接收者对信息熵的目的不同，对信息熵的主观印象也不同，因此解读和反应也带有强烈的主观性。信息的收集、处理和传送方式、传送对象的选择等会带有一定的主观性，这一主观性使信息熵也带有一定的主观性，所以，对信息熵的理解和运用需要一定的主观能动性和判断力，排除信息熵主观性的干扰。

信息熵的主观性体现在四个方面。第一，主体自身的经历无法认识到信息熵的重要性，因此不能采取相应的对策。例如同样去一个寒冷的地方出差，北方人就会想到穿上厚厚的羽绒服，而一个没去过北方的南方人可能只会想到穿厚一些的夹衣。应该说，信息熵的客观价值对每个人是相同和公平的，结果却大相径庭，是主观性起了不同的作用。信息熵的主观性体现在接收者不仅要正确理解它，而且要精确把握它。如果对信息熵把握程度不够，不但难以全面实现信息的价值，而且有时会因为差之毫厘，谬以千里。第二，对信息熵重要性的懈怠也会造成信息熵无效的局面。商业信息稍纵即逝，对信息熵虽然准确无误地进行了判断，但有时决策者会有些许犹豫，认为"竞争对手也许不会这么快""我们自己还没准备好"等，造成机会的丢失。机会在于把握，在于"有条件要上；没有条件，创造条件也要上"的主动性。第三，对于信息熵的价值，主体要根据客观应用场景的变化加以综合运用。例如对信息熵的判断是正确的，信息是真实的，但是由于气候或其他环境的变化或是人的灵活变化，产生了与得到的信息相反的现实状况，可能使信息熵失效。所以，对信息熵真假度的判断还不足以构成完整的判断体系，还要把理论价值化作现实价值。当信息熵进入社会，特别是进入人群的循环过程时，其法定接收者和潜在接收者都可能改变信息的价值取向，信息的合法接收者和非法接收者要想使信息转化成有利于自己的价值，必须审时度势，对信息在传递过程中可能出现的变化及其随之而来的反应都纳入识别、评价和采取对策的范畴中。第四，在市场经济中，不仅是主体的信息保密使信息不对称的现象严重阻碍了信息熵的有效性，有时商家为了迷惑对手也会故意释放虚假或半假半真的信息，特别是商家看准社会和人性的弱点，选择合适的时间、场合和人物对象使虚假信息得以广泛传播开来，这些虚假信息在社会系统的循环过程中效果越好，给社会造成的危害越大。

以上分析表明，信息熵的主观性始终贯穿在信息应用和循环的过程中。信息熵的主观性还体现在更多的主观因素影响信息熵的效果，任何单一地和片面地理解信息熵，都将给信息熵价值的实现带来严重影响。大数据信息熵虽然在大数据的支持下，更全面、更客观地评价了信息的价值，但是介于目前信息的保密、个人隐私的保护、信息记录的片面和不完全，大数据本身也具有很大的主观性成分，再加上使用者的主观性，所以在应用信息熵的时候，需要将之与决策者对价值的主观能动性结合起来。虽然信息熵能够帮助决策者找出问题和方向，为决策选择提供依据，但真正的决策还需要决策者的直觉经验和大数据分析相结合，判断其价值是片面的还是全体的、是眼前的还是长远，以及是正确的还是错误等，达到主观判断与客观价值相一致。

5.3.2　信息熵效用的积极性

大数据时代信息成为社会系统的精神财富和无形资产，信息熵是正确评价信息价值的有用工具，可以有效提高社会应用信息的积极性。政治、经济、文化和社会其他系统的交往过程对信息的依赖越来越强，要求也越来越高，全面、准确、及时的信息服务，已成为政府、社会组织和个人不可缺少的内容，政府的方针政策、企业的经济效益和个人的生存发展都离不开信息服务。

提高社会对信息熵的积极性，可以提高社会生存环境的质量、促进社会的快速发展。第一，要使全社会对大数据信息熵有正确的认识，明确信息是一种资源，是一种生产力，是提高工作效率、促进现代化建设的一种重要手段。大数据时代，信息应用已经不是有没有积极性的问题，而是不管任何组织和个人，都必须融入信息化社会。政府、社会组织和个人都需要形成共识，明确这一点，把应用信息变成一种自觉的行动；否则，政府必将成为一个缺少依据的决策者与指挥者，企业会成为闭门造车的经营者，个人成为不谙世事的盲目者，造成社会的混沌和文明发展的停滞。所以，现代信息社会中信息意识的强弱是衡量一个组织或个人能力高低的标准。发达的信息社会，各种政治、经济、文化和社会其他系统的大数据信息通过网络几乎都是以毫秒级的速度进行传输。市场经济形势千变万化，新情况、新问题层出不穷，更要及时获取完整的、客观的、系统的信息，以保证计划、决策、组织、调控等方面的主动权。第二，要努力建设信息化社会，政府应把建设信息化社会上升到国家战略层面，对信息化进行大的投入。政府是信息化社会的建设主体，社会上 80% 以上的信息都在政府的掌控之中，重视信息化社会体现在人力、财力、物力上的积极投入，从组织机构、人员配置和网络建设等多方面协调，组建专业化的信息工作的"国家队"。同时，应引导社会组织的积极参与，支持社会组织将信息产业与传统产业相结合，建立一个多层次、多领域、多触角的全面网络社会，建立信息通达、反应灵敏的组织结构，形成安全有效的现代化信息网络，使各个时期、各种内容的信息的搜集、加工、编报、传递、利用都通过网络来实现。这在当前科学技术飞速发展、市场竞争剧烈复杂的背景下，显得更为必要和重要。第三，要努力拓展信息的广泛应用，政府要善于利用政务信息，应从大数据信息熵中汲取精华，用以完善充实政策、实现超前预防、及早应对事件，同时将对社会有益的信息向社会公开，使社会受益。社会组织要善于从大数据信息熵中找到借鉴参考和启发创新思路的信息，研发高技术的超前产品，扩大经济效益。第四，要大力开展信息技术的普及和教育培训，信息技术的发展和传承不仅需要一大批专业人才，也需要面向大众的应用普及，人才培养和技术普及是关系到国家发展战略、企业生存以及人民生活质量的问题。通过高等院校招收相关专业大学生、研究生等方法，培养专业人才；企业在职业教育中提升员工实践技能水平，在实训中强化理论与实践的结合，提升员工的实际动手能力，满足企业用人的需要。而个人信息技术技能的提高在于日常生活中吃穿住行的应用，让每个人在应用中受益，在应用中得到乐趣。有效利用政府、社会组织和个人的积极性，建立信息技术紧缺人才培养体系，建设一支适应产业发展的高素质人才队伍，推动信息产业持续、健康、快速发展，在处处有信息、人人用信息的体制下，能极大地激活人们对于信息应用的积极性，也是提升信息技术发展的基础。

因此大数据时代社会主体对于信息熵的积极性在于对信息认识的思想转变，也在于社会信息技术应用环境的有效建立，同时在于政府和企业面向社会提供切实解决人民需求的信息服务，更在于信息技术的普及和人才的培养，使社会能够建立信息技术服务的环境，能够提供信息的有效服务，满足人民日益增长的美好生活需要。

5.3.3　信息熵风险的防御性

大数据信息熵对于系统有序无序水平的衡量，有效促进了社会的科技进步、思维创新和人工智能的发展。① 大数据信息熵带来的人工智能进步正在全面变革着人类的生存和生活方法，人工智能技术被广泛应用到社会生活和生产的各个领域，智能制造、智能农业、智能金融、智能交通以及智能医疗等各个产业都给社会带来极大影响。以大数据为基础的人工智能引领着未来技术的发展方向之一，为了在新一轮国际竞争中掌握主动权，许多国家都把大数据和人工智能的发展作为国家战略。科技是把双刃剑，先进的科学技术往往既可以造福人类，又可以带来负面作用。大数据信息熵也是这样，它可以是负熵，造福于人类，也可以是正熵，使社会无序，甚至伤害人类。所以伴随着大数据的发展，社会系统中需要增加新的要素，制定相关法律，约束和规范新技术的使用，防范信息熵带来的风险。

下文对大数据信息熵引发的人工智能可能带来的风险作简要分析。第一是人类判断失控的风险。大数据信息熵带来了机器学习能力的跃升，无论是基于概率统计的人工智能技术方法，还是深度学习算法，都远远超出人类的计算能力，下一步还会出现更新的技术，有可能突破人类现有认知的局限性。随着大数据系统应用的广泛，庞大的智能系统与人类文明发展同步，许多原来需要人

① 金坚，赵玲. 大数据时代信息熵的价值意义 [J]. 科学技术哲学研究，2018，35（3）.

类判断决策的事物都交给了人工智能，甚至作为属于人类的思维和判断逐渐脱离人类，人工智能成为代替人类思维的系统。人类能否保持对人工智能的控制？一旦技术上的失控导致机器判断的错乱，会带来一系列道德、伦理问题，使技术不能服务于人类，甚至会导致灾难。第二是主体性风险。随着智能化发展，机器人和无人驾驶等普及，基于大数据和强大算法的人工智能系统正在影响甚至替代人类的决策过程，许多生活领域由人工智能取代了人的主体性，但是人类对自我知识和认知是有主体性责任的，人工智能算法并不具有责任承担的主体性资格。几年前在日本有一个案件是证券软件系统的故障导致公司损失数十亿日元，但是法院判决开发此软件系统的工程师和公司无责，因为技术是合理的。第三是伦理风险。大数据信息熵带来的人工智能高潮为当代伦理学研究提供了新对象，正在重塑人类的社会秩序和伦理规范，人工智能的智能化提高会带来相关的伦理问题。例如可能会出现现代的无人驾驶汽车版的"电车难题"，紧急状况下自动驾驶动作如何优先抉择成为难题，人数差异越大抉择难度也会升级，因为这不是"技术漏洞"，而是智能机器人根据原算法的"擅自所为"。①又如根据大数据信息熵的关联算法，在一些搜索系统中搜索某些词语时，容易出现暗含低端、犯罪等相关意思的歧视性词汇，"机器伦理"有望能约束智能系统的行为，以确保这些系统能给社会带来更积极的社会效果。第四是就业风险。随着人工智能技术的发展，机器人不仅能替代人类脑力劳动的工作，逐渐也会替代人的体力劳动，势必挑战社会就业结构的变化。2010 年牛津大学的一项研究预测，未来 10—20 年 47% 的岗位会被人工智能所取代，2016 年的世界经济论坛预测未来 5 年将会失去 500 万个岗位，2017 年麦肯锡研究报告显示有60% 的职业面临着被技术替代的可能性，大量行业和工作者面临着重新择业的挑战，到 2030 年依据行业的不同将会有 0—30% 的工作被自动化取代，这取决于自动化的速度和幅度。②伴随着人工智能技术的迅速发展和应用，人们可能会进入一个技术性失业率不断上升的时代，被取代的工作所具备的特征是可以描述的、有固定规则和标准答案的工作，这些工作有可能被智能机器人取代，

---

① 张成岗. 人工智能时代技术发展风险挑战与秩序重构 [J]. 南京社会科学, 2018 (5)：49.

② Jobs Lost, Jobs Gained. Workforce Transitions in a Time of Automation [R]. Chicago：McKinsey Global Institute, 2017：1 - 160.

对社会就业构成挑战。第五是人类"傻瓜化"。随着人工智能的发展，具有重复性和固定规则的复杂工作都将被机器人替代，人类将不再需要进行复杂性的思维和认知。人类在享受技术便利的同时，也失去了对复杂技术系统的控制，而如果大数据信息熵的智能化还不能进行自我调整和校正的话，会把人类的发展放在不确定性的根基之上。

从技术史的演化来看，上述风险是有可能发生的，失控不是技术本身产生的，还是要发挥人的主观能动性做好预案，让技术为人服务。作为人工智能基础的算法和数据将会对社会造成重大影响，在制度设计方面保障市场开放性并赋予消费者拒绝算法决策权，在一定程度上可以减少算法及数据不公正性造成的负面后果，"缺陷召回制度"也是保障产品安全的重要措施。技术起源于机器，但是技术不等于机器，机器与人工智能仅仅代表技术的一部分，关注人本身应当始终成为科技发展的目标和动力。在技术进步对就业的挑战面前，需要处理好技术和就业的矛盾，解决产业升级、知识和技能错配带来的挑战。

5.3.4　信息熵决策的经验性

大数据信息熵从量变到质变的过程给社会带来的确定性，为政府和社会组织的有效决策提供了依据。大数据的信息熵是对复杂信息的不确定性程度的度量，它的演化本质诠释了事物从量变到质变的过程。随着大数据的积累，特别是达到或超过某个临界点后，大数据趋于完整，数据整体所呈现的规律和隐藏在数据背后的数据相关性线索趋于完善，小概率事件就会在一定程度上被显现出来，此时的信息熵值最大，体现出大数据的价值。但是这一价值的实现与决策者的经验有很大关系，决策者经历的社会环境、组织文化、决策者的个人素质等主观因素对于决策结果会有很大的影响。

决策者的经验对于大数据信息熵的决策性影响体现在三个方面。第一，社会环境对于信息熵决策性的影响。信息熵在大数据的作用下真实反映了社会现状，但是社会环境总是处于动态的变化之中。决策者需要发挥信息熵的有效性，改善社会环境，包括对社会政策法规的完善和修改，对社会舆情的监督和改善以及对政令执行效果的检查等，建立宽松有效的政治氛围，才能最大限度地发挥大数据信息熵的决策性。首先，经济环境的影响。社会的经济发展水平会直接影响市场的需求、材料供应、人才招聘以及消费结构等；中央和地方财政政策的制定、解读和执行力度都会对经济环境产生影响，改变投资水平和消费特征，所以，需要不断改善经济环境，才能发挥信息熵的决策性。其次，建立好的法律环境，使社会组织和公民有法可依，使社会成为执法必严和违法必究的法治社会，使企业和公民在安全可依赖的环境里工作学习。再次，地区的科技发展水平对于决策性也具有影响力，例如技术型企业往往需要在科技比较发达地区成立，才能组织产生相关的技术、工艺等科技力量，形成技工贸相协调的产业链。从次，社会文化环境的影响也不可忽视，环境影响人们学习新知识、掌握新技能的热情，人文素养高的社会环境会聚集大量高素质的人才，大学和科研院所聚集的地方高水平的人力资源的数量就会多，思想开放程度也会高。一个地区的教育和科学文化水平、民族文化传统和风俗习惯也会表现出人的性格特征，对于不同产业会有不同的效果。所以，提高社会的伦理道德观、建立正确的价值观和人生观，会提升人的道德素养，对于社会的稳定有着重要的意义。最后，自然环境方面，自然资源的性质、数量和可利用性不仅对于决策有重要的影响，对于人文和市场也产生着影响，例如热点旅游城市会促进消费，同时也会促进生产，可以根据市场需求、产生状况和发展变化的趋势对市场作出判断。第二，社会组织的自身条件也会对大数据信息熵的决策性产生影响。社会组织进行科学决策还需要认真考虑组织的内部条件，如公司的治理结构、组织形式和企业文化都对信息熵的决策性产生影响。人是社会行为的主体，人对组织的服从、对文化的认同态度直接影响着信息熵决策的有效性。建立自组织性合理的企业组织形式，弘扬能激发员工工作热情、以人为本的企业文化，是企业和员工的行为以及行为方式保持非平衡态、保持活跃性的基础，是提高决策性执行力的前提。企业组织形式要有高度的自组织性和自适应能力，保持企业内部的差异性，有公平平等的竞争机制，有可以实现的奋斗目标，激励每个成员关心组织、积极参与组织建设；克服压抑和呆板的等级观念，提倡和谐和平等的企业文化，激励人们积极参与组织的方针政策制定、坚定执行企业决策的主动精神。所以，组织形式和企业文化是推动企业决策得以执行的内在力量。在信息社会，决策者还需要转变思维观念，需要继往开来，既考虑过去决策对现在的延续影响，又需要突破思维定式用信息社会的"大数据"思维进行新的决策。传统的决策观念也会影响决策的执行水平，许多决策工作都是在过去决策的基础上叠加组合、持续进行的，过去的决策与决策者的关系越紧密，现在的决策受到的影响就越大。考虑过去的决策有助于实现决策的连贯性和维持组织的相对稳定，但还需要思维创新，适应环境和方法的变化，实现组织的跨越式发展。第三，决策者的个人因素对大数据信息熵的决策性影响。决策活动中决策者的个人能力非常重要，决策者的智力水平、知识结构和实践经验决定着决策者的个人能力。智力水平体现着决策者的思维敏捷程度，以及能够迅速发现和解决问题的能力。知识结构体现出决策者知识的系统性，一个知识渊博的人，会有广泛的思维能力，思想解放，接受新事物和新观念，通过各种知识产生丰富的联想，不但能够比较容易地理解新问题，而且能拟定出更多更合理的备选方案。实践经验丰富的人可以把自己的智力水平和丰富的知识积累充分应用在实践活动中，体现出远见卓识的战略眼光、民主亲和的工作作风，具有责任和权力相统一的价值观念，这些都会直接影响决策的过程和结果。

　　社会总是处于不断变化之中，产品不断更新换代，企业不断发展或消亡，科学技术不断进步，新法规陆续颁布实施，新政策逐一出台。大数据信息熵的作用归根到底是满足在不断发展变化中的主体的需要，真正成为使社会系统有序的负熵。主体包括了政府、社会组织和个人等不同形式的对象，信息熵对于决策的作用是符合社会发展趋势，推动社会进步，有利于生产力、综合国力和人民生活水平的提高，满足社会不同阶层的需要。

5.4　影响负熵效用的客观因素

　　大数据的质量影响着信息熵的效用。随着信息技术的发展，大数据的规模正在高速增长，由于信息收集、传输和获取过程中的各种因素，会导致信息传播过程中的丢失、数据来源不全、互操作时的冲突、数据内容不合理等现象，数据中普遍存在质量问题，它导致信息熵计算出现严重偏差，甚至造成灾难性的后果，因此，大数据的质量对于信息熵的价值影响非常大。本节选取影响大数据信息熵效用的四个因素进行分析，即信息的完整性、信息的准确性、信息的时效性和信息的针对性。

5.4.1 信息的完整性

信息的完整性是大数据信息熵效用的保证。在康德的知性十二范畴理论中，量的范畴包括了一个、多个和全部三项，大数据信息熵有效的基础就是全部这个特征。大数据信息的完整性是衡量信息熵质量的重要指标，是信息相对于所描述的客观世界的完整程度，大数据信息记录的完整性表现出数据集合的全部特征，不仅记录了众多珍贵的小概率事件，同时记录了导致局部数据不能表现的数据之间的关联，这些关联会引起新的有价值的事件出现。大数据就是在持续不断地全面记录和提供信息，满足客户各种灵活多变的对信息内容的需求。①大数据信息的不完整会对数据质量的其他特性造成严重影响，因此信息的完整性是信息质量研究中的关键问题。

现实中有许多因素影响大数据对于信息的完整性。第一是信息传输错误对信息完整性的影响。大数据需要从各种渠道收集信息，从外界输入的数据由于种种原因，会发生输入无效或错误信息，因而人们需要保证信息的完整性，使信息在输入和传输的过程中不被非法授权修改和破坏，防止数据的丢失、重复，保证传送秩序，保证数据的一致性。大数据时代，保证各种数据的完整性是电子政务、电子商务应用的基础，数据的完整性被破坏可能导致政府管理或贸易双方信息的差异，将影响政治、经济的顺利进展，甚至造成纠纷。第二是操作中对信息完整性的影响。在数据传输中经常会出现违规操作，需要在数据传输和操作中防止未授权的数据修改、创建、删除、插入以及重放等违规操作，提供合乎规章的完整性服务。为了数据的完整性，人们需要提供完整性的保护方法，采取检测信息完整性损坏的措施。提供完整性服务，要有信息完整性恢复机制，在操作出现问题后能够恢复原始数据。第三是信息内容对信息完整性的影响。大数据转变为证据，要求所依赖和利用的数据必须具有完整性，完整性分为实体完整性、参照完整性和用户自定义完整性。从信息系统角度分析验证信息的完整性，就是保证实体的完整性，概念空间必须包含所有实体成员；保证参照的完整性需要将实体元素的属性全部表达清楚，并将所有属性的取值范

---

① 徐计，王国胤，于洪. 基于粒计算的大数据处理 [J]. 计算机学报，2015（8）：2.

围明确规定，保证取值域的完整性；同时，根据扩充性原则，建立用户自定义的完整性。从日常生活考虑，数据完整性就是保证所处理事件信息的完整性，采集获取事件的全部相关信息，才能准确地表现事物的结果，充分表现事物的本质。第四是信息来源对信息完整性的影响。大数据的信息是通过对社会上各行各业不同来源的信息汇总和信息相互关联形成的，信息来源非常广泛，包括了作为公共信息来源的政府相关信息发布平台以及相关评审机构，还有报纸、杂志、电视等大众传播媒介等；社会组织来源有工商企业，从广告、推销、零售商、商品包装、商品展销会到商品目录以及产品说明书等；另有从个人的旅游、购物、学习、工作及医疗等行为轨迹获得相关信息。从这些来源获得社会方方面面的信息构成大数据，大数据到信息熵的价值实现需要根据对具体事项和目标的需要，从中多维分析挖掘才能够达到，这也是一个复杂的分析挖掘复合形成的过程。

信息的完整性是大数据信息熵有效性的基础，只有保证了完整性，其他因素才能发挥作用，在完整性的前提下才能真正找到事物之间的关联性，发现珍贵的小概率事件，实现从量变到质变的飞跃。

5.4.2　信息的准确性

信息的准确性是影响信息熵效果的又一个重要因素。但是大数据的准确性是在混杂型基础之上的准确性，大数据的数量都是以 PB 为单位计数，也就是以万亿为单位，只有 5% 的数据是结构化且能适用于传统数据库的。大数据大幅度增加导致无法排除里面的错误信息，虽然某些错误是能够通过努力去避免并修正的，但有些错误的数据还会随着大量的数据进入数据库，如果不接受这些不准确的数据，那么 95% 的非结构化数据都无法被利用，所以应用大数据是从接受数据的不准确性开始。但是，面对庞大的数据量，我们可以通过趋势的预测和分析避开这些不准确的数据，并且由于大数据越来越全面，在表现出事物整体特征的全体数据中，数据之间、组合与组合之间更能产生无穷的关联性，我们也可以通过事物的关联性从中选取准确的信息。所以接受大数据的不准确性并不是不追求准确性，而是改变思路，实现从混沌到有序的过程。当然，数据的收集处理和应用的过程中，还是需要每一步都尽量保证数据的准确性，以产生更好的效果。

影响大数据信息熵的准确性主要有如下三个方面。第一是数据收集过程中的准确性，需要准确、全面地收集数据，数据的各项指标和参数要符合标准和要求。准确性决定了数据的价值，特别是在医疗和食品等行业，不准确或无效的数据可能会导致影响人们生命安全的严重问题。保证数据的准确性，获取数据的来源也是很重要的一个方面，需要检查数据来源，如果无法确定数据源，后续数据就无法持续收集，无法形成有效的大数据。收集数据的准确性也会对其他数据元素产生影响，如果掺杂了不准确的数据，大数据整体价值就会降低，所以，数据的准确性是衡量大数据信息熵价值的重要方面之一。第二是对于数据的清洗。多种渠道采集来的大数据不仅结构上非常混乱，需要对大量的异构数据进行结构化处理，形成有序的知识化本体。而且大数据会有大量冗余、相似、重复和不一致的数据，需要对数据进行清洗，为后续过程提供高质量的数据集合。清洗过程也是影响数据准确性的因素之一，由于大数据数量巨大，过细的清洗会花费大量的人力物力资源和提高数据处理的复杂程度，不仅非常不现实，也会丢失数据的有效成分，所以需要把握清洗的程度和科学的方法。第三是科学的大数据处理体系也是保证信息准确性的重要因素。大数据的特点是数量巨大而且快速多变，数据分布广，几乎遍及全世界各个角落。数据来源多，结构各异，呈现出多维关联，计算复杂，需要计算分析一体化，数据涉及学科复杂、领域差距大，需要跨区域协作。因此，大数据需要科学化的建构处理体系，体系完成的功能包括系统分布式异构多源数据存储管理，需要拥有在秒级范围内实时计算处理 PB 级甚至 EB 级数据处理能力，使高性能计算与数据分析挖掘一体化融合，面向数据处理分析全流程提供服务接口，实现数据的多维度可视化，实现国际化分布式计算环境，灵活支持多种计算模式。面对未来 E 级超算的建设，国产高性能 E 级机的研制是关键，相信中国经过不懈努力，会早日走向高性能计算产业的前列，为现代科技进步作出贡献。

因此，保证信息的准确性是保证大数据信息熵有效的基础，而科学的思维和创新的观念是信息准确性的保证。随着大数据应用日益广泛，大数据处理技术也在不断发展，许多技术有待创新和改善，使大数据能够更加准确，大数据信息熵更加有效。

5.4.3 信息的时效性

大数据信息虽然数量巨大、种类繁多，但是时效性是大数据追求的目标，无人驾驶、交通控制、物联网都需要实时的人工智能控制，因此信息的时效性也是大数据信息熵重要的影响因素。大数据处理速度的时效性要求，不仅对人们驾驭大数据的能力提出了严峻的挑战，也为挖掘人们创新思维的潜力，利用大数据为人类服务提供了机遇。

信息的时效性影响体现在如下三个方面。第一是信息采集的时效性。物质世界和人类社会发生的一切运动变化都可以作为信息进行采集，每个人都在随时产生着信息，无论是打电话、发短信、微信聊天，还是乘地铁安检、办公室刷卡、淘宝购物等，大量实时信息影响着我们的工作和生活，甚至影响着社会变化。高铁的智能交通通过各种传感器实时收集各个部位运行状况的数据，监控着路况以及天气等信息，以此来检测存在的安全隐患，并通过实时调度系统指挥列车的运行。社会舆论的导向、社会突发事件的处理都需要具有实时信息采集的功能，有效信息的实时获取也是实时智能控制系统的信息反馈、突发社会事件的及时处理以及维护社会安定的关键环节。第二是信息内容的时效性。信息的价值会随着时间的推移而降低，刚刚发生事件的信息价值最高，例如股票市场走势的实时预测就非常需要时效性。因此，应该缩短信息的采集、存储、加工、传输、使用等环节的时间间隔，提高信息的价值。对政府的各级监管部门和企业生产过程中的各种安全信息迅速、准确和有效地收集，并快速进行处理及发出处理指令是防止事故发生的关键；安全隐患排查治理是防止事故发生的关键；事故抢险信息的收集和指令反馈，是降低事故人员伤亡和其他损失的关键。新闻事实的发生和新闻报道的时间，与新闻产生的社会效果直接相关，新闻的社会效果也有一定的时间限度，有些事件的新闻可能会在很短时间内失去时效。所以，信息内容的时效性也是影响大数据信息熵的重要因素，时新性是时效性的基础，时新性差的信息不可能有理想的时效性。第三是信息反馈的时效性。信息反馈的时效性建立在快速存储、加工、传输的基础之上，大数据随着不断积累，规模还在不断增大，数据维度和规模呈指数性增长，但是这并不意味着可以增加数据的分析处理时间，反而对信息处理的时效性要求越来越高。面对 PB 级以上的海量数据，传统的线性复杂度算法的挖掘技术已经无法满足大数据时代对于时效性的要求，处理大数据需要简单有效的人工智能算法和新的问题求解方法。基于统计学的大数据信息熵的思维方式，可以解决以往技术无法解决的大范围、实时性和并行处理等问题，并带来新的洞见，就是用看似模糊性的概率统计方法，而不是用精确的计算。谷歌等互联网公司就是基于这种观念，对流式数据进行处理，将 PB 级数据的处理时间缩短到秒级。现代社会各行各业都追求信息的时效性，例如对企业来讲无论是反映组织当前活动情况，还是反映当前外部环境特征的信息，决策者不失时机地对经营活动作出反应和决策，指导和控制组织正在进行的活动具有非常重要的作用。

大数据时代，社会发展的节奏越来越快，人工智能的实时控制、企业经营决策和社会舆论的导向，都需要信息的时效性。特别是在突发事件中，社会舆情在网络快速传播下，信息扩散非常快，对于突发事件的应急处理应在第一时间发布，需要及时跟进才能做到及时处理。政府的政策法规信息也要与社会发展协调、及时发布，对重要内容进行连续跟踪报道，便于公众了解事件的来龙去脉，提高信息的效用价值，以便做到掌握主动权，积极引导舆论。所以，对信息快速加工、检索和传递，才能减少社会的矛盾和风险、提高运行效率。

5.4.4 信息的针对性

价值和效用都是针对目的而言的，客体的某种属性和功能能促使主体达到某种目的，这就是信息的针对性。在信息浩瀚如海的大数据时代，信息的针对性对于大数据信息熵的效用也有重要的影响。

第一，目的要求的确定性影响信息熵效用。明确目的要求是获取针对性信息的前提，如果是复合型目的要求需要将其分解为不同层次或不同领域，以便多方面获取针对性信息，而且针对每一个目标可能会有多种针对性信息的获取需求。只有目标明确，并明确达到目的可能会有的若干个条件，例如时间范围、内容范围等，才能形成若干具有针对性的信息获取要求。第二，收集信息时的针对性影响信息熵效用。在收集信息时对信息进行有针对性的选择，对所需信息进行收集、传输和处理，而不必要也不可能掌握所有的信息，有了明确的目的要求，才可以有的放矢地收集和筛选出与决策工作密切相关的信息。第三，对信息针对性的分解能力影响信息熵效用。不同系统和层次的任务不同，决策的范围也不同，所需要的信息要能分解到每个局部问题上。信息的针对性不仅体现在某一事物整体上，还体现在同一事物的不同领域、不同层次、不同部门、不同单位，彼此往往都具有差异性，需要不同的针对性分解能力。正确认识这一特征，对于建立管理信息系统并发挥作用具有重要的意义，在信息的收集、加工、传输、储存等方面需要分门别类、区别对待，使信息真正具有针对性。

大数据信息熵的针对性效用对于政府、社会组织和个人都有积极的效果。例如对于市场经济的宏观调控，需要政府从社会整体的总需求和总供给入手，进行针对性的资源优化配置，才能实现市场的均衡发展。政府机关要注意从宏观高度出发，有针对性发布关于政府中心工作的政府信息，实现对社会的全局指导；重视公开涉及百姓切身利益的行业、领域内具有一定实质影响力的政府信息，注重选取社会动态热点，发布与公众需求相关的民生信息等；对于涉及百姓个人的切身利益相关事物，需要从细节上有针对性地制定和提出切实提高人民生活水平的政策法规，提供切实和群众利益相关的社会热点信息。管理控制工作需要的也是针对性的适用信息，由于不同的管理职能部门，其工作业务性质和范围不同，因而其对信息的种类、范围、内容等方面的要求是各不相同的，因此，信息的收集和加工处理应有一定的目的性和针对性，应当是有计划地收集和加工。

第六章 基于大数据信息熵 "从存在到演化"的哲学观

在大数据不断深入发展的今天，大数据信息熵的研究促进了从存在到演化的哲学观转变，丰富了信息哲学的研究内容，深化了形式化本体论对于信息科学的指导意义，有效地阐释了元宇宙的哲学思想；同时，也为在新时代建立起信息哲学思想的世界观和方法论提供了基础，不仅为有效应用大数据提供了方法，也有效地促进了人类思维创新的发展。通过大数据信息熵阐释的自然和社会的统一规律，为解决社会存在的问题提供了思路，也为建立人与人、人与自然、人与社会和谐共生、良性循环的可持续发展的生态文明社会提供了基本文化伦理形态，促进了人类生活方式的改变，实现了物质文明与精神文明的统一。因此，本书大数据信息熵的研究从理论意义上和实践意义上都是一次有益的尝试。

6.1 信息哲学演化思维新视角

通过对大数据信息熵的内涵和外延的分析表明，大数据信息熵表现出物质世界和人类社会发展和进步的本质特征和规律性，也表现出大数据与信息熵的关系是：没有大数据就没有信息熵表征事物的全面性，而没有信息熵也就没有大数据表征事物的确定性，二者是相辅相成的。因此，大数据和信息熵的结合真正表达了信息的本质，这也是信息哲学研究的重要基础。大数据信息熵的研究对于深入发展科学思想、促进社会文明、启发新的思维方式以及元宇宙的哲学诠释都有帮助。

6.1.1　对信息哲学研究的启示

通过学习和研究国内外多个学者关于信息哲学的成果，作者以熵理论和西方哲学理论为基础归纳总结了本书对于信息哲学的认识。信息哲学的本质探究还应该以维纳和香农对信息的定义为基础，它阐明了信息是独立于物质和能量之外的一种特殊存在形式，通过信息熵使物质和能量与信息之间实现相互作用和相互转化的关系，表明信息熵不仅仅是狭义的信源和信宿之间的简单通信过程的计算，信息熵的算法已经融入了整个熵理论系统。经过概率论、随机理论、动力学以及微积分的融合应用，在协同论、突变论和耗散结构理论的新三论大框架中，信息熵以力的表现形式贯穿于复杂系统之中，它能够表征出大千世界的所有状态、变化和轨迹。由于信息熵的确定性本质是基于概率统计实现的，基于大数定理的概率统计需要大数据的支持，而大数据信息熵的产生过程，不仅验证了信息作为存在的本质，也从大数据信息熵的全面性、确定性、相关性和不可逆性四个内涵，以及抽象概念的可量化性、实体存在的系统性、交互协同的自组织性和必然规律的可预测性四个客观性外延，加上双向价值的效用性、直觉模糊的度量性、实在判断的决策性和实然应然的周期性四个融入了主观性的外延，表明了信息的内在本质和外在特征，提升了信息熵在信息哲学中的地位和作用，扩展了信息哲学的研究视野，丰富了研究内容。

信息本质的研究是信息哲学的核心，英国学者弗洛里迪提出信息可以从作为实在的信息、关于实在的信息以及为了实在的信息进行考察[1]，是把信息与实在联系起来研究信息的本质。从本书的分析可以看出整个世界由物质、能量和信息组成，信息是客观事物固有的一种属性，是客观事物的外在表征。也就是说，一切客观对象的物自体本身是不可知的，而都是通过信息表达出来的，因此，作为实在的信息就是信息对客观事物的状态表征，也可以看作大数据的原始数据。而关于实在的信息是经过先天判断之网获取的对象信息，已经不是原始的信息数据，是经过形式化、本体化和语义化的先验认识信息对象。为了实在的信息是知识化以后的确定性信息，是经过系统综合判断的知识信息，是

---

① ［英］L. 弗洛里迪. 信息哲学的若干问题 [J]. 刘钢，编译. 世界哲学，2004（5）.

对大数据的全面性、确定性、相关性和不可逆性经过概率统计分析的大数据信息熵。因此，弗洛里迪在他的文章中也把关于实在的信息称为信息与事实相关性的"事实信息"（Factual Information），提出相关性是就特定境域提出一个问题，并提供某信息作为答案，认为信息的相关性是提出问题的概率和答案满足提问的概率的函数。① 这种说法与本书的分析也是一致的，特定语境就是定义的概念集合，对数据进行比较分类后形成的本体化数据就是事实信息。

国内学者黎鸣也是从形式本体论的角度给出了信息的定义，认为"信息即事物运动的外化"，"信息是物质的普遍属性，表述它所属的物质系统在同任何其他物质系统全面相互作用（或联系）的过程中以质、能波动的形式所呈现的结构和历史"。② 本书对于信息熵在耗散结构系统中表现出的系统性、规律性、结构性和时间性四个方面的特征，从更广泛的视野展现了大数据信息熵关于时间、空间、运动和状态的本质。

信息学专家钟义信对信息进行了分类，提出本体论层次的信息和认识论层次的信息，并在此基础上提出认识论信息包括语法信息、语义信息、语用信息、先验信息、实得信息、实在信息等概念。③ 本书在前面用熵理论和先验哲学的观点对这些概念进行了分析，信息就是实在的本体化信息，是事物运动状态和轨迹的表征，其本质是信息熵的确定性。语法信息、语义信息和语用信息都是信息相关性的表征，都表现出没有时间顺序变化，而是在空间并列的一种静态关系。语法信息表现了信息之间的一种必然性的相关性，也就是不考虑经验对象和主观因素的信息之间的相关性关系，例如"飞马是会飞的马"虽然根本不存在会飞的马，但满足了逻辑上的符合。语义信息是实然性的相关性，是需要考虑与经验对象的真值是否相符的相关性关系，例如"玫瑰花是红色的"中的"红色的"与对象"玫瑰花"的逻辑取值需要经验判断，经验中判断确实为真，则语词表达了为真的思想。语用信息则表现了或然性的相关性，它不仅需要考虑与经验对象的真值是否相符，还需要考虑面向主观对象的效用，例如"今天阳光灿烂"不仅表达了今天有阳光的经验对象，更表达了阳光与主体是"灿

---

① 刘钢. 国内外信息哲学最新研究动态 [J]. 哲学动态, 2009（1）：86.
② 黎鸣. 试论唯物辩证法的拟化形式 [J]. 中国社会科学, 1981（3）：19.
③ 钟义信. 信息科学原理 [M]. 北京：北京邮电大学出版社, 2002：52.

烂"的关系；如果是"今天阳光刺眼"，则阳光与主体就是另一种关系了。因此语用信息与主体是或然的模态关系。语法信息、语义信息和语用信息的对象与概念之间的关系内容非常多，本处只作简单分析。这些特征都可以通过信息熵以及相关的动力学和随机理论进行计算，例如语法信息可以看成纯粹的相关性计算，而语义信息是在对象条件下的相关计算，语用信息可以看成具有效用方融入主观因素的效用信息熵计算。

关于实在信息、先验信息和实得信息的分类，钟义信认为实在信息是某个事物本身所固有的一个特征量，它与认识主体的因素无关，只取决于事物本身的运动状态及其变化方式；先验信息是在观察该事物之前已经具有的该事物的信息，它既与事物本身的运动状态及其变化方式有关，也与主体的主观因素有关；实得信息是指观察该事物过程中实际获得的信息，它不仅与事物本身的运动状态及其变化方式有关，也与主体的观察能力以及实际的观察条件有关。① 笔者认为这三类信息的具体分类与前面弗洛里迪关于作为实在的信息、关于实在的信息和为了实在的信息分类是相近的，可以统一为信息哲学的语境。用模态范畴对语法信息、语义信息和语用信息进行分析有一种超越性的作用，把知识提升到更高的哲学层次，而不只是某种技术层次的分析，这正是康德先验分析论中的原理分析方法。

国内还有许多学者对信息哲学进行了长期探索，例如邬焜认为信息并不是一个具体的直接物质存在形式，信息是在表征、表现、外化、显示事物及其特征的意义上构成自身的存在价值的。② 信息是它所表现的事物特征的间接存在形式，认为信息的作用是充当物质和精神之间相互作用的中介，并把信息分类为自在信息、自为信息和再生信息等。

基于熵理论归纳出信息熵和事物发展过程，熵增是物质世界和人类社会的客观规律，任何事物在自发状态下都会渐呈增熵趋势，最终达到熵最大的热寂状态。这个自发过程中的变化使事物走向不确定性，走向混乱和无序，且这个变化本身是不可逆的，时间之矢是一个单向不可逆的过程。但是熵增的运动状

---

① 钟义信. 信息科学原理 [M]. 北京：北京邮电大学出版社，2002：53.
② 邬焜. 哲学信息论要略 [J]. 人文杂志，1985（1）：37.

态和轨迹是数据积累的过程，任何事物的运动变化都会留下痕迹产生数据，数据的积累就是大数据。大数据本身是混乱无序，具有不确定性特征，大数据只是记录了事物变化中的全部状态和轨迹，大数据本身还不是知识，但大数据隐含了事物变化的全部特征，因而，人们需要对大数据进行处理，通过知识本体化以及概率统计分析的确定性处理形成信息熵，从而得到知识和智慧。通过本书的详细分析可以看出，对于收集的大数据还需要进行信息的概念化和结构化，形成具有形式结构、概念空间和逻辑分析的知识本体，才能展现大数据表征事物发展变化的相关性和知识性。在大数据表现事物全面性的特征下，因果关系已经不是主要问题，因果关系的结果还只是相关性的前提，大数据展现的事物的相关性才是人类智慧亮点。因此，大数据的信息熵就是对认识对象进行综合判断之后的智慧信息，信息熵是从大数据中找出熵增过程的逆向智慧，使物质世界和人类社会向减熵的方向发展。社会系统也是这样，在保持耗散结构特征的条件下，在信息熵的作用下，激活内部非平衡态，实现突变和涨落，使社会向文明有序方向发展。因此，熵就是社会的混沌、无知状况，而信息熵就是人类智慧；信息熵的主体是社会、企业和人，接受带有人类智慧的政治、经济、文化等系统的信息熵，在自身能动性的驱使下，使社会走向更高层次的文明。

6.1.2 深化了形式化的哲学思想

信息就是对一切事物的形式化表征，对信息的哲学思想研究深化了形式化本体论思想。形式化思维是科学思想的核心思维方式，这种思想可以追溯到公元前5世纪左右的古希腊文化。柏拉图的理念论认为，人存在一个永恒不变的理念世界，世界上的事物都可以归结到这个理念世界中，达到理念世界的途径是经验，所有理念的集合就是我们的灵魂。柏拉图把客观事物的本质概括为抽象的理念。而亚里士多德认为，任何自然物体都是以实体形式表现出来的，实体有四因：质料因、形式因、目的因和动力因，其中形式因蕴藏在物体之内，经过潜能转化为现实的运动后，形式因就显现出来，实现自然物体中原来设计的目的。亚里士多德把事物本质的抽象描述称为形式，认为形式因最能体现事物的本质。例如金刚石和木炭的质料因都是碳元素，但是由于组成的结构不同，也就是形式因不同，导致金刚石成为坚硬无比的昂贵物品，而木炭只能是松软的低价值物品，它们的质料相同而差异只是组成的结构不同。为此，亚里士多德还用形式化的思想定义了逻辑推断和证明的方法，比如大家都知道的三段论：大前提、小前提、结论，用形式化的符号描述为 S 是 P，Q 是 S，则 Q 是 P。在此之后的很长一段时间里，哲学一直沿着柏拉图的理念论和亚里士多德的本体论产生的形式化思想阐述世界的本质，笛卡尔提出以物体广延为其属性的独立物质实体的存在，并用符号、函数和坐标将所有物质实体形式化地表达出来，认为它们都是由同一机械规律所支配的机器，希望用"数学方法"来进行哲学性的思考。此后的牛顿在其《自然哲学的数学原理》中把天体和物质的运动都统一到万有引力定律上，通过物体移动的距离和时间与速度的关系设计成函数进行计算，并在说明极限意义的同时导出微积分方法，从而把大自然的规律通过简单的数学方法精确地表达出来，使人类可以更加精确地认识自然。莱布尼茨也是用数学符号的方法表现出可能世界理论。

因此，可以说形式化就是去掉经验内容后的形式框架，数学、几何学以及逻辑学等都是形式化思维的产物，但是数学和几何学本身并不能认为就是形式化科学，美国物理学家布里奇曼认为数学和几何学是准经验科学，其研究内容都来自经验，但是又是用形式化思维把经验内容去掉后留下普遍的纯形式化内容。例如 $a^2 + b^2 = c^2$ 并不对应某个具体的三角形，有了这个形式化表达就可以描述任何直角三角形，但是直角三角形这个概念是从经验得来的内容，人的头脑中没有创造三角形这种概念的先验能力。[①] 力学等也都是把具体的经验内容去掉，例如，万有引力公式 $F = G \cdot \dfrac{m_1 m_2}{r^2}$，不用考虑 m_1 和 m_2 是地球还是月亮，是对任何事物的完全形式化内容表达。

因此，亚里士多德的形式本体论是对事物和逻辑的形式化描述。形式是事物的外在表现，从对逻辑的形式化表达上看，康德的先验逻辑其实就是完善的形式逻辑，达到了形式逻辑的高峰。康德的先验哲学从形式的角度把对事物的认识分为分析、归纳和综合，分析是建立概念系统并对已知必然性的知识进行

---

① 李海峰. "哲学解消运动"的科学发生学根源 [J]. 吉林师范大学学报（人文社会科学版），2004（3）：11.

分类；归纳是通过包含关系或并列关系等方法对可能的知识进行判断归类；综合是运用逻辑推理的方法对经验对象与知性概念进行综合判断，创造出必然性的新知识。分析只是一种基础，归纳只是一种可能，综合是在旧事物中发现新事物，它们对应了形式逻辑的同一律、矛盾律、排中律三大定律，可以理解为这三大定律对应了概念、判断、推理，从信息处理的角度看就是概念命名的同一律、判断归纳的矛盾律、综合推理的排中律。通过康德的三大批判，不仅把经验和逻辑的内容都转化为形式可表达的内容，而且将人头脑中先天存在的先验逻辑也用知性十二范畴这种形式化的方式表现出来，使人找到了由经验通向先验逻辑的路径，只需要通过少量的学习就可以达到认识事物本质的目的。所以，形式化的思想也验证了哲学就是思维研究，是给人们提供正确的思维方法。

但是，罗素对于先验哲学持否定态度，他抛弃了康德的先验逻辑，只是在形式逻辑的基础上，转向了数理逻辑。罗素说："自从我放弃了康德和黑格尔的哲学以后，我一直是用分析的方法来寻求哲学问题的解决。我仍然坚信（虽然近代有与此相反的倾向），只有用分析才能有进步。"① 罗素认为形式逻辑的分析完全可以解决物理学和知觉以及心物之间的关系问题，这个问题之所以没有得到解决，也许是因为罗素的解决方法还没有得到人的承认，或者说是因为罗素的学说还没有被人所理解。罗素和怀特海的《数学原理》是一本非常不容易看懂的书，此书发表将近五十年后，据罗素说从头至尾看完全书的人不会超过6 个人②，据悉这本书至今没有正式出版的中译本。

现代哲学中专门论述形式本体论的书比较少。美国理查德·蒙太古的《形式哲学》专门论述了形式逻辑和语用逻辑等内容。2018 年在美国出版的丹麦哲学家欧文·汉森和文森特·亨德里克斯的《形式哲学导论》在研究推理和推论、语用和模态等内容的基础上，增加了神经网络、认识逻辑、知识表示和不确定性等内容，并进行了"形式化的价值研究"，以此推进经济学、心理学和决策理论向形式化方向的发展。③ 欧文·汉森认为价值的形式化可以通过将事

---

① ［英］伯兰特·罗素. 我的哲学的发展 ［M］. 温锡增，译. 北京：商务印书馆，1985：10.
② ［英］伯兰特·罗素. 我的哲学的发展 ［M］. 温锡增，译. 北京：商务印书馆，1985：76.
③ Sven Ove Hansson, Vincent F. Hendricks. Introduction To Formal Philosophy ［M］. New York：Springer，2018：1.

物进行分类、比较和量化三种方式操作，实现价值选择。分类包括"好"、"坏"和"最好"等表达方式，比较包括"更好"、"至少一样好"及"价值相等"等表达方式，量化是通过测量的方法给每个概念分配一个具体的数值。在价值评价中，三种方式不是孤立进行的，是相互依赖、相互转化的关系。可以将价值观念用形式化的语言表达出来，需要选取能够对其进行数值量化的形式化符号，并且通过测量使符号的价值程度得到量化。以此建立价值偏好的关系，并建立价值函数和选择函数，使形式化的价值体现在价值术语、表达规范及选择术语之间的相互关系上，通过函数实现对多个事物的价值选择。① 埃里克·卡尔森提出从"好"、"坏"和"比较好"三个方面建立判断系统的价值属性、价值关系结构和逻辑属性，"好"与"坏"可以用一种类似于衡量长度的方法进行指标量化，通过比较会有"长于"什么、"短于"什么和"与……一样长"等关系，由此实现判断事物的"好"与"坏"。② 可以看出，价值理论的形式化表达，为实现经济学、伦理学、心理学及决策理论等各个领域的形式化提供了基础，为人工智能的进一步发展提供了条件。

　　形式化思维是科学的基础，更是信息科学产生的起点，信息科学的发展对形式化思维也是一种促进，但它更有待于形式哲学的发展和创新。思维的形式化可以用语言表达，就可以实现信息化的人工智能。对于信息来说，一切皆可形式化，才有信息化、人工智能化。我们需要经验的和先验的区别开来进行处理，才有可能达到新的高度。信息本体化思想的研究主要是建立在形式本体论的基础之上，形式本体的研究对信息哲学有着至关重要的作用。信息熵的研究运用了逻辑学、数学、计算机科学、语言学和物理学等许多学科的方法，可以通过形式哲学的研究将这些学科统一起来，使大数据信息本体化的研究更加深入和全面。

① Sven Ove Hansson, Vincent F. Hendricks. Introduction To Formal Philosophy［M］. New York：Springer，2018：499.

② Sven Ove Hansson, Vincent F. Hendricks. Introduction To Formal Philosophy［M］. New York：Springer，2018：523.

6.1.3 信息本体视角下的元宇宙

自从 Facebook 公司改名"元宇宙"以来，元宇宙一词变得异常火爆。带有宇宙的词语注定会有哲学性，如何理解元宇宙的哲学性是一个非常重要的问题，它涉及思维如何转变、如何理解信息技术未来的发展方向、如何制定发展战略的大问题。其实元宇宙一词很早就出现了，不仅出现在 1992 年美国科幻小说《雪崩》中，也出现在一些哲学文章中。Facebook 公司在 2021 年改名以后更是长远规划元宇宙战略，力求在各个领域实施研究和实践创新，借助元宇宙在生活、教育和工作等方面帮助和改变人们在信息化时代的行为方式。这里的元宇宙概念应该是数字化宇宙或者是信息化宇宙的概念，因此，本书把元宇宙和信息宇宙作为相同意思的词语进行使用，元宇宙说到底还是信息世界与现实世界的关系问题。基于此，我们需要理解元宇宙的本质，理解元宇宙的内涵和外延，才能更好地发挥出元宇宙的作用。

"元宇宙"这个称呼是指数字化宇宙或者信息化宇宙的意思，它应该体现出信息的本质特征。元宇宙的定义应该涵盖了信息的内涵和外延，也就是应该体现出信息的内部功能和外部应用的特征。维纳关于"信息既不是物质也不是能量"的定义说明信息是独立于物质和能量的一种存在方式，也说明世界是由物质、能量和信息组成的；而香农关于"信息就是负熵"的定义把物质、能量和信息都统一到熵的理论中；普里戈金的耗散结构理论证明了物质、能量和信息三者在熵理论的一致性和正确性，使信息、物质和能量之间实现可相互作用和相互转化的统一。由上述分析表明信息是事物所固有的一种属性，是伴随物质和能量必然产生的一种客观存在方式，它表现出事物的状态、运动和轨迹，熵是事物的确定性、有序性和自组织性的表征。因此，我们可以认为在人类已经认识到物质和能量存在的同时，还存在与之对应的信息化宇宙，这个信息化宇宙是物质和能量的同构表征，是另一种存在方式。特别是在大数据时代，大数据全面反映了事物发展变化特征，使信息化宇宙表现出更准确和更有效的信息，为我们探索事物的本质和改变思维方式提供了基础。

马克思主义指出，"思维和存在的关系问题是哲学的全部问题"，思维和存在的统一性是认识问题的本质。康德的先验哲学为我们理解信息化宇宙提供了一种认识方式，康德认为我们无法认识物体本身，也就是物自体是不可知的，我们所能认识的对象都是通过感觉或直观形成的对象意识，是综合了各种感性材料所建立起来的认识对象。康德的主客体倒置的先验认识方式为我们理解信息提供了一种启示，我们通过经验意识到的东西都不是物自体本身，而是感觉直观形成的意识，也就是我们看到的都是展现其状态和轨迹的信息，信息才是我们真正的认识对象。如何获取信息和建立认识对象，康德给出了先天判断表，这是我们建立认识对象，也就是说建立信息化宇宙原型的先天之网。通过上述的先天判断表的运用，我们可以得到认识对象，判断表表征了事物的外延，也就是说先天判断形成信息表征的事物本体，形成大数据信息的结构化，使我们可以进行进一步的智能化处理。但是判断表给出的还是信息系统的处理对象，还需要通过先天综合判断实现对认识对象的智能化、知识化处理。关于先天综合判断，康德给出了知性范畴表的先天分析形式，康德把范畴表也分成量、质、关系和模态四类，与判断表相对应，形成内涵对应外延的互动关系。通过对事物内涵和外延的分析，得到事物的内在本质和外部呈现特征，也就是在展现出事物固有功能的同时，呈现出事物的外部应用特征和可操作性。所以，对于任何客观存在，我们都是在认识的先天之网的作用下，通过感觉直观的意识形成认识对象的信息，进而通过知性范畴实现对认识对象的先天综合判断，产生客观必然性的知识，也就是实现信息的智能化操作，这也是形成信息化宇宙的必要过程。

元宇宙表征的信息化宇宙并不是一个不可分割的整体，它是由许多完美的可能世界组合而成的。根据德国哲学家莱布尼茨的可能世界的概念，每一个可能世界都是由于其真理获得的完满性最高而获得存在，是"理智创造的一切都可以通过完善的逻辑规则创造出来"的可能世界，现实世界是众多可能世界中的一个。① 这种观点表明人类所有的观念或者概念都是由数量极少的简单观念复合而成，它们形成人类思维的字母。克里普克认为真实存在的世界只有一个现实世界，可能世界实际上只是现实世界及其各种可能状况，将莱布尼茨的

_____

① ［德］费尔巴哈. 对莱布尼茨哲学的叙述、分析和批判［M］. 涂纪亮，译. 北京：商务印书馆，1985：5.

"在上帝心目中必然和永远最好"的完整可能世界理解为是"世界可以存在的方式"，是一种抽象的实体，因此，一个可能世界就是一个特定领域的数据集，所谓的元宇宙是由无数的可能世界组合而成的信息宇宙集合。整个社会是一个完整的信息化宇宙，而这个完整的宇宙是由国家、政府、社会团体和个人等各种组织结构组成，从行业看是由政治、经济、文化、科技、生活和国防等许多子信息化系统组成的复杂系统。各子系统都有各自演变规律，子系统之间又具有相互联系、相互支持和相互制约的关系。

实际上我们人类自古以来就一直生活在一个信息化宇宙之中，信息具有客观实在性，产生于事物本身，宇宙中任何事物的运动变化都会留下痕迹，产生信息。例如树的年轮、考古的岩层都是信息，收集和记录下来的信息就是大数据，大数据隐含了事物变化中的全面特征。大数据进行结构化转换，形成具有形式结构、概念空间和逻辑分析的知识本体，使其展现出具有语义的物质属性，因此，大数据与物质本体及其运动状态是同构关系。应用知性范畴对大数据的内涵进行分析，参照此方法还可以对大数据应用信息化宇宙的外延进行分析。可以看出，完整的大数据代表的可能世界是一个"至善和确定"的世界，它表现出知性范畴所约定的全面性、确定性、相关性和必然性的特征，因此，它可以建立与该可能世界有关的所有单子是真的必然命题，这个可能世界可以称为信息化宇宙的一个子项，这些子项可以是政治、经济、文化和科技等领域，所有这样的子项集合形成信息化宇宙，也就是我们所说的元宇宙。

不断完善的哲学体系和数学理论为信息宇宙的建立奠定了基础，计算机软件系统是将现实世界各个不同特定领域的信息集合同构到计算机系统中，通过互联网实现特定系统之间的互联互通，形成整个信息宇宙。总之，大数据为信息宇宙的形成提供了基础，信息熵理论为物质、能量和信息的统一提供了新的认识方式，使我们在大数据和信息熵的基础上实现了物质世界、能量世界与信息世界的统一。

6.2 演化思维的方法论意义

利用大数据信息熵理论可以研究如何激发人类的思维活跃性和促进思维创

新，信息熵理论揭示的自然与社会发展的统一规律可以分析如何促进社会生态文明建设和可持续发展，通过科技进步深刻改变人们的生活方式。下面从三个方面阐述信息熵为人类带来的社会变革，但是真正对人工智能的发展有实际意义的是利用熵理论将这些变革做出演化模型，使数字空间的发展与社会现实演化过程保持同步。

6.2.1　负熵效应激发了人类的思维创新

复杂系统最典型和最前沿的科学就是研究大脑工作原理和大脑动力学，哈肯的自组织理论以及艾肯的超循环理论都重点研究了大脑运动规律。人的思维具有耗散结构性特征，大脑本身也是在时间和空间内不断运动的自组织系统，是遵从协同学规律的复杂巨系统。思维是在宏观层次建立的大脑活动的连贯理论，大数据信息熵的确定性是人类智慧的结晶，可以激活具有耗散结构特征的系统，实现思维的新飞跃。无论在工作或生活中，只要保持人的开放性、非平衡态和非线性自组织性状态，通过与外部的能量交换，引入大数据信息熵表征的负熵，激活自身的非平衡态特性，实现非线性突变或涨落，就能使思维实现质的飞跃。不确定性是事物发展的本质，信息熵是通过大数据全面性特征，从人类生活中许多模糊性事件获取确定性，建立了从模糊性到确定性、从混沌无知的状态到智慧思维的创新模式。大数据信息熵是通过相关关系把知识本体中众多微观状态的知识用一个给定的宏观状态表现出来，这个宏观状态就是智慧。大数据信息熵是对智慧的表征，是用抽象变量对宏观智慧的度量，为智慧聚集的创新思维建立一种方法论。

从大脑动力学的角度看，大脑的活动是神经元和它们间的协作，自组织理论和超循环论都对它们进行了数学描述，表达出神经系统相干性运动规律。但这只是决定了神经系统运动的物质属性，人同时还具有精神世界，精神作用极大地影响和改变了神经系统的运动状态，所以大脑的运动状态的正负熵的选择不仅需要物质属性的参量，也需要精神属性的信息参量，负熵大于正熵才能产生创新思维。从大数据信息熵研究的角度，创新思维体系体现在下述三个方面。首先，保持开放性是思维创新的基础，开放才能接受外界的各种有益的知识和智慧信息，才能使思维突破传统的思维定式，才能超越自身系统的限制，获取更多的外部能量。其次，保持思维的非平衡态，要有追求知识的渴望、积极思维的意识、丰富的基础知识，保持思维的能动性。最后，保持思维的自组织性，一方面人脑本身是一个由神经元组成的复杂自组织性系统，通过感官的刺激，将信息熵送入大脑，形成创新意识，所以保持大脑的物质属性和功能的完善，是保持自组织性的重要基础；另一方面创新思维的自组织性还体现在人的知识体系的有效构成，需要学习必备的基础知识，形成扎实的知识体系，才能保证在收到外部信息时能够组织起内部知识体系的关联性，对外部信息形成反应。正是在保障大脑神经系统自组织性有效状态和知识系统的自组织性有效构成的条件下，通过外部信息熵，也就是外部智慧的激励，产生大脑和自身知识系统内各种因素的非线性相互作用，使系统偏离原来的平衡态产生涨落，进而导致系统由无序到有序，形成新的知识结构与创新思维。

创新是社会进步的动力，驱动着人类文明不断向前发展，人类社会一切政治、经济、科技、文化等发展都是在创新思维的基础上，通过不断的信息积累和智慧的凝聚，形成现代文明。所以，创新思维和创新能力体现了国家和民族的核心竞争力和软实力。提高创新能力是一个复杂的系统过程，其中包括具有创新能力的人和创新环境等因素，大数据时代信息熵的研究为激励人的创新思维、构建创新体系提供了有益的尝试，就像英国历史学家赫伯特·巴特菲尔德所说"19世纪最伟大的发明是发明方法的发明"①，所以，创新体系和创新环境的建构是促进创新思维发展和变革成功的关键。

6.2.2 保持自组织状态促进社会生态文明和可持续发展

物质世界熵增熵减变化产生的信息通过信息熵的转化，可以导致物理熵的减少，实现自然与社会发展变化规律的统一。我们可以通过自然与社会互动规律，加强精神文明对物质文明的促进作用，找出人类与自然生态平衡发展面临的困境，对未来发展进行预测，实现自然和社会的综合减熵，达到在生态平衡的基础上，建立可持续发展社会的目标。因此，大数据信息熵的应用为人类和

---

① ［美］赫伯特·巴特菲尔德. 近代科学的起源（1300 – 1800 年）［M］. 张丽萍，郭贵春，等译. 北京：华夏出版社，1988.

自然和谐共处、促进生态文明建设和人类社会可持续发展带来了新的观念。

　　人类的生存与发展离不开自然环境，但人类在谋求自身生存与发展的同时，大片的土地被污染，大量的植被被破坏，造成了自然环境的荒漠化，破坏了生态平衡。特别是西方三百年的工业文明以人类征服自然为主要特征，导致了一系列全球性的生态危机。人类需要摒弃野蛮式发展，建立一种在保护环境资源不被破坏的条件下的发展，实现自然环境和人类社会和谐共生可持续发展的目标。熵理论是以自然与社会互动关系为基础，在耗散结构理论的作用下，实现自然与社会互动的客观规律。自然和社会系统是相互依赖、相互制约和相互作用，按照一定方式和目的组合而成的自组织系统，自然界的物理熵和社会系统的信息熵是可以相互转化的，例如测量可以导致物理熵的减少，转化的部分就是信息①；反之从外部引入信息熵导致确定性增加也可以减少能量的消耗，使自然界减熵。

　　生态平衡的基本模型也是基于交互和条件信息熵的模式。信息熵是通过社会中的政府、社会组织和个人作用于自然环境，正负熵的归纳也需要根据这个特征进行分析，基于大数据的完整性，通过对自然和社会的历史大数据信息熵的析取，找出生态发展面临的困境和原因以及社会发展的瓶颈，并对未来的生态平衡发展进行预测。从资源消耗导致的物质不可再生以及人类社会发展不可逆的熵规律，找出自然和社会和谐平衡发展的负熵源，实现人类、自然和社会的综合减熵，达到建立可持续发展社会的目标。在大数据的完整性作用下，信息熵对于物理熵的减熵效果也是系统性的，社会系统的可持续发展就是整个系统内部的正熵流与系统所能获得的负熵流总和为负，使整个社会生机勃勃，朝着生态平衡的方向协调有效地发展。

6.2.3　科技进步促进人类社会生活方式的改变

　　人类一切行为的目的都是人类的生存和发展。生存是人类最基本的需要，个体的再生产是人类族群延续的前提，而发展是为了让人类更好地延续下去。为此，我们追求真善美，不断实现我们的目标，探索真理和科学的真，尊重每

---

① 　王德禄. 关于熵和信息联系的一篇早期文献［J］. 自然辩证法通讯，1985（2）：52.

个人生命和自由权利的善，追求崇高精神境界的美，所以，最大限度满足每个人精神和物质需求，有利于全人类健康生存和永续未来的行为都将得到肯定。大数据信息熵的负熵揭示了科技和文化的正确发展方向，满足了人们的物质和精神需求，激发了人的主观能动性，使人充满活力地生活和工作。信息熵激发了人类智慧和社会进步，有效促进了科学进步和发展，提高了劳动效率，减少了劳动强度。大数据信息熵是对各种信息的有效衡量，满足了人们及时有效地获取智能信息，不仅保障了人的生存需求，还丰富了人们的文化生活，保障了人们对医疗健康信息的选择，增强了人身保护措施和财产安全，提高了生活质量。

大数据信息熵在深刻改变社会环境的同时，也极大地改变了人们的生活方式。第一，根据人的耗散结构特征，大数据信息熵改变了人的开放性，智能社交架起人与人之间沟通的桥梁，通过不断与各类人员进行交往和信息沟通，丰富、发展、扩充个人的能力。3D虚拟购物和游戏使人在享受购物和休闲的同时，锻炼了协作精神，提高了身体协调性，提升了身体素质。互联网成为人们扩展开放性，接触社会的窗口，信息熵激活了社会生活的按需服务。第二，大数据信息熵带来的相关性度量，衡量了政府和企业的自组织性，组织结构产生了协调性，增加了适应外部环境变化的自适应能力，大大提高了生产效率，减小了劳动强度。第三，为建立人与自然和谐共生、可持续发展的生态文明社会提供了基本文化伦理形态，带来生活方式和消费模式向勤俭节约、绿色低碳、文明健康的方向转变。第四，使人的生活更加安全有保障，大数据信息熵促进了图像识别、视觉识别以及人脸识别、指纹识别、虹膜识别等各种技术的发展，并加强了信息的加密和保护手段，使人们的秘密隐私以及人身财产有更安全的保护措施，让人们在大数据信息熵影响下，能够享受更舒适、更安全的生活环境。第五，激发了科技创新，实现了生活方式的智能化。可穿戴智能设备能准确读出人的呼吸频率、心跳等健康数据，检查人体的基本健康情况；智能家电融入了语音和图像等识别技术，能够让人在操控方面更加便利；智能汽车实现无人驾驶，不仅消解疲劳驾驶的烦恼，还能消除交通堵塞等。因此，大数据信息熵在科学上加快人工智能发展，使个人生活、工作和学习交流更顺畅，给人类的生活和生存方式带来了极大的改变。

结　语　哲学与科学

　　本书从哲学视角论证了大数据和信息熵的本质特征。熵理论需要的知识比较多，涉及概率论、随机理论、动力学、信息论、突变论、协同论、耗散结构论等基础学科的知识，再加上哲学方面涉及的内容也很多，不仅需要了解古典形而上学，特别是本体论的内容，关于近现代哲学以及后现代主义的内容也需要有深刻的理解，但本书写作时间比较短，没能参阅更多的资料，这里只是提出一点浅显的看法，还需要继续深化。

　　有人可能会有疑问，这种涉及科学思维并有许多算法和公式的书能算哲学著作吗？笔者认为本书还是一部哲学书籍。科学技术哲学与传统哲学不同，科学技术哲学不太区分本体论和认识论，更偏重的是研究方法论，是对科学概念及其概念框架进行系统研究。科学与哲学是交互发展的，哲学对于事物本质的至极追求，为科学提供了基础，科学的发展又为哲学提供了素材；通过提升科学中的哲学精神形成更高层次的哲学思维，这种哲学思维又指导着科学的深入发展。科学思想就是通过对经验对象的观察和研究，产生具有客观性、必然性和普遍性的规律，科学理论内容的表达方式是形式化的符号和语言，也就是用数学语言和自然语言的表达。但是科学研究的是本体世界的个别问题，只能提供关于世界的局部解释，如牛顿力学只可解释自然界的规律，却无法解释人类社会和精神世界的规律；而哲学则力图达到关于自然、社会、思维的一般规律，哲学是建立在各种科学基础之上，通过概括而形成一般性的问题，提供关于世界的整体性和统一性的解释。① 因此，从科学技术哲学来看，科学是从哲学分

---

① 李海峰. 从科学与哲学的内在关系论我国过度文理分科的弊端——仅从科学技术哲学的发展困境谈起［J］. 高教研究与实践，2011，9（3）：13.

化而来的。当人们对一个问题处在没有定论的探讨之中时，它属于哲学领域的
问题，一但有了定论它就成了科学，物理学、数学等自然科学都是从哲学分化
出来的，最后一个分化出来的是心理学。就像黑格尔描述的那样，哲学如同一
个"厮杀的战场"，它总是向未知的领域征服土地，而把打下的江山让位给科
学去治理。波普尔也说哲学总是把光线投向未知的黑暗，照亮未来的国土，而
把光明的世界让给了科学。从观察事物的视角来看，哲学研究事物的一般性、
整体性和抽象性规律，而科学研究的内容具有个别性、局部性和具体性的特征，
但科学与哲学是相辅相成、密不可分的关系。爱因斯坦说："认识论如果不同科
学接触，就会成为空架子，科学要是没有认识论，就会成为原始的混乱的东
西"，同时科学也需要哲学"指导科学如何从许多可能的道路中选择一条路"。[①]
现实社会中有许多人类无法认知的问题，但是无论科学家还是经验主义哲学家
都认为"实验能克服人类的认知能力缺陷"[②]，胡塞尔的现象学也是经验论哲
学，认为科学的对象是客观的事实和规律，从客观的事实出发是科学的基本原
则。[③] 后现代哲学思想也完全是基于逻辑经验主义的思想，几乎不再讨论古典
形而上学，因为形而上学是经验能力之外的东西，无论怎么说都没有根据，正
像德里达所形容的那样，古典形而上学是在下没有棋盘的棋，而休谟也认为一
本没有包含量或数方面的任何抽象论证、没有包含实际事实和存在方面的任何
经验论证的书，"我们就可以将它付之一炬，因为它所包含的，没有任何东西，
只有诡辩和幻想"。[④] 所以，需要正确处理好科学与哲学的关系，研究自然科学
的人一定要有哲学思维，而研究哲学的人也需要有科学功底。无论是亚里士多
德，还是笛卡尔、牛顿、莱布尼茨以及罗素、怀特海等人，都是兼科学家和哲
学家于一身，对哲学和科学都作出了巨大贡献。目前不论西方还是中国的大学，
"学术"博士学位的英文翻译都是哲学博士学位，也体现出哲学与科学的密切
关系。但是在中国哲学被列为纯粹的文科，哲学研究多集中于人本主义领域，

---

① 爱因斯坦. 爱因斯坦文集（第一卷）[M]. 许良英，李宝恒，等编译. 北京：商务印书馆，1977：462.

② 李海峰. 科学认识主体和科学认识客体的发生 [J]. 科学技术与辩证法，2002（4）：2.

③ [德] 埃德蒙德·胡塞尔. 欧洲科学危机和超验现象学 [M]. 张庆熊，译. 上海：上海译文出版社，1988：16.

④ [英] 休谟. 人性论 [M]. 关文运，译. 北京：商务印书馆，1996：145.

很少有人研究与自然科学相关的哲学方向，科学技术哲学的研究者几乎都是文科背景的研究者，由于缺乏相关自然科学知识，使研究落后甚至脱离了自然科学的发展，而成了空洞化的哲学教条，被科学家们讥为"没有科学的科学哲学"。因此，笔者认为，科学技术哲学需要交叉学科的人进行研究，科学不能把哲学丢了，哲学也不能把科学丢了，研究哲学的人也需要看懂罗素、怀特海和爱因斯坦等人的数学哲学。研究数学的人如果能够读懂康德、维特根斯坦及胡塞尔等人的哲学著作，才能系统地看待问题和发现问题，才能达到康德所说的先天综合分析，才能有真正意义上的创新。科学技术哲学研究需要学习的内容非常多，尤其是能看懂数学内容并能发现问题实属不易，需要教育方法和知识结构的变革，更需要一批自觉献身于人类科学事业的有志人士。

大数据和人工智能的发展也一定是数学和哲学的结合，这样既能从哲学的普遍性视野应用数学原理，也能从科学的规律性角度体现出哲学的方法论意义，而不是仅仅把数学当作工具来用。在数学和哲学的基础上，大数据和人工智能还需要综合应用逻辑学、模糊数学、生物学、心理学和认知科学等学科的知识。本书在分析大数据信息熵的内涵和外延时与先验哲学进行了结合，这应该是本书的一个特点。因为人工智能是试图模拟人的理解能力和行为模式，但是人在思索、理解、行动时，并不需要高深的算法，也不需要大量的学习，只是在有限的学习之后就可以产生确定性的思索和有目标的行为，这其中的奥秘就是人具有先天能力。所以人工智能的瓶颈既要研究算法问题，也需要从人的智能出发，弄清哪些是人的先天能力问题，哪些是后天经验学习问题，经验学习与先天能力如何结合才能产生适度的行为。

历史上罗素和怀特海在早期也用数学的方法对先验逻辑进行过探索，但最终对先验逻辑进行了否定。罗素认为，康德对于事物的本质的认识不是通过对外界的观察而是通过思想相信它是必然真理，例如对于矛盾律，先验哲学把它作为心灵生来就必然相信的规律，但是矛盾律本身并不是一种思想，而是有关世上种种事物的一个事实，我们所相信的应该是事实而不是思想。罗素认为："我们的本性正像任何事物一样，乃是现世中的一桩事实，所以没有把握说它是持久不变的。如果康德没有错，那便可能会发生这样的事，明天我们的本性将要大大地改变，以至于 2 加 2 会等于 5。"他认为康德的先验逻辑"把对于算术命题所迫切希望证明的那种确切性和普遍性完全摧毁了"。关于相关性，罗素举例说"我昨天看见"与"今天看见"之间没有必然关系，但是与"今天认出他"是有关系的，如果 A 是昨天看见，B 是今天看见，C 是认出他，则有 A&B→C，这种是心理感觉。① 基于罗素的分析，先验哲学描述的应该是先验能力而不是逻辑本身，康德先验哲学是概念能力上的先验性，概念是对一个事物的界定或规定。判断表和范畴表表现的是这种先验能力的范畴，先验能力真正有意义的是概念分类而不是逻辑计算，是根据事物的性质从概念上赋予意义。例如大概念包含小概念赋予它包含关系，从事物的联系中赋予规则，如并列、排他、包含等各种关系。苹果和橘子是并列关系，但是它们同属于水果这个更大的概念，也就是说概念能力具有先验性，以及应用概念的逻辑能力也具有先验性，这就是康德的先验范畴。这也是结构主义哲学流派的基础，即头脑中有一个结构，我们是用这个结构来认识世界。维特根斯坦在谈语言游戏时也认为人的能力是无穷的，但必须和经验结合起来，最终回归到事物的归类。但罗素的思想否定了决定论的客观逻辑的说法，没有任何事物天生就有先验逻辑，实际上我们对事物的把握都是基于能力。今天我们搬出康德先验哲学也是想继续对先验能力予以研究和利用，以解决目前人工智能的困境。

从先验能力上看，康德的先验哲学对于我们分析大数据非常有现实意义，尤其现在是通过大数据库进行概念分类和对比实现判断，通过在大数据信息熵的概率分布找出拟合性和相似性，实现图形、图像和声音等识别，依靠的不是决定论的逻辑或是算法，靠的是数据对比和模糊性的统计，加之学习功能通过系统的反馈记住判断错误的内容再重新判断，逐渐学习积累实现准确性。因此，计算机认知科学以及人工智能科学的发展都需要模拟人的分类、判断和推理的先验逻辑能力。人的大脑是通过感觉直观接收信息在大脑中成像，但感觉是多方面的，佛教唯识论的"八识"中所说的色香声味触都会在大脑中留下意识，像蝙蝠虽然不用眼睛看但通过超声波也能感知世界，苍蝇和蜻蜓是用复眼多点阵成像，每种动物都有自己的成像能力，感知之后在大脑中的成像都是相似的，利用仿生学可以有更多的感知世界的方式。但动物仅仅是简单分类判断，而人

① ［英］伯特兰·罗素. 哲学问题［M］. 何兆武，译. 北京：商务印书馆，2007：66.

是有逻辑这样一种法则，因此，逻辑对人来讲也是一种能力而不是先天存在的"思想"。但是人对于感知的内容需要从本质上进行科学分析，例如看到了红色或者感觉到了热，不论红色还是热都是电磁波作用了人的感官，实际上红色和热都是不存在的，是人的感觉赋予主观这样一种概念，真正存在的红光和热都是电磁波。例如红光的电磁波振荡频率是 400THz，但如果追根寻源的话，400THz 的电磁波又是什么呢？目前这样的问题超越了我们现有科技能够解释的限度，还有待科学继续发展提供新的解释。① 总之，随着科学的进步和发展，对于事物本质的理解也就会更加准确和可量化。

　　思维的表层是语言，思想都是用语言表达的，研究了语言就等于研究了思想。自然语言表达思想的不足，促使哲学家和科学家们努力创建一种完美的人工语言，由此产生了信息科学。信息科学的形式本体化之路为大数据的概念化和分类提供了基础，信息熵的确定性方法使大数据实现了从混沌到有序的过程，所以，演化思维为大数据的处理带来了更大的契机，加之先验能力的概念使哲学和信息科学能很好地融合，期待着未来能走出一条新路。我们倡导哲学思维就是为了能够从整体和本质上认识事物，透过现象看本质，而不是只在表层或局部的特征上做文章。但是本书并不否认表层上的东西，正如康德哲学认为的那样，我们认识的对象都是感觉直观的表象，思维表层产生的信息形成认识对象，没有思维表层的认识对象就无法把握对思维能力的认知，认知科学的发展就是研究如何达到人的感受问题的能力，也就是研究人的思维能力，由此形成了我们今天的计算机科学。所以，正是罗素放弃了先验逻辑这条路才导致了形式逻辑的发展困境，虽创建了数理逻辑体系，也促进了今天计算机的进步和发展，但是大数据时代人工智能的发展需要更多地依靠大数据优势，从先验能力的角度采用分类对比的方式，实现机器智能的提高，这是尝试走出目前新的困境的一种方法。因此，对于大数据系统来说，概念、分类和对比是关键，根据大数据赋予概念的特征值，通过对比进行判断和推理，就像是模仿人的大脑，形成对未来的确定性。大数据和信息熵并不是不需要算法，熵理论并不能替代

① 李海峰. 从科学与哲学的内在关系论我国过度文理分科的弊端——仅从科学技术哲学的发展困境谈起 [J]. 高教研究与实践，2011，9（3）：15.

牛顿力学和动力学，而是在不同的条件下、不同的场合使用不同的方法，彼此可以兼容并包，也可以交叉使用，是在现有的技术基础上的继承和发展。

　　本书在阐述哲学概念时尽量列出一些相关联的表达式，但都是非常简单的象征性表达式，随着计算技术的发展，信息熵的相关算法已有很多新的进展。例如相关性计算，本书只列举了香农熵的互信息熵的公式，在此基础之上又发展出很多相关性算法，Copula 熵就是计算全部数据关联关系的一种算法，在互信息熵和 Copula 熵的基础上，清华大学的专家们又提出了 Copula CE 熵的理论①，这是一种无量纲多变量之间关联关系度量的理论，是一个更加理想的统计独立性度量的概念，具有更多的优点，得到了国内外的好评。这种纯粹基于信息熵的算法对于处理大数据非常简单，不需要对大数据进行任何加工和加权等，只是对完成概念分类的大数据进行无量纲的相关性计算即可。本书是基于信息熵和耗散结构理论对大数据进行分析，表现出内涵外延的哲学概念都具有概率统计特征，希望能通过进一步探索找到准确表达的数学计算方法，使基于信息熵理论对各种内涵和外延特征的研究成为计算方法的研究。

　　从哲学的视角研究大数据和信息熵对于人类社会的作用和价值，是对大数据时代信息哲学研究的一种有益尝试。本书揭示了大数据全面性、确定性、相关性和不可逆性的本质特征，阐释了大数据能为社会带来可量化性、有序性、自组织性和可预测性的客观事实，论述了大数据对带有主观因素的效用性、模糊性、决策性和周期性的可量化程度，对揭示自然和社会发展规律、促使科技进步进行了有益尝试。随着信息社会的不断发展，大数据的积累会越来越庞大，也会更加全面，大数据信息熵的作用会更加凸显出来，本书研究的大数据时代信息熵的哲学价值也越发显示出重要的意义。大数据和信息熵的研究有鲜明的时代特征，本书对大数据信息熵的研究只是一个初步的探索，还需要更深入系统的研究，从哲学思维上深入研究信息的本质，建立大数据信息熵的新观念、新思想和新理论。

---

① 马健. 基于 Copula 熵的变量选择 [J]. 应用概率统计, 2021, 37 (4): 79.

作者已发表文章

[1] 金坚，赵玲. 大数据时代信息熵的价值意义 [J]. 科学技术哲学研究，2018（3）.

[2] 金坚. 大学生当有爱国主义情怀 [J]. 人民论坛，2019（12）.

[3] 金坚. XML：下一代网络的基石 [J]. 中国计算机用户，2003（12）.

[4] 金坚. 基于 XSL 规范的数据转换技术 [J]. 软件世界，2001（11）.

[5] 金坚. 跨越数据交换屏障 实现数据格式统一 [J]. 互联网天地，2004（1）.

[6] 尹中升，金坚. 套期保值的事后评价研究 [J]. 学术论坛，2011（1）.

[7] 尹中升，金坚，杨银行. 广西北部湾经济区物流业发展路径探析 [J]. 东南亚纵横，2010（6）.